U0207589

浩瀚无垠的

宇宙美景

人类开发月球资源

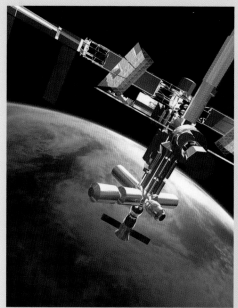

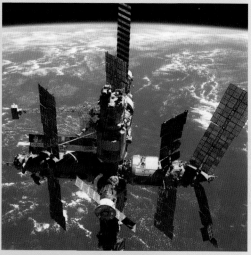

人类太空家园——空间站

中国航天长征系列火箭

中国的载人航天工程

天宫二号及未来人类太空家园

航天员在
太空遨游

航天工程服务农业发
展——太空育种成果

筑梦太空

ZHUMENG TAIKONG

邱小林　张传军◎著

江西高校出版社

图书在版编目(CIP)数据

筑梦太空 / 邱小林,张传军著. —南昌:江西高校出版社,
2016.12(2023.2重印)
ISBN 978-7-5493-4877-0

Ⅰ.①筑… Ⅱ.①邱… ②张… Ⅲ.①航天—技术史—
中国—普及读物 Ⅳ.①V4-092

中国版本图书馆 CIP 数据核字(2016)第 297974 号

出 版 发 行	江西高校出版社
社 址	江西省南昌市洪都北大道 96 号
总编室电话	(0791)88504319
销 售 电 话	(0791)88517295
网 址	www.juacp.com
印 刷	天津画中画印刷有限公司
经 销	全国新华书店
开 本	700 mm×1000 mm 1/16
印 张	25
字 数	330 千字
版 次	2016 年 12 月第 1 版
印 次	2023 年 2 月第 3 次印刷
书 号	ISBN 978-7-5493-4877-0
定 价	56.00 元

赣版权登字-07-2016-824

版权所有　侵权必究
图书若有印装问题,请随时向本社印制部(0791-88513257)退换

序

中秋月,耀乾坤。2016 年 10 月 15 日,又一"高大上"的大国神器天宫二号直上九天,在太空中写下中国的名字!

随着天宫二号成功发射,等到国际空间站退役时,中国将是唯一一个在太空运行空间站的国家。曾几何时,航天梦对中国人来说是那么遥远,空间站、登陆月球、火星车……是想都不敢想的高科技词汇。

2016 年 11 月 17 日,又有一枚擎天撼地的"神箭"出霄汉,又有两位中华儿女上九天!"神舟十一号成功发射!"每当听到这样的消息,我想大多数人的感受都是相似的——

"什么!都十一号了?""厉害了我的祖国!"

自强不息、永创一流,这就是中国的航天精神!

神舟十一号载人飞船在酒泉卫星发射中心升空两天后,飞船与天宫二号自动交会对接,航天员进驻中国第一个真正意义上的空间实验室。此次太空飞行长达 33 天,是我国迄今为止最长的一次航天飞行,这充分展现了我国航天科技发展的最新实力。

航天事业的每一次成功探索,都与国家立足太空的追梦奋斗紧密相连。一部航天史,是一部科技发展史,更是一部由航天人和全体中国人用梦想、团结、不懈奋斗写就的民族复兴史。

从神舟一号到神舟十一号,每一次飞行都会运用一些新技术,解决一些老问题；每一次验证的技术都比上一次更先进、更完美。未来，神舟家族成员注定将源源不断进入太空，一步步实现中国人自己的航天梦。

织女会牛郎，鹊桥相会，浩瀚的天际留下动人的传说。富国梦、强国梦、飞天梦……已不是遥不可及；"东方红""两弹一星""长征"……承载着万钧之力，承载任何时候也不能忘却的那份初心，始终昂扬向上，奔向无垠的太空，奔向梦想的彼岸。

皓月长空，星光点点。从东方红到神舟，从神一到神十一（神舟十一号的简称），从嫦娥到天宫，中国航天事业从无到有、从小到大、从弱到强，一步一个台阶，一步一个突破，虽然起步较晚，却以一连串跨越式发展和光辉业绩，令世界瞩目。中国，正以令人难以置信的决心与力量，缩短与国际最高水平的差距。如今，昔日的追赶者正在实现向引领者的伟大转变。

航天追梦。"今天我们实现梦想，明天又将追求新的梦想""有梦想就能成功"，航天人的这些话语，正是航天人追梦之路的真切写照。扎扎实实、奋发图强、攻坚克难、矢志不渝，中国航天事业在追梦历程中彰显出的"航天精神"，应该成为所有"追梦人"的榜样，成为全社会各行各业实现目标、不断进步的价值标杆。

航天筑梦。探寻奥秘、追索未知，人们从未止歇科技创新的步伐。科技发展，反过来又深刻影响社会生产生活的方方面面，影响人们的思想观念和生活方式。当杨利伟在太空中发出第一声来自中国人的问候时，当翟志刚打开舱门第一个以中国人的视角望向太空时，当王亚平演示的第一堂中国太空课出现在青少年眼前时，无数人梦想的种子在生根、发芽。每一个新的创举，都激励着新的更高和更广泛梦想的形成。

我们的征程是星辰大海，是建设自己的太空家园。

随着航天事业的不断发展，综合了当今最新最前沿技术的航天科技将越来越多地应用于普通民用领域，为民生事业服务。航天精神，因其对"强国梦"的历史责任和勇敢担当，因其融会了人文精神的科学视角与工程视角，已经成为时代思想库中最重要的一篇。航天人用智慧、汗水甚至生命，不但将梦想的旗杆筑造在航天事业前进之路上，更将科技的引擎筑造在国家经济、社会发展各个领域，让科技的福祉惠及民生。

天宫二号和神舟十一号航天飞行任务的圆满完成，是在以习近平同志为核心的党中央坚强领导下，航天战线深入贯彻落实党的十八大精神、加快建设创新型国家的又一重要成果，对于进一步增强我国经济实力、科技实力、民族凝聚力，展示伟大的中国道路、中国精神、中国力量，鼓舞和激励全党全军全国各族人民朝着党的十八大描绘的宏伟蓝图胜利迈进，具有重大而深远的意义。

"航天精神"已经成为中华民族不竭的力量源泉、中国人民宝贵的精神财富。作为南昌理工学院校长的邱小林教授和亲自参与神舟嫦娥研制的中国航天科技集团五院张传军教授都对航天事业怀着极大的热情，创作了十几部有关航天的作品，在全国读者中产生了广泛的影响。本部作品的出版，对于弘扬"两弹一星"精神和载人航天精神，鼓舞和激励全国人民艰苦奋斗、开拓创新、团结协作，为全面建成小康社会、实现中华民族伟大复兴的中国梦具有深远的历史意义和现实意义！尤其是对培养广大青少年爱航天、爱科学，树立正确的人生观、世界观具有长期的指导意义。

"我就是胖五！"2016 年 11 月 3 日，最闪耀的"长征五号"在中国海南文昌航天发射场首飞成功，成为中国运载能力最大的火箭。

"5、4、3、2、1，点火！"

回首一次次激动人心的航天时刻，你可曾记得最初的梦想？

　　《筑梦太空》内容丰富、生动、形象，从科学的角度出发，讲述了航天事业发展的历史和现状，对我国航天事业发展的美好前景充满了期待。本书有益于向广大青少年普及航天知识，点燃青少年对祖国和航天事业的爱。伟大的"航天梦"将激励着千万有志青年积极投身航天事业，为航天事业的发展贡献力量。

　　愿广大读者朋友们从本书的字里行间，汲取营养，增长知识，品读美好，为自己勾画出一幅人生的壮丽画卷！

2016 年 12 月 14 日

（作者系中国科学院院士）

目录
CONTENTS

第三章　"太空公民"的别样生活
——撩开神秘的太空生活面纱

第四章　"太空村庄"的中国家族
——中国载人航天工程二期任务探秘

第五章　太空大厦的"擎天柱"
　　——天宫一号目标飞行器

第六章　神舟天河会"情人"
　　——无人交会对接

第七章　"太空之吻"经典瞬间
——有人开飞船

第八章　太空上演的"鹊桥相会"
——航天器的交会对接技术

第九章　中国航天员的"好声音"

——太空授课

第十章　真正意义上的空间实验室

——太空加油

第十一章　舟游天宫

第十二章　大步向"太空村庄"走去
——航天探索未来展望

第一章　上苍赐予的"风水宝地"

——第四环境给人类带来什么

在广袤的宇宙空间,地球只不过是沧海一粟。地球是人类的生身之母,哺育人类从远古走到今天。

多少年来,人类借助航天技术在苦苦寻找着知己。然而,几十年过去了,仍然没有结果。就目前科学技术所能达到的范围来说,地球或许是宇宙空间唯一存在人类生命的地方。

上苍赐给人类繁衍生息的地球,地球为人类的延续和发展提供了宝贵的环境和物质生活资源,为万物生长提供了适宜的条件。

太空,给人类不仅提供了思维畅想的空间,还提供了挑战自我、张扬个性、实现价值的平台。随着航天技术的发展,人类进入了外层空间。科学研究发现,外层空间那片广袤的原野,同样是上苍赐给人类的宝地。在航天技术的推动下,人类把科学技术的力量臂膀伸向那片遥远的疆域。

第一节 神奇的第四环境

星光闪烁,高远深邃,浩瀚的太空给人类的思维插上了飞翔的翅膀。航天技术拉近了遥远的太空与人类的距离,把地球变成了宇宙空间的一个小村庄。航天技术的诞生和迅猛发展,为人类认识、开发和

天

利用太空,提供了重要的手段,从而引发了人类文明史上的又一次重大飞跃。

在 1981 年召开的第 32 届国际宇航联合会上,陆地、海洋、大气层和外层空间分别被称为人类的第一、第二、第三和第四环境,而第四环境是随着航天技术的诞生而出现的。

在航天技术诞生之前,人类只能在第一、第二和第三环境里活动。航天技术的诞生,把人类的活动范围扩展为陆、海、空、天四大疆域。

根据科学界的划分,陆地为地球表面未被海水浸没的部分,海洋为地球表面广大的连续海水水体, 大气层指地表以外包围地球的气体。由于大气层的空气密度是逐渐变化的,没有明显的上限,因此,按照距地球高度划分, 通常大致把距地球 100 公里以下的大气层称为稠密大气层,也称为大气环境;把距地球 100 公里以上广阔的空间区域称为太空,又称为外层空间、宇宙空间,简称为"空间"。

还有的划分是把大气层以外、太阳系以内的空间叫作天,太阳系以外的空间叫作宇。

在现实生活中,许多人常常把航空和航天混为一谈。其实,这两个词不仅仅是概念不同,而且本质也是不同的。

航空,是指人类在大气层内的飞行及有关的活动。例如,飞机、飞艇、热气球等航空器都是在大气层内飞行,所以被称为航空。

航天,狭义指人类在大气层外的宇宙空间(太空)的飞行及有关的活动;广义指人类进入、探索、开发和利用太空的活动。例如人造卫星、载人飞船、空间探测器等航天器的飞行叫航天。就广义范围而言,航天即包括环绕地球的运行、飞往月球或其他行星的航行、星际空间的航行,也包括飞出太阳系的航行。

人类在社会生产活动和生活的实践中逐渐认识到,太空与人类的关系极其密切,对人类生存的地球会产生很大的影响。

太空环境与地球环境是完全不一样的。太空环境非常复杂,主要有超高真空、极低的温度、强烈的太阳辐照、高能粒子构成的地球辐射带、来自宇宙深空的各种宇宙射线、地球磁场,以及纷飞的流星和人类自己制造的太空垃圾,等等。

太空环境具有以下特点:

1. 高真空:海平面上的大气密度标准值为每立方米 1.225 千克,随着距地面高度的增加大气密度逐渐降低。例如,在载人航天器通常运行的 300 公里至 400 公里高度处的大气密度,只有地面大气密度的千亿分之一。太空中几乎没有空气,大气密度和大气压力接近于零,因此缺乏人和生物生存所必需的氧气。没有氧气,一切生物在太空环境里是无法生存的。

2. 超低温大温差:太空环境温度接近零下 200 多摄氏度,但物体在太空中受太阳照射面的温度却可高达 100 多摄氏度。

3. 强辐射:太空中存在着来自太阳和遥远天体发射的紫外线、χ 射线、γ 射线和各种带电或不带电的粒子辐射,这些辐射对人体、生物和电子设备都有破坏作用。

4. 强磁场辐射:地球周围充满磁场,地球磁场捕获的带电粒子呈带状环绕在除两极地区外的地球周围,构成辐射带。

5. 超洁净:由于没有大气,因此,太空环境是一个没有灰尘和细菌的"大房间"。

6. 流星和太空垃圾:据有关资料统计,目前人类已向太空发射的6000多颗各类航天器中,仍然在轨道上工作的约有1000颗,2000多颗丧失功能的已经变成太空垃圾在轨道上遨游,还有2000多颗已经解体不知道去向,共计3000多吨太空垃圾正在日夜不停地绕地球飞行。它们几年、几十年、甚至几百年地留在太空中,日夜不停地围绕着地球飞行,只能依靠它们在自然下落与大气的摩擦中自己解体,最后变成粉末自然消失。个别特别大的碎块,在与大气的摩擦中也无法燃烧干净,还可能落到地球上,危及人类的安全。

太空环境,给我们提供了一个神秘的世界,也为科学研究提供了一个广阔的舞台。随着航天活动的进行,人类对太空环境、物质及其变化规律的研究,成为一门新兴和迅速发展的前沿科学,推动了其他相关学科的巨轮滚滚向前。

第二节　没有国界和归属的特殊资源

我们通常所说的资源,是指人类的生产资料和生活资料,它来自人类所处的地球,而资源数量和质量以及如何配置,将关系到国家兴衰、民族存亡、人类生存。资源是人类社会生生不息、破浪向前最重要的基础和保证。

　　提起资源,人们通常会认为资源是那些能感觉到的、有形的、可以利用的物质,如矿产资源、水资源、土地资源、动植物资源、核能资源、空气、太阳光等等。人类进入了地球轨道和外层空间后,对许多未知领域的认识产生了跨越,资源的观念也发生了变化,资源已由最初的具有某种形态,扩展为某种环境和条件。在人类新进入的第四环境中,蕴藏着极其宝贵的资源,仅就地球引力和人造地球卫星作用范围这一最小的外空领域看,现已探明可供利用和开发的空间资源大致有:航天器相对于地球表面的高远位置资源、高真空和高洁净资源、微重力环境资源、太阳能资源、强宇宙粒子射线资源、月球及其他行星资源。科学家认为,这些资源在地球上无法找到,看不到,摸不到,甚至感觉不到,非常丰富和有利用价值,对其中任何一项资源进行开发和利用,都会给人类带来巨大的利益。

围绕月球的模拟残骸盘。
其中那些点不是按比例显示的,
在这种放大倍数的图下,它们是不可见的。

高远的位置资源。据科学研究发现,站在地面上即使天气再好,视野再开阔,充其量也只能看到几十公里的地方。如果乘飞机,能看到方圆数十公里,甚至数百公里的地方。假如站在珠穆朗玛峰上,就可以看到 0.07% 的地球表面。而在离地球 200 公里轨道上运行的人造卫星,则可以看到 14% 的地球表面,在距地面 35786 公里的地球静止轨道上运行的航天器,则可以看到 1/3 以上的地球表面。

在地面上,因为受建筑物、山体等障碍物的遮挡,声波、电波的传播都将受到影响,所以电视转播塔、无线电发射架都要建得非常高,有的还建在高层建筑物的上边或山顶上。从中,我们不难看出高远的位置其实是一种资源。

航天器按天体力学规律和特定的轨道环绕地球运行,由于其位置高、速度快、耗能少,可以快速大范围覆盖地球表面,从而达到通信、遥感、定位的目的。今天,人类利用航天器相对于地球表面的高度这一十分重要的资源,发射了通信、气象、导航等各类应用卫星,这些卫星高高在上,不受建筑物、山体等障碍物的遮挡,使声波、电波的传播畅通无阻,为人类提供了无与伦比的通信、气象观测、导航定位、对地观测等各种服务,极大地提高了人类的生活质量,推动了人类社会的进程。

高真空环境资源。我们每天呼吸的空气密度,随海拔的升高而减小,到达 100 公里以上的高度就逐渐成为真空。在地面上,如果我们把一个密封的大罐子里的空气抽空,也会变成真空,但是这种人为的真空环境,与空间真空环境相差极远。在空间这个硕大的"真空罐"里,没有氧和其他气体的存在,生命无法存活。动物进入这个环境里,由于没有大气压,体内外的压力差会使体内的液体沸腾、汽化,而迅速蒸发掉。另外,空间真空环境不仅体积硕大、纯净无污染,还具有无限大的抽气能力,这种环境是一种非常有用、极其宝贵的资源。

辐射环境资源。我们所居住的地球，被厚厚的大气层包裹着，这团大气如同一张天幕，阻挡了部分太阳光，这张天幕被物理学家称为大气阻尼。宇宙空间充满着各种强烈的辐射，如银河宇宙线、宇宙射线辐射、太阳电磁辐射、太阳宇宙线和太阳风等，还充满着能量和引力场。由于没有大气阻尼，宇宙射线可以自由自在地在里边穿行，因此，宇宙射线几乎没有什么损失。科学研究已经发现，地球轨道上的太阳辐射密度为每平方米 1.4 千瓦，是地面上的两倍。宇宙射线辐射也比地面大得多，而且是全谱的。由于大气阻尼，宇宙高能重粒子到地面几乎绝迹，而在宇宙空间却极其丰富。这种辐射环境是一种地面无法模拟的宝贵资源。比如，这种环境将使种子、微生物以及各种细胞等生物的遗传密码，在排列上发生变化，可能从中产生更有价值的新物质。

失重和微重力环境资源。地球或其他天体的引力称为"重力"。物体离地球越远，重力就越小。物体在重力作用下，施加给与其接触的其他物体的力称为"重量"。失重，指物体失去重量，而不是失去重力。凡物体只受重力作用时，就出现失重。例如，在地面上，若不考虑空气

太空漫步

阻力,物体一旦抛出,它在上升和下降过程中,只受到重力作用,这时物体就失重了。航天器在太空中飞行时,只受地球、月球、行星、太阳等天体的引力作用,在这种情况下,航天器及其内部的物体相互之间没有拉、压等作用力,即处于失重状态。

航天器在太空飞行时,航天器及其内部的物体失去重量,这只是一种理想状况。实际上,它还会受到微小空气阻力作用。航天器内的物体并不都在航天器质心位置,有时航天器会旋转或航天器上携带的发动机工作会产生推力,在这些情况下,航天器及其内部的物体表现出有微小的重量或者产生微小的加速度,好像受到了微小重力的作用,这种作用力称为"微重力"。

人之所以能站在地球上而不会掉进茫茫太空,是由于地球引力的存在,有引力也就有了重量。而在绕地轨道上运行的航天器中的物体,既受到地球引力的作用,又受到惯性离心力的作用,这两种力达到平衡,等效于重力消失,只受到其他微小干扰力的作用,而处于微重力状态。此时,航天器里物体的重量,只有地面的十万分之一或百万分之一,流体中浮力基本消失,物体可悬浮空中飘忽不定。由引力引起的流体的自然对流基本消除,空气、水受热后,不会有上下对流的情况,液体也没有固定的水平面,扩散过程成为主要因素,比重不同的液体,可以在一起"和平共处"。不难想象,这种奇特环境,对新材料加工和微生物、细胞、蛋白质晶体的生长与培养是十分有利的。它将使微生物发生遗传变异,其结果不仅尺寸大小发生变化,而且纯度也高。因此,失重和微重力是一种宝贵的资源,可借以进行地面上难以进行的科学实验,用于新材料和昂贵药物的生产等。

月球及其他天体资源。地球是人类的生身之母,她孕育着人类,又以其博大的胸怀、丰富的资源哺育着人类从远古走来。今天,由于地球上人口数量急剧增加和对资源的盲目开采,人类加在地球母亲身上的负担越来越沉重了。地球上已经出现了资源的严重不足,有的资源已经或将要枯竭。然而,科学家们已经把目光投向了广袤的太空,放眼太空,那里有一片未开垦的"矿场"。目前,科学研究已经知道,宇宙空间的许多行星上,都存在着大量的铁、硅等资源,特别是月球上的资源,人们对它早已不再陌生。据科学探测,月球岩土中富含地球上

测量月球岩尺寸

的全部化学元素和 60 余种矿藏。不仅如此,整个月球环境,对于人类来说也都是极其宝贵的资源。

据科学探测发现,有的金属型小行星上含有极其丰富的铁、镍、铜等金属,有的还含有宝贵的贵金属和稀土元素。如 1986 年发现的"1986A"近地小行星被确认为一颗含有极其丰富的铁、镍以及微量贵金属的金属型小行星,犹如一座矿山。同时,其他行星、卫星和彗星上,也有丰富的物质资源和供科学研究的资源。即使是转瞬即逝的流星,也是可以利用的资源。

取之不尽的太阳能资源。在宇宙空间,由于没有地球大气对太阳光的反射、吸收和散射的影响,可以高效率地利用太阳能。据有关专家预测,到 2020 年世界人口很可能超过 70 亿,能源危机是影响人类生存与发展的大问题。据统计,仅对电能的需求,年增长率就大于 2.5%,尤其是占人口 80% 的发展中国家需求更旺。而最有希望被开发利用

的能源是太阳能,它可直接转变为电能,克服火力发电污染严重、消耗燃料、水力发电水源严重不足等难题。在太空中利用太阳能发电,可以在不需燃料、完全无污染、不需要架设输电线路的情况下,直接向空间站或航天飞机供电,也可向地面供电。

高、低温和大温差资源。在空间环境中,由于高真空绝热,被太阳直射的物体表面可以达到 100 摄氏度以上的高温,而背阴面则可以保持零下 200 摄氏度以下的低温。两者之间形成大的温差,而且非常稳定,这种环境也是一种宝贵的资源。

另外,宇宙本身蕴含着无穷的能源,冲出太阳系,在广阔的宇宙中,将会获取大量的如引力能、电磁能、基本粒子能、新星及超新星爆发的能量、类星体喷射的能量,黑洞、暗物质等取之不尽的资源,或许还有反物质的利用,等等。总之,太空是取之不尽的资源宝库。

太空资源还有一个显著的特征,就是没有国界,没有归属。几十年来的航天技术的发展和科学研究,向人们传递着这样一个信息,外层空间环境资源是人类社会赖以生存和发展的"富矿"。开发利用太空资源,不仅可以促进经济社会的发展,生产地球上所不能生产的材料、医药,提高人类的生活质量,还可以解决能源危机、环境恶化等一系列困扰人类社会发展的重要问题,从而使人类社会产生革命性的变化。

第三节　太空让人类张开腾飞的"翅膀"

今天,人类可以把人造地球卫星送入太空,为我所用;把航天员送到太空和遥远的月球,进行科学探测和研究;把各类探测器送到深空,探测广阔的宇宙空间和地外文明,寻找人类的知己;建设"太空村庄"——空间站,开展各种科学实验,而这一切都是航天技术发展带给人类的结果。

1. 太空,为人类提供了挑战自我的舞台。对太空的仰望,探求太空未知的强烈欲望,催生了航天技术的产生和发展。航天技术,又称空间技术,是指人类进入、探索、开发和利用太空的一门综合性技术,也是高度综合的现代科学技术。广义的航天技术是指航天工程系统,包括航天器系统(卫星、飞船、探测器)、运输器系统、发射场系统、测控系统、应用系统。载人航天工程还有航天员系统和着陆场系统。狭义的航天技术指进入轨道的人造物体,如卫星、航天飞机、载人飞船等。

我们把在地球大气层以外的宇宙空间(太空)按一定轨道飞行,执行探索、开发和利用太空及天体等特定任务的人造物体(如人造卫星、载人飞船、空间站和空间探测器等)称为航天器或空间飞行器。人

太阳系

类进入太空的过程是依靠航天器来实现的，航天器技术的发展水平依赖于人类科学技术的最新成果，而航天器技术反过来又促进了科学技术的发展。

航天器分为无人航天器和载人航天器两大类。无人航天器按其与地球的关系分为人造地球卫星和空间探测器。人造地球卫星指环绕地球飞行的无人航天器；空间探测器指远离地球或脱离地球引力的无人航天器。载人航天器有载人飞船、航天飞机和空间站三种。人类进行探索、开发和利用太空的壮举，就是依靠这两类航天器来实现的。从现代科学技术的发展水平来看，目前以及今后相当一个时期内，人类的主要航天活动还是在近地空间飞行，并以无人航天器为主要手段。

国外空间站

人造地球卫星的出现,为人类开发和利用太空资源提供了手段。自 1957 年 10 月 4 日苏联成功发射人类第一颗人造地球卫星的半个多世纪以来,随着当代最新科学技术成果的出现和应用,航天器技术得到了快速发展。各类航天器的升空,加深了人类对太空的了解,促进了社会发展和科技进步。

由于航天技术的作用、地位主要通过航天器技术来实现,且每一个航天器因其使命不同,所携带的有效载荷在设计生产中都需要有较大变化,而其他航天工程,如运载火箭、测控通信、发射场等较之航天器要小得多,因此,在整个航天工程大系统中,航天器技术是航天技术(空间技术)的主要组成部分或核心部分。可以说,没有航天器就无法完成航天任务,且航天器的研制过程就是应用最新技术成果不断进行创新的过程。

在各类航天器中,人造地球卫星发射数量最多,广泛应用于通信广播、气象预报、资源探测、导航定位、空间科学实验和国防建设领域,取得了巨大的经济效益、社会效益和军事效益。

航天器技术的发展推动了整个科学技术体系的进步。在半个多世纪里,人类从航天器技术的应用及其技术转移中获得了十分显著的效益。同时,航天器技术的发展还极大地丰富了人类的知识宝库,改变了过去基于地面所形成的许多传统观念,进而把人类的视野伸展到宇宙的深处。可以说,世界上几乎没有什么其他的工程,会像航天工程那样牵动公众的热情,引起广泛的关注,几乎没有什么其他的工程技术可以对社会产生如此广泛而持久的影响力。

2. 奇特的空间环境,为人类提供科学研究的舞台。人们不禁会问:空间环境到底能干什么? 特殊的空间资源,为人类提供了科学实验的实验室。近地轨道空间站的建立,为人类利用宝贵的太空环境资源提供了条件。人类利用太空环境,开展了材料加工、生物技术、生命

太空"温室"

科学等多学科、多领域的科学实验,获得了人类之前所未曾想到的新发现。空间站这个地球外的村庄,搭建了人类揭开许多未解之谜和通向更为广阔宇宙空间的平台。

科学实验与研究的舞台。在宝贵的太空环境里,人类开展了生命科学、生物技术等一系列科学研究活动。比如,进行生命科学实验,通过相关生物实验,可以揭示太空环境对重要生命现象及生命过程的作用与影响,从而增进对生命起源、生命现象、生命本质以及生命活动基本规律的认识,为发展地基生物技术和改善人长期在太空生活质量提供了理论依据;进行生物技术实验,进行植物栽培生长实验,用以探索改良作物品种、改良药物品种和生产效率、先进材料的应用等方面的技术;进行失重科学实验,通过对失重环境中的新现象、新规律进行研究,以揭示被重力掩盖的现象和实质,为人们深入认识流体、燃烧和物质的本质提供依据,从而改善地面上与人类生活密不可分的流体、燃烧过程和物质特性;此外,还可以利用空间环境进行太空医学研究。为搞清楚失重环境对人体骨骼及肌肉的影响,进行了大量失重环境对动物骨骼肌影响的实验,实验表明失重环境对骨骼肌有重大影响。重力对航天员心血管系统、心肺系统起重要作用,研究振动、冲击、噪声、失重、超重、宇宙辐射、昼夜节律变化、超负荷的心理和工作压力、新陈代谢变化、神经系统等影响,为人类长时间进驻"地球村"扫清障碍。

特殊材料的太空工厂。利用太空环境,可以进行特殊材料的加工实验。比如,进行光学材料加工生产实验。由于太空真空环境,液体没有对流的产生,可以制取特种添加剂的分布十分均匀,无气泡、无条纹、无杂质、各向同性的高质量特种玻璃,从而为制造光导纤维和高级光学玻璃制品提供优良材料,其光学性质可接近理论值。在太空还可以生产极细的、长度几乎不受限制的高级光导纤维;进行电子材料加工生产实验。人类社会的许多方面都离不开电子材料,随着计算机技术等现代电子技术的发展,电子材料用途越来越广泛。电子材料的质量受材料结晶和化学的完美程度所决定,杂质越少越好,哪怕很小的杂质都将使电子材料的品质受到影响,进而直接影响到电子产品的性能。在地面上生长晶体,由于受重力的影响,容易弯曲、变形,并很难保证其纯度。而由于太空处于微重力环境,不会对晶体生长产生影响,因而生长出的晶体不仅个体大,而且纯度也高。此外,在空间站里,利用太空环境,还可以生产出稀有的金属材料、纯度极高的特殊材料、玻璃金属和陶瓷、薄膜等材料。

在地面上,由于重力的影响,制造金属或非金属薄膜非常困难,特别是在液态状态下提取薄膜时,很难提取达到预期理想的薄膜。在太空微重力环境里,由于没有了重力的破坏力,可以生产出超薄的薄膜,并且从理论上讲,薄膜的面积可以要多大就有多大,还可以为地面生产廉价的高纯度化学制品创造条件。

工程技术的实验室。人类终究要走到遥远的宇宙空间,建设月球基地、火星基地和太空城市需要什么材料,怎样建造等都是太空工程技术研究的重要内容。利用这个环境,可以考验光学玻璃、陶瓷、超导体、聚合物、复合材料、各种金属材料长期暴露在太空环境中,将会产生什么变化,从而为"太空村庄"建设中材料的选择、航天器的材料选择和材料设计提供实际试验数据。另外,目前人类许多将在太空长期运行的新型设备,都是在地面环境中研制的,由于地面环境与太空环境具有根本的不同,因此可以利用空间站在太空进行先期试验,以验证在太空环境中的工作性能,然后再安装到航天器上运行。

观天测地的理想平台。利用空间站或执行对地遥感任务的航天器对宇宙进行观测与研究,可以有效克服在地面上观测的局限,把人类的视野带入更为广阔的宇宙空间,以极大地丰富人类对地球和广袤宇宙空间的认识。

深空探测航天器的组装车间。未来人类许多执行深空探测任务的航天器和太空太阳能发电站,可以先把零部件运到空间站或月球基地上,在那里进行组装,这样可以节省大量的推进剂。

第四节　太空资源给人类的恩惠

航天器技术的发展、空间资源的利用,为人类社会的发展提供了强大的推动力。纵观航天器技术的发展史我们可以发现,航天器技术的每一次重大突破,都会引起人类社会生产力的深刻变革和巨大进步。半个多世纪以来,航天器技术的发展日益渗透于经济和社会生活各个领域,成为推动现代生产力发展的最活跃的因素。

几十年来,空间位置资源和环境资源的开发利用方兴未艾,推动了人类社会的发展,提高了人类的生活质量。特别是空间站的出现,为人类开展太空环境研究和科学实验、开发利用太空环境,提供了平台。40多年来,人类借助空间站这个"太空村庄",开展了材料加工、生物技术、失重科学、太空医学、生命科学、工程技术实验等全方位的科学实验与研究工作。40多年来的空间研究向人们传递着这样一个信息,外空资源是发展研究新材料、新工艺、新的具有更高价值的微生物制品如单克隆抗体、干扰素、疫苗、激素等的理想场所。因此,可以认为,外部空间环境是人类赖以生存和发展的宝贵资源。一场认识和开发空间资源的活动,必将在这片没有国界、没有归属、为人类共享的田野里展开。

1. 高远位置资源推动人类社会发展

迄今,人类对太空高远位置资源的利用成效最为卓著。利用高远位置资源,人类发射广播通信、导航定位、气象预报、资源勘测、对地观测、海洋探查等各类应用卫星,为人类社会提供了前所未有的强大推动力,极大地提高了人类的生活质量。

人们高兴地看到,在短短几十年内,随着各类应用卫星、载人飞船和航天飞机的发射,空间资源开发及应用取得了累累硕果。当今,航天器技术的发展、空间资源的利用,已成为一个国家综合国力和科学技术发展水平的重要标志。

应用卫星按用途可分为通信卫星、气象卫星、导航卫星、测地卫星、地球资源卫星、侦察卫星等。按服务领域又可分为军用卫星和民用卫星等。在各类航天器中,应用卫星是直接为国民经济、军事需要、社会生活和文化教育等服务的人造卫星。在发射升空的航天器中,应用卫星发射次数最多,应用最为广泛,应用效益最为明显,对经济、社会和国家安全的影响和渗透力是巨大而深远的,它几乎延伸和渗透到了经济、社会、军事和普通百姓日常生活中的每一个领域,并给其他传统产业部门和商业部门带来了越来越多的商机,同时对电信、交通运输和农业等传统产业的升级改造也提供了新的技术和创新手段,成为经济增长和社会进步的重要驱动力。应用卫星已经从实验室走向实际应用,从最初主要为军事和政府部门服务,逐步走向为国民经济和大众消费者或商务人员服务,且对世界经济、军事和社会发展形成了巨大的推动力。目前,卫星通信已经实现了产业化,卫星遥感和卫星导航的产业化也初步形成。

在各类应用卫星中,对地遥感卫星发射数量最多。对地遥感卫星主要是利用卫星上所装载的遥感器,对地球表面和低层大气进行光学或电子探测遥感,从而获取人们感兴趣的信息的卫星。这类卫星都利用卫星上的各种遥感仪器,如可见光相机、红外相机、多光谱扫描仪、微波辐射计、高度计、合成孔径雷达等来观察地球,所以又常称为"遥感卫星"。根据用途不同,遥感卫星可分为气象卫星、资源卫星和军事侦察卫星等。根据数据采集和传输方式不同,又可以分为数据传输型遥感卫星和返回式遥感卫星。

遥感卫星发射成功后,人类应用卫星遥感技术监测森林砍伐、森林再造、土地使用变化情况,研究水涝和盐化、沙漠化、海岸线动态、干旱和农产品估算,评估和开发水资源、自然资源勘探、污染监测和更新地图等,从而解决了用常规手段无法观测或观测不足的难题,不仅大大提高了效率,而且大大提高了观测精度、范围和准确性。

通信卫星是用途最为广泛的卫星。今天利用通信卫星架起的空间信息高速公路,使信息畅通无阻,使工商企业和整个社会处于一场革命之中。人们能充分利用信息,大大提高物质生产的效率,提高原材料和能源利用率，从而改变人类生产和生活方式。由通信卫星带来的通信革命使得可视电话、电视会议、电视购物、电视教学、在家中办公等一系列新生事物出现。利用通信卫星，人类实现了全球通信、电视转播等。通信卫星还成为信息传播的重要工

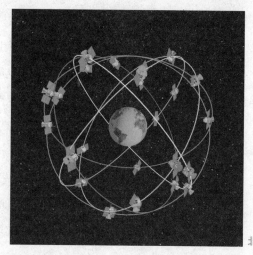

北斗导航卫星

具。利用通信卫星，人们已经把电视教育课程送往边远地区。通信卫星还可用于指导开展抢险救灾，极大地减少了灾害的损失。目前，通信卫星在美、欧、日等发达国家实现了产业化和商业化，并在全球形成新兴产业。目前有300多颗通信卫星在轨工作，主要担负语音、视频和数据通信广播三大业务，全球运营商中使用卫星通信业务的公司约有40多家。

气象卫星在进行天气预报、探测和跟踪台风、研究和监测地表以及海洋生物量等方面发挥了重要作用，还为洪涝灾害预警和赈灾等提供了及时的服务。据有关资料统计，人类依靠气象卫星每年避免天气灾害带来的损失达数千亿美元。

导航定位卫星不仅为飞机、船舶、公路铁路交通提供导航服务，还为搜索与救援进行准确定位。利用导航卫星建立天基交通系统，使航天、航空、航海、铁路、公路相结合，建立现代化的高速立体交通管制网络。卫星导航定位系统广泛应用于舰船、飞机、车辆，为交通安全与提高运输效率提供了有力的保障。

农业是人类生存的保证，提高农作物产量的根本出路在于依靠

科技进步。进入 21 世纪,通信广播卫星、资源卫星、气象卫星、导航定位卫星在农业现代化中均获得了广泛应用。作物产量如何、有无病虫害、种植面积多少、旱涝情况等等,通过卫星一目了然。这些信息对指导作物种植面积、及时发现病虫害、确定产品价格,解决农业发展中出现的重大问题,以及推进高产、优质、高效农业的发展做出了新的贡献。

伴随着人类探索太空的征程,航天器技术的应用不仅给国民经济众多部门带来直接的经济效益,而且通过把航天活动中发展的新技术、新工艺、新材料等向国民经济各部门推广转移,带来了十分可观的间接经济效益。

国内外研究资料表明,应用卫星的投资效益比可达 1:14～1:17,而对于发展中国家效益更大,因为这些国家的经济和技术发展水平较低,各部门采用传统技术的比重较大,利用航天器技术可以跨越某些传统的技术发展阶段,获得更大的经济效益。据有关研究机构预计,在今后十年内,世界各国将向太空发射 2000 多颗航天器,这些航天器所产生的经济效益将是十分可观的。

近地轨道空间站的建立,为在更广阔范围利用太空资源创造了条件,所产生的新的认识和新的技术,进一步加深了人类对太空环境的了解,推动了太空资源的开发利用和相关研究的深入。

2. 到太空去"采矿"

除开发利用空间位置资源外,在空间环境资源的开发利用上,许多航天国家也进行了不懈的探索和尝试。对空间微重力环境的应用,特别是材料加工潜力的深入认识,形成了微重力流体力学、空间材料学、生命科学及生物技术体系。

进入 20 世纪后期，美国和俄罗斯为充分发挥其空间站技术的作用，尽最大可能扩大空间试验的机会，与此同时，在微重力试验领域还开展了广泛的国际合作，让欧洲、日本等国的科学家带着实验设备和项目到航天飞机或空间站上进行科学实验，取得了一批令人瞩目的成果，推动了相关科学领域的发展。

几十年来，科学家通过航天员利用太空失重环境，在混合金、复合材料、功能材料的制造和加工工艺方面取得了重要成果。

在加工工艺方面，已取得的新工艺有皮壳工艺、无熔器加工工艺、电泳工艺等。这些工艺既进一步促进空间材料生产的发展，又为改进地面材料生产指明了方向。尤其是电泳工艺，可提高分离速度 400~700 倍，被认为是空间材料加工中最有经济效益的项目之一。

有资料称，苏联从 1980 年至 1990 年在空间站上进行了 500 多项材料加工实验，范围涉及金属和合金、光学材料、超导体、电子晶体、陶瓷和蛋白质晶体等，并首次在空间获得半导体晶体结构、超离子晶体、沸石晶体、胰岛素、干扰素等。从苏联进行的材料加工实验中科学家们发现，空间是发展半导体金属材料、新型工艺、复合材料和玻璃材料的理想场所。

在空间材料加工方面，已生产出了各种功能的材料。如导磁体、难混合金、复合材料等等。在和平号空间站，航天员拉出了直径 5 厘米的高纯度砷化镓晶体及一些新的合金材料。在太空中生产的泡沫金属多孔并且质地非常均匀，具有像钢一样的强度。

在太空已经出现了许多在地面不可能进行的加工工艺，今后的发展前景将是非常广阔的。比如，使用向熔融金属中注入气体的方法，可以制造在地面上无法制造的无缝空心滚珠，这种滚珠壁厚异常均匀,各项性能一致性极好。用这种滚珠制成的轴承精度高,使用寿命比实心滚珠轴承长 4~7 倍。此外,还可以采用黏结铸造法和无容器铸造法生产特殊形状制件和高温合金制件。此外,用黏结铸造法还可以生产夹层金属,在一层金属上黏结另一层金属。

经过 40 多年的探索和发展,空间生长砷化镓晶体已成为最有希望的商品。在微重力流体科学方面,通过对当代物理学许多前沿理论、实践课题的研究,如临界点现象、表面行为、液滴燃烧、颗粒云等,揭示出许多新的规律,一些新兴产业由此应运而生。

3. 生命科学与生物技术实验的"温床"

几十年来,航天员还在太空中进行了一系列生物学实验,主要是对生物体物质、能量循环及调节研究的生物圈研究,利用微重力促进生命进程研究及对微重力环境如何影响地球上生物机体的形成、功能与行为研究的重量生物学研究,对暴露在空间高能环境中的生物体损伤与防护研究的辐射生物学研究等。

科学研究发现,在空间站的失重环境中,能够生产出足够大的高品质蛋白质晶体,为深入研究蛋白质结构及其功能创造了良好的条件。在和平号太空站上获得的蛋白质晶体品质很高,纯度比地面生产的蛋白质晶体高 10 倍。

在空间站里,还进行了生物体培养。在空间微重力条件下,进行生物体组织培养,可以避免地面重力条件所造成的对流和沉淀作用,可以获得比地面条件下更好的效果。该项实验不仅有助于加深人们对空间环境适应情况的研究,而且作为未来在空间站或外星建立动植物养殖场的可行性研究的重要组成部分,将对人类未来实现向空间移民计划的可能性产生深远的影响,也给利用空间环境进行药物学研究带来新的生机。

在空间生物学及生命科学研究上，研究人员发现了微重力环境对生物生长特性性状以及植物种子遗传基因改变有较大影响。从而，可望为植物改良品种找出捷径。

在生物材料加工方面，科学家已分离出地面很难分离的哺乳动物特化细胞和蛋白质，其纯度比地面高 4~5 倍，速度提高 400~700 倍。这些成果给药物学研究带来了新的生机，一些地面不能制造和提纯的药物，在空间可以完成。

今天，微生物的生长代谢研究由地面拓展到空间，由此而发展起来的微生物技术已广泛用于药物合成、医学研究领域。美国已利用航天飞机在空间生产出产量大、纯度高的尿激酶等贵重药物。空间特殊的环境，为人类生产生物制剂指明了新的发展前景。

提纯是影响药物生产的重大问题。目前，药物提纯广泛应用电泳法。在地面，由于重力作用，出现一些严重妨碍电泳正常进行的现象，使许多已经研究出的药物因达不到所需的纯度或成本太高而无法推广应用。

在空间站里进行的太空电泳实验表明，太空电泳分离效率比地面高 400 ~ 800 倍。太空制造一个月的产量，大约等于地面制造 30 年至 60 年的产量，产品纯度比地面的高 4 ~ 5 倍，从而有可能使药物成本大幅度下降。

航天医学实验也取得了大量的成果，了解到许多我们此前所未曾了解的东西。经过长期载人航天的试验，我们了解了太空环境将对航天员产生怎样的影响和怎样减小这些影响，证明了长期在地球外"村庄"生活的可行性。在和平号空间站上，苏联航天员波利亚科夫创造了连续太空飞行 439 天这一目前最长的太空飞行记录。在返回地面的过程中,这位医生出身的航天员,在不需要别人搀扶的情况下,自己从飞船返回舱走了出来,第二天就到湖边散步去了。他的这个世界纪录证明,虽然长期太空飞行,会出现体内钙流失、骨质疏松等问题,但只要坚持锻炼,就能有效地抵消许多失重环境的不利影响。这一成果,将对长期在太空飞行,甚至飞往其他星球提供了科学依据。

上述实验不仅对推动航天医学的发展具有重要意义,而且为未来在空间站或外星上建立长期居住基地,对付空间环境对航天员身体的影响,实现自给自足的生活,做了理论上和技术上的准备。

第五节 中国向太空"矿场"走去

从 20 世纪 90 年代开始,特别是进入 21 世纪,我国航天器技术得到了快速发展,在空间位置资源的利用上,我国研制发射的通信卫星、气象卫星、地球资源卫星、导航卫星和海洋卫星等多种应用卫星,进入广泛、全面、深入的应用阶段,取得了显著的社会效益、经济效益,推动了我国四个现代化建设的进行。

在利用航天器技术服务国民经济和国防建设的同时,我国还利用返回式卫星具有较高微重力水平的优势以及神舟飞船为载体,开发利用空间环境资源的科学研究和实验工作,取得了丰硕的成果。其中特别引人注目的是,我国载人航天计划一开始就选取重点项目,突出有限目标,把对太空资源开发利用研究和载人航天效益工程结合起来,充分利用每一次发射神舟飞船的机会,开展大规模的太空材料生长、生命科学和生物技术实验研究,开创了我国太空资源开发利用研究的新局面。

1. 空间材料生产

1987年,对于中国人开发太空资源的事业来讲,是一个值得纪念的年份。在科技强国的大旗下,中国以返回式卫星为平台,迈开了开发利用太空资源研究的脚步。多年来,中国科学家在返回式卫星上,先后开展了80多项材料加工和生物学方面的研究,进行各种形式的搭载实验300多项。各项试验随着我国载人航天工程的步步推进而不断深入。这些试验,主要集中在材料科学、生命科学和生物技术等领域,取得了初步成果,并形成了以中国科学院为主,航天研究院所、高等院校参加的空间微重力科学应用实验研究队伍。

20世纪80年代中期,中科院院士、著名科学家林兰英在进行新一代高速集成电路和光电子器件基础材料砷化镓的研究时,遇到了困难,试图与国外同行进行真诚的合作。然而,傲慢的外国人却不给面子。林兰英突发奇想,决定利用中国的返回式卫星到太空寻求答案。于是,她与当时的中国空间技术研究院院长闵桂荣和返回式卫星总设计师王希季院士取得了联系。

这一大胆奇想得到了航天专家的支持。于是,1987年8月5日,中国首次搭载空间材料加工炉的返回式卫星升上了太空。而令人鼓舞的奇迹也随之发生了:用降温凝固法在空间首次生长出直径和长度各约10毫米的掺碲砷化镓单晶体,其生长速度比地面快,杂质却明显减少,组分分布均匀。用所获得的单晶制成了低噪声金属栅场效应管,与地面上生长的同类器件相比,噪声系数低31%,相关增益高

23%,展示了空间生长单晶的美好应用前景。

1997年10月20日,在中国发射的第17颗返回式卫星上,林兰英院士第5次进行搭载试验,生长出直径20毫米以上、长度超过40毫米的半导体砷化镓单晶,使我国在大功率微波元器件和大规模集成电路应用方面取得了突破性成果。

在中国第17颗返回式卫星发射中,中国空间技术研究院科技人员谢燮与日本早稻田大学、静冈大学教授,联合提出了铟镓锑晶体生长及扩散机制实验,搭载样品完好无损,遥测数据齐全,取得圆满成功。同时还进行了钯、镍、磷非晶的生长,金属合金空间重凝研究等搭载;中科院物理所麦振洪、金属所丁炳哲联合提出锑化镓材料在熔化和凝固过程中,熔滴形状及其和基体的接触角的研究,也取得了理想的结果。

锑化铟晶体地面生长有明显杂质条纹,而兰州大学物理系负责主持的锑化铟晶体空间生长试验,不仅克服了这个问题,而且电阻率的均匀性比地面样品提高了一个数量级,结构完整性也大大提高。

我国利用神舟飞船也成功进行了晶体生长试验,科技人员专门在飞船内设置了一台多工位晶体生长炉,进行了半导体光电材料、金属氧化物材料以及金属合金等17种材料试验,并用摄像机记录了试验的全部过程,试验对揭示材料的微观机理和内在本质,用以科学地指导地面材料制备和生产、改善材料的性能具有重要意义。

据有关资料称,我国在神舟飞船上主要试验样品及实验内容为:二元半导体光电材料锑化镓和掺锰锑化镓单晶生长,三元半导体光电材料碲锌镉晶体生长,氧化物激光晶体硅酸铋和掺铈硅酸铋晶体生长,三元合金铝镁硅共晶定向生长,钯镍铜磷新型非晶态合金,钕铁铝钴材料,复合材料凝固,铝铋偏晶合金,铝-铝镍定向凝固共晶合金,湿润性及固液界面交互作用,银－锡／铁基、铜－银／铁基、银－锡／镍基、铜－锡／镍基扩散与湿润性。

我国还使用通用流体物理实验装置在神舟飞船上进行了失重环境液滴迁移实验,实验取得了满意的效果。失重环境下的材料加工、晶体掺杂、太空焊接及电泳提纯过程中都会遇到液滴或气泡迁移的问题,通过这次成功的流体物理实验,科学家们获得了液滴在界面张力梯度驱动下的运动资料,了解到许多在地面无法了解的液滴迁移现象,加深了对太空材料加工、晶体生长等许多未知领域的认识。

我国利用神舟飞船还进行了透明氧化物晶体四硼酸锂和铌酸钾生长试验。获得的晶体熔化和结晶过程图像,对研究晶体在太空失重环境中生长动力学和重力对流消失后各种效应对晶体生长的影响提供了重要信息。

2. 生命科学研究

我国利用空间环境进行了蛋白质晶体生长,细胞和组织培养,细胞电融合,生物大分子分离,生物学效应等研究和实验,取得了理想的效果,推动了空间生命科学研究的进程。

为推动生命科学研究工作的深入,我国科学家研制了专门的蛋白质结晶装置,搭载在神舟飞船的舱内,开展了一系列蛋白质结晶实验。这些实验对于抵御农作物病害、治疗难以治愈的病症、研制新的药物,以及加深对人体细胞的研究,从而揭示生命现象和本质具有重要意义。

神舟飞船上还携带了太空通用生物培养箱,数十种生物体、蛋白质、微生物、细胞和细胞组织样品参加了实验,这些实验推动了太空生物学效应研究工作的深入。

在神舟飞船上搭载的9枚乌鸡蛋,返回地面后,经过21天的孵化,竟奇迹般地生出了一雄两雌三只小乌鸡,它们活蹦乱跳地看起来与没有上天的小乌鸡并没有什么两样。研究人员经过对经历了太空环境的乌鸡生理状况进行认真研究,从而了解了太空环境对胚胎发育、遗传变异的影响,并为优选新品种提供了资料。

我们知道,单克隆抗体可以直接用于人类疾病的诊断、预防、治疗以及免疫机制的研究,为人类恶性肿瘤的免疫诊断与免疫治疗奠定基础。在神舟飞船上,科学家利用电融合仪,进行了动物细胞和植物细胞融合实验,实验的目的是探索通过太空环境制备单克隆抗体的可能性。由于科学家们曾经在地面上也同时进行了同样试验,经过太空试验与地面试验结果对比表明,太空实验比地面实验细胞融合率提高了几倍至十几倍。这一发现,有可能为恶性肿瘤的诊断和治疗带来新的曙光。

利用神舟飞船上搭载的太空电泳仪,科学家以细胞色素 C 和牛血蛋白两种蛋白质为原料,在太空进行了一小时的连续自由流电泳分离试验,成功地收集到高纯度的蛋白质分离物,这一成果为我国的蛋白质和其他生物大分子分离纯化技术的研究发展奠定了基础。

3. 生物技术研究取得突破

微生物是多种天然生物活性物质的产生菌,与人们的生活息息相关,通过研究环境与微生物生长代谢的关系,并有效地控制生物的生长代谢过程,获取人类生存需要的多种多样的生物资源是一项十分重要的课题。

1987 年,中科院微生物研究所阮继生、蔡妙英、齐祖月、刘志恒在国内率先将真菌、细菌、放线菌等 12 个属种利用返回式卫星送上太空。用以探讨产生生物活物质的真菌、细菌和放线菌等重要微生物在空间环境中的生长与代谢性状，对空间环境下微生物的形态、生长及生理代谢影响，做出了有益的探索，得到了首批成果，为发展空间生物制药及航天医学提供了前期生物学依据。

中国自1988年以来，先后成功地进行了4项藻类空间生长试验，研究了20种藻类和大型藻在空间环境中的适应能力，获得了固氮能力提高的藻类新品系。这些研究表明固定化藻细胞应用于空间生命科学是可行的，可能在受控生态生命保障系统中加以应用。

1992年8月9日，中科院上海技术物理所龚惠兴、中科院生物所毕汝昌，首次在我国返回式卫星上进行空间微重力环境下的蛋白质长晶试验。在13天7小时的空间试验中，出晶率达52%，最大的晶体达到1.4毫米。在1994年7月3日，他们又一次进行蛋白质晶体空间试验。10种蛋白质制备的48个样品出晶率高于国际上同类水平，除一种首次参加实验的蛋白质外，其余9种都长出了晶体。这一成功，使中国在这一空间技术领域迈出了重要一步。

空间制药工业中，空间细胞的培养是必不可少、最为关键的。1992年年底，中国863-205专家组与上海技术物理研究所一起，进行863细胞反应器搭载实验。同时，国家航天专家委员会也下达了研制一套既符合空间细胞生长的条件，又能符合返回式卫星搭载技术要求的装置，将活细胞送入空间15天后再活着回来，研究空间环境对细胞合成、活性物质的影响。

返回式卫星1994年7月3日16时升空，7月18日11时35分返回地面后发现，在太空旅行了15天的细胞，仍健康地活着。试验使中国返回式卫星生物学搭载，达到国外载人航天器上生物学试验同等水平。

空间飞行后的纤维素霉和葡萄糖苷酶活力提高 28% 以上，黑曲霉糖化力和葡萄糖苷酶活力提高 80% 以上，在三年多的使用过程中活力稳定。用这种菌种发酵物配制的饲料，已成为一种新饲料，对梅花鹿等动物进行饲喂试验，可节省饲料，使鹿的发病率降低，鹿茸产量增加 16%。经空间飞行的酵母菌，获得了诱变株酶活力提高 29%，发酵周期缩短 8~10 天，在啤酒工业上有广阔的应用前景。

4. 航天医学

在进行近地环境对航天员影响研究的同时，我国的航天医学工程研究人员还尝试把中医引入航天医学，利用中药对航天员进行气血调理。实践证明，中药对于心脑血管、脑神经、消化系统、情绪等方面具有明显的调理改善作用。同时，我国还进行了中医药对抗失重环境成骨细胞微结构变化的研究，以期应用到航天员骨质疏松的防治上。

5. 太空育种结出累累硕果

世界上一切生物都在发生着变化，农作物种子也不例外，它们长期生长在一个环境中，有的适应了，有的也就逐渐退化了。多年来，我国一代又一代科学家为培育优良品种以提高作物产量而艰辛工作着，我国利用返回式卫星进行太空育种的研究，无疑为农业增产带来了福音。

1987 年 8 月 5 日，为了探索空间条件对植物种子的诱变作用，在我国发射的第 9 颗返回式卫星时，科学家将辣椒、小麦、水稻等一批种子搭载升空，开始了我国太空育种的有益尝试。

利用返回式卫星进行太空育种研究课题，得到了党和政府的高度重视，被列为国家"863"高科技航天领域生命科学项目，由中科院遗传研究所等单位主持。中国科学家经过 20 多年的积极探索,经过太空洗礼的种子,在江西、广西、黑龙江、甘肃等地安家落户,繁育后代。

经过太空"修炼"的种子,到底是否已成正果?在中科院遗传所的组织下,1993 年,有关专家云集江西省宜丰县,进行搭载水稻种子的现场鉴定。

专家们发现,经过 6 年的种植、培育、选择和测定,经过搭载的"农垦 58"水稻纯系种子,不仅穗长、粒大,有的一株上竟长出 3~4 穗,获得了许多矮秆、丰产、早熟的后代,亩产达 1200 斤以上。更为可喜的是,能恢复籼稻不育系的粳稻突变体,有的亩产高达 1500 斤左右。不仅如此,经过检验还发现,其蛋白质含量增加了 8%~20%,生长期平均缩短 10 天。这些水稻种子产生的许多遗传变异,其幅度和类型是迄今地面上诱变因素难以达到的,其变性性状能真实地遗传。另外,专家认为,空间条件下,具有处理方法简便、变异幅度大、类型多、性能稳定、速度快等特点。

一个青椒 8 两重,做好就是一盘菜,在以前不要说看,就是想恐怕你也不敢去想,可是这并非神话。我国农业科学家将 1987 年经过太空"修炼"的青椒种子,在黑龙江省进行试种和选优,经过几个回合的培养,已产生长势强、高产优质、抗病性强的新品种。水灵灵的大青椒好像茄子一样大,单个青椒平均重量从使用传统种子种植的 90 克提高到 160 克,有的可达 300~400 克,亩产可达 8000~10000 斤,比对照组增产一倍以上,病情指数减轻 55% 左右,可溶性物含量提高 25%,维生素含量提高 20%。北国的九月,已至深秋,来到航天育种实验田里,人们看到其他青椒枝叶脱落,只剩下枝干,而经"太空修炼"过的青椒后代,却仍叶繁枝茂,生机勃勃。有关部门已在黑龙江省建立了 5000 亩青椒生产试验示范田,广为试种培育。

专家研究发现，西红柿种子经过 5 年多时间的试种培育，其平均产量增加 20%以上，病情指数减轻 41.7%。

诱导种子向优秀的方向变异，所需要的条件是极其复杂的，而这些条件在地面往往是无法达到的，而太空环境可为种子的优化提供极其宝贵的条件。种子太空"修炼"的结果，向人们展示了空间特殊环境条件可能是作物诱变育种的一种新途径，这一发现既为更广泛地利用外层空间造福人类开辟了广阔的前景，也为人类认识自然开辟了途径。专家们认为，空间科学向农业育种的渗透，有可能发展成为空间诱变育种的一个新的边缘学科。

已故的返回式卫星专家林华宝和水稻专家袁隆平是中学的同窗好友，航天有关人员通过这种关系找到了袁隆平，与他商谈利用返回式卫星育种的问题。袁隆平了解到航天育种的情况后，表现出浓厚的兴趣，他认为，搞杂交水稻特别需要新品种，如果通过航天育种能帮助找到一两个新品种，可想而知，经过重新排列组合后，不知道会搞出多少个极具价值的新品种。1996 年，经过多方努力，袁隆平水稻研究中心的 200 克水稻种子被搭载上了返回式卫星。在拿到卫星返回地面后的搭载种子后，袁隆平格外高兴，他马上做起了实验。对于航天育种为什么会发生诱变，袁隆平中肯地说，要想从机理讲清楚还需要过程，要在摸索的过程中去认识。但可以肯定地说，航天育种变化率比传统方法的变化率要高得多。

"航天育种技术已成为快速培育农作物优良品种的重要途径之一，在生产中发挥的独特作用，为提升我国粮食综合生产能力和农产品市场竞争力提供了重要技术支撑。"我国著名农业专家、中国工程院院士卢良恕对航天育种也给予了很高的评价。

外行看热闹，内行看门道。一些专家认为，航天育种除了能快速有效地直接选育优良品种外，更重要的是能创造出一大批特异的种质资源，以缓解或解决我国农作物育种种质资源贫乏这一瓶颈问题。

然而，在对航天育种技术的一片肯定与赞誉声之外，也有专家、学者表达出了某些忧虑。这些忧虑主要集中在经过航天育种后种植的农作物的安全性上。通俗地讲，就是人吃了"太空粮""太空菜"，会不会有不良影响？

对此，我国的科学家观点十分鲜明：用航天育种技术选育出来的农产品，由于没有经过人为的方法将外源基因导入到农作物中使之产生变异，而是经过微重力、宇宙射线等众多因素作用，使农作物本身染色体产生缺失、重复、易位、倒置而引起遗传性变异。这种变异本质上与生物界的自然变异没有任何区别。专门实验研究显示，即使太空飞行回来的当代种子，经严格检测也没有增加任何放射性。因此，食用太空种子加工生产的粮食、蔬菜，不会存在不良反应。由于航天技术育成的新品种不存在基因安全性问题，航天育种产品是安全的。

关于这个问题，中国科学院院士陈子元经过大量研究调查后发表论文指出，航天育种是利用物理因素对植物进行诱变产生遗传变异，通过选育而培育成高产、优质、抗逆性强的植物新品种。航天育种属于理化诱变育种，是常规育种的一种手段，跟基因转换方式有很大不同。自20世纪50年代理化诱变育种被应用以来，全世界共培育出农作物2000多种，通过人们长期食用，没有发现食品对人体存在安全性问题。

据了解，1987年以来，我国利用返回式卫星进行了15次、2000多种农作物空间搭载试验。

2006年9月9日，我国"实践八号"育种卫星在酒泉卫星发射中心升空，由此开启了我国发射专门的育种卫星，利用航天高科技手段培育优良农作物品种实验的历程。

2006 年 9 月 24 日,在经历 15 天的太空旅行后,卫星返回舱平安降落在四川省境内。两天后,这些经历太空之旅的种子在北京航天城走出了返回舱,正式交给科学家们进行实验。

人们也许非常关注我国这颗专门用于太空育种的卫星都搭载了一些什么种子。

我国第一颗育种卫星实施的空间育种以粮食和经济作物为重点,兼顾饲料牧草作物以及微生物菌种和已知序列的分子生物学材料。考虑到各种作物的不同生态区域及基因突变频率,科学家们选择了 9 大类、180 组、200 多千克、2020 份作物和菌种等进行空间育种试验。主要有:水稻:0.05 立方米,约 30 千克,200 份;麦类:0.05 立方米,约 30 千克,200 份;玉米:0.05 立方米,约 30 千克,160 份;棉麻:0.03 立方米,约 10 千克,100 份;油料:0.02 立方米,约 25 千克,100 份;菜瓜类:0.01 立方米,约 20 千克,150 份;林果花卉:0.03 立方米,约 20 千克,100 份;菌种:0.01 立方米,约 5 千克,100 份;其他(杂粮、牧草、

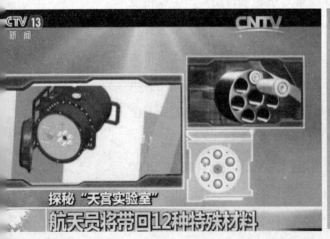

航天员将带回 12 种特殊材料 | 辣木种子

药用植物等)0.05 立方米,约 30 千克,1000 份。

在我国此前开展的太空育种中,为什么会发生变异、机理是什么,一直是个谜。为了探测研究空间重粒子辐射、微重力、弱磁场等环境因素的生物学效应,全面探测各种空间环境要素的量级,探索航天育种技术诱变的机理,育种卫星上还装载了 7 项用于空间环境探测的试验设备,包括:微重力测量仪,测定和记录卫星飞行期间星上微重力水平的变化情况;离心机,提供 1g 的重力场模拟,用于进行微重力影响下的对比研究;铅屏蔽室,铅屏蔽室内装载部分植物种子和热释光片,进行微重力影响下的对比研究;辐射剂量仪,记录舱内带电粒子剂量及其空间变化情况;热释光剂量包,测量舱内辐射剂量及分布;核径迹探测器,测量重带电粒子通量,对重粒子进行跟踪、定位和测量;磁强计,测定并记录舱内磁场强度的变化情况。

几年时间过去了,这些种子到底长得怎么样,育种试验到底取得了什么成果呢?

2008 年年底,中国农业科学院在北京组织召开了"实践八号"航天育种工程中期进展汇报会,40 多名来自全国 16 所科研院校的航天育种工程项目重点课题负责人、科技人员参加。汇报会特别邀请全国航天育种协作组组长翟虎渠教授、董玉琛院士、盖钧镒院士、傅廷栋院士、荣廷昭院士、谢华安院士、中国科学院遗传发育研究所张爱民教授和中国空间技术研究院实践八号育种卫星总设计师唐伯昶等作为项目中期进展评估专家莅临指导。

"实践八号"育种卫星搭载的种子经过几年的选育所取得的成果,使与会的专家欣慰之情溢于言表。

突变材料筛选分析稳步推进。"实践八号"育种卫星搭载了 9 大类、2020 份不同种类的生物材料,包括水稻、麦类、玉米、棉麻、油料、蔬菜等 152 个物种,以及 7 套空间探测仪器。全国共有 138 个单位的 224 个课题组、1200 多名科技骨干参与了地面育种项目的实施。两年来,项目组根据搭载作物种类不同,分区域建立了不同作物航天诱变育种的基础群体,在部分作物上初步筛选出 200 余份可遗传的突变材料,并对其中部分材料进行了初步的分子生物学分析。

　　航天育种机理研究进展顺利。通过对"实践八号"育种卫星搭载的植物种子的空间辐射剂量分析,初步掌握了不同种类的植物种子在空间飞行中被宇宙粒子击中的频率及其细胞学变异的分子机理。研究了空间环境中宇宙粒子、微重力等不同因素对于植物种子萌发与幼苗生长的影响,基本明确了空间环境可以诱发作物变异以及引起变异的主要诱因,比较分析了地面模拟空间环境因素诱变植物的生物学效应,优化了地面模拟诱变技术体系。

　　新品种选育与示范成效显著。"实践八号"航天育种工程的实施,整体上有效地带动了我国航天育种新品种选育与示范。据不完全统

太空黄钻 | 维 C 检测含量对比

计，两年来，项目组先后培育出通过省级以上品种审定（认定）的水稻、小麦、棉花、油菜、番茄、苜蓿等作物新品种、新组合 40 个，其中 7 个通过国家级品种审定，使我国航天诱变作物新品种的总数达到 66 个。新品种累计示范应用面积超过 2500 万亩，增产粮棉油 9.6 亿公斤，创社会经济效益 14 亿元。申报或获得发明专利和新品种保护权 34 件。

评估专家在听取了航天育种工程项目地面育种工作的进展情况后一致认为，项目实施以来，总体进展显著，筛选出了一批珍贵的变异材料并广泛应用，对航天育种机理进行了可喜的探索，取得了初步结果。项目的实施有效地带动了我国航天育种技术的研究工作。针对后续工作，与会专家建议项目组要进一步加强作物空间环境诱变后代突变体的筛选与分析工作，促进重要突变新材料、新品系的鉴定与生产应用。

我国利用神舟飞船搭载了数十种农作物、植物和中草药种子，这些种子已在我国的四面八方安下了家。

经过我国神舟飞船和返回式卫星搭载后，这些太空种子是在甘肃省航天育种工程研究中心的育种专家的指导下种植培育的。经过几年的选育，这些太空种子均发生了变异，展现了良好的特性。比如，航椒 10 号是 2001 年在天水市地方甘农线椒制种田和宁羊角椒引种试验田，选择具有两种特征的优良植株各 20 株，混合留种，各取 10 克，搭载神舟三号飞船升空后培育的。经鉴定，航椒 10 号辣椒素含量、维生素 C 含量都有很大提高，在甘肃、陕西、山东内蒙古、北京等试验示范中均表现出高产、优质、抗病和较强的适应性；航茄 5 号新品种是在 2002 年搭载神舟四号飞船进入太空的黑龙江青茄种子经过四代选育而成的。经鉴定，航茄 5 号增产 14.4% ~ 39.4%，坐果能力强，果高圆形，果皮紫红色，光泽亮丽，果肉绿白色，褐变性极弱，单果重 0.5 ~ 2.0 千克，最大可达 2.5 千克，商品性极强，抗病性好，极耐贮运。宇航 3 号番茄种子是在我国第 18 颗返回式卫星搭载的种子的基础上培育的，具有果实大小均匀，裂果少，可溶性固性含量高达 6.17%，总酸含量 0.43%，可溶性糖含量(以葡萄糖计)3.32%，维生素 C 每 100 克含量为 29.7 毫克、综合抗病强性、抗逆性强等特点。

多年来，我国农业科学家在改进农作物品种研究上走在了世界的前列。袁隆平院士杂交水稻育种技术的突破性成果，不仅为解决中国的粮食问题做出了巨大贡献，而且为世界做出了贡献。我国从开始研究航天育种到第一颗育种卫星问世，风雨兼程 20 多载。虽然走过的路途有些漫长，但航天育种的大道却越走越宽广，前景充满了希望。

在利用传统地面育种技术的同时，航天育种无疑开辟了一条育种的渠道。专家建议，作为一个新事物、一个新型边缘学科，航天育种需多部门、多行业通力合作。同时，在进行航天育种技术成果推广的同时，要加强航天育种机理的研究，把发生变异的原因和机理说清楚。

航天种子能否在大范围内得到推广和应用，关键取决于种子最终能否实现产业化的生产。因此，进一步强化航天种子生产、加工、销售及其配套技术服务，将成为航天育种产业形成与发展的重要动力。据了解，在未来的几年里，我国将建立 3～5 个集生产、试验、示范、开发为一体的现代化航天技术育种产业基地。

专家认为，高新技术应用于农作物育种，可以在较短的时间内创造出优良的种质资源，选育出高产、优质、抗性强的农作物新品种，从而成为解决"三农"问题、振兴农业、提高农民收入的一把"金钥匙"。外部空间，可能是人类解决"米袋子""菜篮子"的"希望田野"。

地球是人类的生身之母，她孕育了人类，又以其博大的胸怀、丰富的资源哺育着人类，从远古走来。今天，人类已经满怀信心地向新的疆域走去，那里有更加灿烂的前景在召唤，让我们深深地期待。

第二章 建造"太空村庄"

——载人航天空间站的发展扫描

　　大规模的开发利用太空资源，建设空间站就成为航天技术发展的必然选择。于是，从 20 世纪 60 年代开始，在浩瀚无垠的地球近地轨道上，就出现了由人工建造的"人造天体"——空间站。运行在近地轨道上的空间站，能够克服恶劣太空环境对人类生存的影响，营造一个适宜于人类长期居住、生活的小环境，还可以开展对地观测和进行各种科学实验。生活、工作在这里，与在地球上差不多，我们不妨把它称为"太空村庄"。

　　空间站的建立，把人类的智慧从地球延伸到太空，展现了人类丰富的想象力和科学技术的无限魅力。空间站的诞生和技术的发展，不仅推动了现代科学技术的发展，还为月球基地、火星基地和其他大型太空基地的建造，进而实现太空移民做技术上的探索，积累了十分宝贵的经验。

第一节　"太空村庄"为何绕地球飞个不停

　　实际上，空间站就是一个绕地球运行的人造卫星。要回答它为什么会绕地球飞个不停，首先让我们来了解一下人造卫星的相关知识。

　　我们知道，物体飞出地球到广阔的宇宙空间成为地球的卫星，需要有一定的速度。那么,地球上的物体需要多大的速度,才能克服地球引力的束缚而绕地球飞行,成为地球的卫星呢?科学家研究后发现,这个速度与地球及这个物体的质量成正比,与它们之间的距离的平方成反比,这个距离以物体到地心的距离计算。由于地球质量是一定的,经过数学推导,这个速度实际上可以由地球表面的重力加速度、地球的半径和物体到地心的距离算出。

物体脱离地球引力的束缚而绕地球运行,成为地球的人造卫星的速度,被称为"第一宇宙速度"。在地球表面上,如果不考虑空气阻力的情况,这个速度为 7.91 千米 / 秒。离地心越远,这个速度的数值要越小一些。由于物体具备了这个速度,就可以冲出地球而围绕地球飞行,所以这个速度也叫"环绕速度"。

物体脱离地球引力的束缚而绕太阳运行,成为太阳的人造卫星的速度,被称为"第二宇宙速度"。在不考虑空气阻力的情况下,这个速度的数值为 11.18 千米 / 秒。由于物体具有这个速度就可以逃离地球,所以这个速度又叫"逃逸速度"。

地球上的物体脱离太阳引力的束缚,逃离太阳系的速度称为"第三宇宙速度"。在不考虑空气阻力的情况下,这个速度的数值为 16.7 千米 / 秒。

把人造卫星、载人飞船、空间探测器等航天器送到太空中预定轨道上去的火箭,必须采用多级火箭,常用的运载火箭大都为 2 级或 3 级。火箭由箭体结构、动力装置和控制系统等构成。运载火箭不需要依赖空气中的氧,靠自己携带的氧化剂帮助燃料燃烧,所以它的动力装置能在没有空气的太空中工作。

为什么人造地球卫星不需要借助任何外力,在太空中可以在同一条轨道上绕地球不停地旋转呢?这是因为宇宙中的物体有一个特性,如果没有外力的作用,运动的永远运动,静止的永远静止,这通常

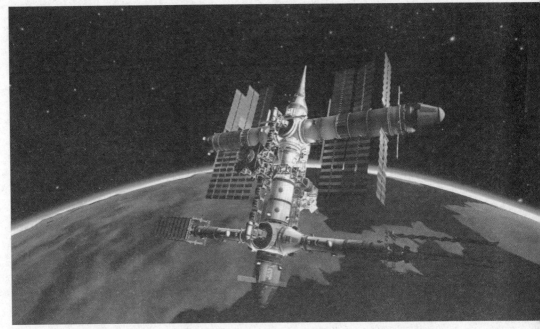

空间站

叫作惯性。

在运载火箭的推动下,卫星达到第一宇宙速度后,它的离心力大于地球的引力,而冲出地球,成为绕地球运行的卫星。此时,由于惯性的作用,卫星不再需要外来动力,而继续绕地球飞行。同时,由于卫星还没有完全摆脱地球引力的作用,因此,在地球引力的牵引下,卫星绕地球做圆周运动。简单说来就是当卫星在做圆周运动时所产生的离心惯性与地球对它的引力相等时,卫星就不停地围绕地球运动而不会跑掉。人造卫星在太空中飞行为什么不会很快掉下来呢?

我们知道,要使物体做圆周运动,必须具备两个条件:一是物体本身要具有速度,二是要有一个向心力。这是因为物体在已有的速度下做圆周运动时,会产生离心加速度,即离心惯性,也称离心力。只有受到一个大小相等、方向相反的向心力的作用,物体才能继续做圆周运动。地球引力的作用范围为以地心为中心、半径约 93 万千米的球体。人造地球卫星只要在 93 万千米以下环绕地球飞行,就始终在地球引力的作用下。它不会掉下来,并不是因为地球引力等于零,也不是因为它摆脱了地球引力,而是因为地球是圆球形,卫星飞行速度很快,来不及被地球吸引到地面上就飞过去了。所以,人造卫星不会掉下来,会一直不停地运行到离心力消失。

离地球几百千米的低轨道上仍然有稀薄的大气,由于空气阻力和其他原因,在轨道上运行的人造卫星的速度会逐渐降低,随着其运行速度的逐渐降低,地球对它的引力也逐渐大于卫星的离心惯性,所以人造卫星最终也会慢慢地下落。在它进入大气层后,与空气产生激烈的摩擦而被烧毁,所以,人们不必担心卫星掉下来会砸到脑袋。

如果运载火箭给予卫星的速度过小,达不到第一宇宙速度,这个时候,即使卫星已经发射到太空中,也无法进入预定的轨道绕地球飞行。最终,它将在地球引力的作用下,沿着一条抛物线轨迹落向地面,这种情况用航天专业术语来讲,就叫作亚轨道飞行。

如果火箭给予卫星的速度稍大于第一宇宙速度,它的离心惯性大于地球给它的引力,就会进入一条椭圆形轨道,绕地球飞行,越接近第二宇宙速度,椭圆形轨迹越长;如果速度达到第二宇宙速度,地球的引力再也拉不住它的时候,它就会挣脱地球的引力,以抛物线的轨迹飞离地球;如果达到第三宇宙速度,它就会以双曲线的轨迹飞出太阳系。

现在,让我们再来看看卫星的轨道问题。

地面上的汽车总是要有路才能奔跑,没有路寸步难行。天上没有路,人造卫星在太空中飞行是不是就可以横冲直撞了呢? 也不是的。实际上,太空中也有一条人们看不见供人造卫星运行的路,这条路就是人造卫星在太空中运行的轨道。那么,什么是卫星的轨道? 卫星有几种轨道? 为什么要选择这些轨道?

所谓卫星的轨道，就是卫星在太空中沿着地球运行所形成的轨迹。运载火箭把人造卫星送入空中后，卫星在太空中并不是自由自在的游荡。航天专家们根据不同的卫星所担负的不同任务，给卫星设计了多种运行轨道。

人造卫星的轨道是多种多样的。如果按形状，一般可分为圆轨道和椭圆轨道：圆轨道就是卫星运行的路线与地球的高度相等，即卫星运行的每一圈都是在围绕地球画圆圈；而椭圆轨道就是卫星运行的路线与地球的高度有高有低，即椭圆形的。按卫星距离地球高度，一般可分为低、中、高轨道：低轨道卫星，通常其轨道高度为 500 千米以下；中轨道卫星，通常其轨道高度为 600～2000 千米；高轨道卫星，通常其轨道高度在 2000 千米以上。

另外，根据特殊的要求，可以用多颗卫星进行组网，还可以组成星座。如：GPS 导航定位系统，就是由 24 颗卫星组成星座，在 6 个轨道面上运行。

按卫星运行方向，与地球自转方向相同的轨道叫顺行轨道。与地球自转方向相反的轨道叫逆行轨道。在地球赤道上空绕地球飞行的轨道，叫赤道轨道。通过地球南北两极的轨道叫极轨道。这中间还有一些特殊意义的轨道，如地球同步轨道、地球静止轨道和太阳同步轨道。

当卫星轨道高度为 35786 千米的时候，卫星运行周期与地球自转周期相等，这种卫星轨道叫地球同步轨道；如果地球同步轨道的倾角为零，则卫星正好位于赤道上空，卫星在这一轨道上运动速度为 3.07 千米／秒，绕地轴转动的角速度和地球自转的角速度相等，在地面看来卫星是静止不动的，这样的轨道为地球静止轨道。静止轨道是地球同步轨道的特例，地球静止轨道只有一条。地球静止轨道卫星主要用途是通信和气象观测，它可以始终对准一个地区。一颗卫星可覆盖地球 1/3 以上的面积。

　　轨道平面绕地球自转轴旋转的方向和速度与地球绕太阳公转的方向和平均速度相同的人造卫星轨道叫太阳同步轨道。在太阳同步轨道上运行的卫星,在同一方向经过同一纬度的当地时间是相同的。因此,可以通过选择适当的发射时间,使卫星经过一些始终处在较好的太阳光照条件下的地区, 这个时候卫星观测或拍摄到的地面目标图像最清晰。极轨气象卫星、地球资源卫星、海洋卫星、成像侦察卫星等对地观测卫星大都采用这种轨道。

　　表示轨道特点的主要参数是:轨道的远地点高度、近地点高度、轨道平面与赤道平面所成的角度——倾角、轨道周期——卫星在轨道上运行一圈的时间。远地点高度和近地点高度相等时,就成为圆轨道;倾角为 0 度时,轨道平面与赤道平面重合,称为赤道轨道;倾角为90 度时,卫星飞经地球南北两极就叫作极轨道。

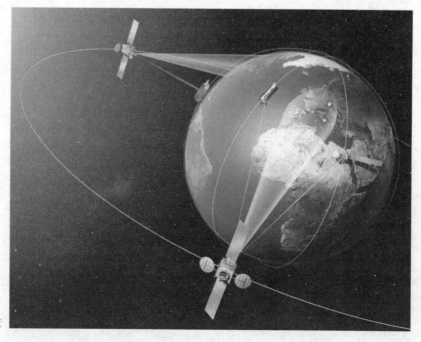

卫星轨道

卫星在轨道上的每一个位置在地球表面上的投影叫星下点,所有星下点连成的曲线叫星下点轨迹。由于地球的自转,星下点轨迹不只一条,相邻两条轨迹在同一纬度上的间隔,正好等于地球在卫星轨道周期内转过的角度。有了星下点轨迹,就可以预报卫星在什么时候经过什么地方上空了。

卫星轨道的选择,是根据卫星的任务和应用要求来确定的。圆形轨道可以使卫星飞行的速度和离地面的高度保持不变,速度方向平行地平线,而低轨道可以提高地面摄影的分辨率。空间环境探测卫星等常采用椭圆形轨道,选择这种轨道是由于卫星运行的轨道高度距地球的距离不同,因此可以探测距地球不同距离的环境参数。遥感卫星由于要对全球进行观测,常常采用极轨道,选择这种轨道的好处是它可以从全球任何地方的上空飞过。气象卫星和侦察卫星需要在相同时刻对固定地区进行观测和拍照,常常采用太阳同步轨道,它可以在相同光照条件下,对同一地区进行观测和拍照。通信卫星常常采用地球同步轨道和地球静止轨道,它可以向同一地区不断地传输信息。没有特殊要求的卫星,为了借助地球自转的速度,节省运载火箭的能量,一般采用顺行轨道。

在各类应用卫星运行轨道中,用得最多的是圆轨道。因为圆轨道上运行的卫星速度是均匀的,这对于完成各种特定的任务有利。不过,也有运用椭圆轨道的卫星。俄罗斯由于地处赤道北端,靠近北极,发射沿赤道运行的卫星在北端就看不到,因此便利用椭圆轨道。由于椭圆轨道近地点快,而远地点慢,因此,让卫星远地点处于北极上空,就可以长时间观察到这一地区。

总之,人造卫星选择什么轨道,是其使命所决定的。使命不同就决定了其轨道不同,而这种轨道一旦选择就终身不变,直到卫星寿命的完结。

因为空间站要执行对地观察、科学实验等任务，根据任务的需要，对地观察当然越近越清楚。同时，空间站要不断地从地面运送航天员换班和运输生活必需品及实验设备等物资，当然离地球越近越方便、越节省。所以，空间站运行的轨道是距地球300～400千米的近地圆轨道。

第二节　四代空间站亮相太空

空间站是人类载人航天技术发展的必然选择，是人类走出地球，进入更为广阔宇宙空间的第一步。

1961年，航天大国苏联实现了人类第一次把航天员送入太空的梦想。由于不满足于仅仅把航天员送到太空转几圈，以展示领先于世界的航天技术和社会主义制度的优越性，于是建设一个在近地轨道上长期运行，可供航天员在太空中多待上一段时间甚至长期生活，可以开展对地观测和各种科学实验研究的空间站，就成为苏联下一个奋斗目标。经过艰苦的奋斗，在1971年，可供航天员寻访、长期居住和进行科学实验、对地观察的大型航天器——空间站诞生了。美国也在苏联之后，发射了空间实验室空间站。

到目前为止，人类已经发射了四代空间站。空间站技术经过了探索试验、快速发展到今天的逐步成熟的阶段，实现了由实验性空间站（即能够提供长时间的太空生活和工作的载体），到实用型空间站（即能够开展各种科学实验），再到长久性空间站（即为更长久地在太空生活和工作提供载体和经验）的巨大跨越。

从 1971 年至今,世界上共成功发射 10 个空间站,已发展到第四代。苏联 礼炮 1 号到礼炮 5 号共 5 个空间站和美国的天空实验室为第一代空间站,礼炮 6 号和礼炮 7 号为第二代空间站,和平号为第三代空间站,国际空间站为第四代空间站。目前,除正在建设和在轨工作的国际空间站,其余 8 个空间站在大气的作用下陨落,和平号空间站被人工销毁。

第一代空间站礼炮 1 号到礼炮 5 号。在美国忙登月的时候,1971 年,苏联人发射成功世界上第一座空间站礼炮 1 号,开辟了人类载人航天的新境界,在空间站技术上走到了美国的前面。

礼炮 1 号到礼炮 5 号空间站为第一代空间站,一般可乘 4 名航天员,最多可乘 6 名航天员,礼炮号空间站上的航天员是乘联盟号飞

第一代空间站

船与之对接,然后进入空间站的。

礼炮号空间站运行在距地面 200～250 千米的轨道上,轨道倾角为 51.6 度左右。礼炮号空间站重量约为 18.9 吨,由对接舱、轨道舱和服务舱组成,其中,对接舱和轨道舱为密封舱,服务舱为非密封舱。

对接舱有一个供联盟飞船对接的舱口, 航天员从这里进出空间站, 轨道舱由直径分别为 3 米和 4 米的两个圆筒组成, 是航天员生活、工作、进餐、休息和睡眠的场所,舱内的小气候与地面相似。服务舱内安装了发动机和推进剂。对接舱的前端是锥形的对接机构,用来与联盟飞船对接,对接过渡舱内装有猎户星座望远镜的部件、照相机和各种实验设备,外部安装有猎户星座望远镜的外露部件、两个太阳能电池翼、交会对接天线、闪光灯、电视摄像机等。

轨道舱是礼炮号空间站的中枢神经,是大脑和心脏。这里装有 7 块控制空间站的控制面板,通过这些面板,航天员可以监测空间站内各分系统的工作情况和控制各种仪器仪表的工作状态。经过这里,航天员通过一个很短的连接段后,到达最大的工作区,这个工作区直径达 4 米。为了使航天员有一个良好的定向参考系,轨道舱的工作区在设计上,采用了不同的颜色。工作区地板、天花板和周围的墙壁均漆成了不同的颜色。航天员的进餐、娱乐和睡觉在工作区的前端。工作区安装了各种导航、通信、控制系统设备,还安装了食物、卫生设备、水、锻炼器械等。

服务舱内安装了主推进装置、离子传感器、姿态控制发动机和燃料等,舱体外侧安装了两个太阳电池翼、交会对接雷达天线、摄像机等。借助摄像机, 航天员和地面控制人员可以监视空间站的工作情况。

5 座礼炮号空间站设计差不多, 只是所安装的有效载荷有所不同,均采用舱段式构形。其特点是均只有一个对接口,只能接纳一艘飞船,无法及时补给重要物资,从而限制了空间站的寿命,不能长期载人。但是,作为人类发射成功最早的空间站,它解决了大量的关于空间站技术的问题。

天空实验室空间站。1966年,为了鉴定人在失重条件下的生理反应和工作能力,考察航天员人工操作、维修安装设备和进行各种试验操作的能力以及活动的灵活性,进行空间对地球和对太阳进行观测活动,进行宇宙天体的研究、观测地球环境,研究银河系的天体,进行空间材料加工及晶体生长试验等,美国利用阿波罗计划剩余材料,启动了天空实验室计划。1973年,在发射阿波罗登月飞船的土星5号火箭的托举下,美国把试验型空间站天空实验室送入轨道,轨道高度为435千米。

天空实验室由轨道舱、气闸舱、多用途对接舱、太阳望远镜和阿波罗飞船5部分组成,长36米,直径6.7米,最大宽度27米,总重量为90吨。

轨道舱是天空实验室的主体,由土星火箭的第三级箭体改装而成,直径6.7米,长14.66米,舱内充有氧气和氮气的混合气体,温度为25摄氏度左右。轨道舱内分上下两层,上层为工作区,下层为生活区,舱外两侧安装了太阳能电池翼。

气闸舱长5.36米,供航天员在轨道上出舱用,同时也是实验室的环境、电源和通信控制中心。

多用途对接舱直径3.04米,长5.27米,有两个供阿波罗飞船对接用的舱口,一个沿着纵轴方向安装,另一个安装在侧面,可以同时停靠两艘飞船。航天员通过对接舱进入轨道舱,对接舱还可以作为试验设备和胶卷盒等物品的储藏室。

天空实验室空间站没有考虑后续补给的问题,航天员的生活必需品和试验品均在第一次发射的时候带足。天空实验室共接待了3

批 9 名航天员,在太空工作时间最长为 84 天。

天空实验室空间站运行期间,取得了一批科学成果,为以后的载人航天空间科学试验,积累了经验。同时,也证明了人在空间的重要作用,特别是人具有完成空间操作和航天器维修的能力。

与苏联采用成熟技术、循序渐进的发展方针不同的是,美国在空间站的发展上则更多地注重技术上的先进性,而缺乏连续性和继承性,因而,美国只发射了一个空间站,在该领域远远落后于苏联。

第二代空间站礼炮 6 号和礼炮号。礼炮 6 号和礼炮号为苏联第二代空间站,有两个对接口,可以同时有两艘飞船在空间站上停靠,把载人与货运分开,从而使空间站的寿命和航天员留轨时间都大大延长。

苏联航天员在空间站上完成了大量的材料科学、天体物理学、航天医学和生物技术实验,进行了大量的对地观测活动,为太空环境下长期载人飞行积累了经验,还获得了大量的军事价值很高的信息。

礼炮号空间站与"联盟"飞船交会对接的初期,双方都要进行轨道机动,在两者的相对距离接近到 15 ~ 30 千米以内的时候,由航天员控制定向,保持空间站与飞船对接的特定方向。

礼炮 1 号为军民两用空间站,其他空间站主要是军用空间站。军用空间站的轨道高度较低,为 200 千米,这样可以更方便地进行军事侦察;同时,军用空间站轨道周期短,大多安装了高分辨率的摄像机,且需要定期弹射侦察密封舱。

礼炮号空间站在轨飞行期间,先后有 16 艘载人飞船、12 艘运货飞船与它对接,33 名航天员进入空间站工作,在轨道上共运行了 4 年 6 个月。在礼炮 7 号空间站上,女航天员萨维茨卡娅在 1984 年进行空间行走,成为世界上第一个空间行走的女航天员。

第三代空间站和平号。1986 年 2 月 20 日,苏联建造和平号空间站的工程开始了。从和平号空间站的核心舱发射入轨，到 1996 年 4 月 26 日对接上最后一个舱段，历时 10 年，经 5 次对接，终于完成了和平号的建造，形成了包括核心舱、量子 1 号舱、量子 2 号舱、晶体舱、光谱舱、自然舱在内的 6 个舱，以及由"进步"号货运飞船，联盟号载人飞船组成，可与 6 艘飞行器对接的庞大的轨道复合体。舱段式结构的和平号全长 87 米，总重达 124 吨，有效容积 472 立方米。在晶体舱的末端还设有专门迎接航天飞机的对接口。

两代礼炮号空间站是单模块式结构，而和平号空间站是多模块积木式结构，由多个舱段组合而成。如果说礼炮号空间站仅仅是一居室的话，而"和平"号空间站则是功能全、寿命长、多用途的多居室。这种改进大大扩展了航天员的活动空间，使大量的科学研究项目得以进行。

首先升空的和平号空间站的核心舱有 6 个对接口，航天员在这里控制飞船和居住，此后，又先后对接了 5 个实验舱，分别是：用于天文物理观测、地球勘测、医学和生物学研究的量子一号舱；用于扩大试验设施及出舱活动的量子二号舱；用于研究空间加工工艺，试验新材料加工技术和生物制品生产技术，并装有遥感器、多用途对接器的晶体舱；用于对地遥感和生物医学试验的光谱舱；用于了解地球生态状况，研究材料科学、生命科学和生物技术的自然舱。

这 6 个舱均有动力装置和生命保障系统，都能独立地进行太空机动飞行。所不同的是，它们各自担负着不同的任务，具有独立的分工，其功能是不一样的。

例如：核心舱内有一张大桌子，供航天员工作和用餐。核心舱两侧还各有一个个人卧室，卧室后边有可供航天员洗澡的卫生间。舱内还安装了体育锻炼器械，航天员可每天在器械上锻炼 90 分钟。

晶体舱里安装了进行材料加工试验的各种熔炼炉，其中 3 个用于生产半导体材料,2 个用于熔炼各种合金材料。

自然舱上安装了苏联最先进的遥感器和美国、德国、波兰等国的科学仪器,还安装了金刚石炉,这种加工炉可加工 6 种样品。

和平号空间站的整个组装过程是采用对接的形式逐步展开的,不需要航天员出舱操作,技术比较简单,风险不大。但缺点是,太阳电池帆板有可能相互遮挡,影响输出功率。同时,每个舱段都设计了独立的推进系统,造成了设备的重复和资源的浪费。

和平号空间站是 20 世纪技术最先进、重量最重、寿命最长、载人最多、贡献最大的航天器。在和平号 15 年的载人航天飞行过程中,共有 31 艘载人飞船、62 艘货运飞船与它实现对接,先后有 12 个国家、28 个长期考察组和 16 个短期考察组、137 名航天员在站上工作过。和平号还创造了苏联男航天员波利亚科夫和美国女航天员露西德在

和平号空间站

太空中分别连续生活 439 天和 188 天的记录。美国 4 架航天飞机先后 9 次与和平号对接,创下了最重的航天器(223 吨)和最多的航天员(10 名)一次聚会的记录。站上载有 11.5 吨科学研究设施,共进行了16500 项科学实验,其中完成了 23 项国际科学考察计划,主要是空间生命科学研究、对地观测研究、天体物理学研究和材料加工研究等。这座人造天宫不仅为人类提供了广泛的科学和技术实验场所, 取得了一系列令人瞩目的成果,还进行了多次大型空中对接、更换和维修活动,为建造更大型空间站积累了丰富的经验。另外,仅在研制和平号空间站的过程中,就发明了 600 多项有价值的新工艺,这些新工艺被广泛应用于各个经济领域,促进了经济的发展和科技的进步。

由于在太空中工作时间过长,和平号空间站故障频发,加之俄罗斯已参与国际空间站的建造工作,因此,俄罗斯政府决定人工销毁和平号空间站。2001 年 3 月 23 日,为人类载人航天做出巨大贡献的和平号空间站,在地面的控制下,成功坠落在南太平洋预定海域。

第三节 "航天联合国"打造第四代空间站

1998 年 10 月 20 日,威力巨大的俄罗斯质子号火箭点火升空,把国际空间站的第一个部件——多功能舱(FGB)发射入轨,为人类的太空大厦铺下了第一块"基石",从而拉开了第四代空间站国际空间站建设的序幕。这座由 16 个国家共同打造的"太空大厦",既是对人类航天技术的挑战,又必将对人类航天产生深远的影响。

国际空间站是由以美国、俄罗斯为首,包括加拿大、日本、巴西、

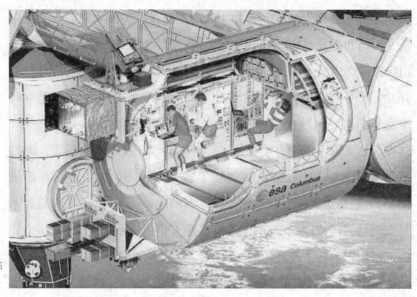

国际空间站
工作示意图

比利时、丹麦、法国、德国、英国、意大利、荷兰、西班牙、瑞典、瑞士和爱尔兰共 16 个国家组成的"航天联合国"共同打造的"太空大厦"。国际空间站是至今人类在太空建造的最庞大设施,建成后的总质量为 419 吨,舱段长 74 米,桁架长 110 米,增压舱总容积 1202 立方米,舱内压力和气体成分与地面相同,电源输出功率 110 千瓦,可容纳 6 名航天员同时在上面长期居住,最多时可容纳 15 人在上面从事考察活动,建成的国际空间站,将运行在倾角 51.6 度、高度为 397 千米的轨道上。最初,这座空间站先处于有人照料状态,在完成全部建造工作后,可具有长期载人能力。

早在 1984 年,美国里根总统就批准了美国航空航天局提出的建造自由号空间站的计划。该计划由美国牵头,日本、西欧和加拿大参加,后来由于经费等种种原因,自由号空间站的规模逐渐缩小。

尽管不知耗费巨资建造自由号空间站到底价值如何,在美国如一直是争论不休的话题,然而,1993 年美国众议院还是以一票的微弱优势,通过了继续支持空间站的计划。同年,美国副总统戈尔与俄罗斯总理签署了一项空间合作协议,旨在利用俄罗斯的空间站技术和组织多国联合,解决资金等问题,在 2002 年建成一座由美、俄、日本、加拿大等 16 个国家联合研制的国际空间站。这个空间站计划代替了自由号空间站计划,俄罗斯也放弃了再建和平 2 号空间站的计划。

目前正在建造的国际空间站是模块式和桁架式结构的"混血儿",它是由一个美国研制的长达 110 米的主桁架、居住舱、实验舱和太阳能电池帆板,俄罗斯的服务舱、研究舱和太阳能电池帆板,日本的实验舱,欧空局的哥伦布轨道设施和加拿大的移动服务系统等组成。

与和平号空间站不同,国际空间站的设计的最大优点是太阳电池帆板互不遮挡,视野相当开阔,共享的资源设计避免了浪费。但它的许多结构部件都需要航天员出舱装配,其技术难度和风险是不言而喻的。

国际空间站主要由两大结构呈十字状组合在一起而形成。其中,纵向的主干是由若干个舱体构成,横向则由 9 段构架构成长长的桁架组成。在纵向的各舱体上,还衍生出其他一些舱段;而横向的桁架两端也挂起巨大的太阳能电池板、散热器等装置。

国际空间站由指令和数据处理、电源、跟踪与通信、热控制、环境控制与生命保障、制导导航与控制、结构与机构、有效载荷、机械臂、舱外活动、在轨维护、航天员、乘员健康保障等 13 个系统构成。

原计划需要航天飞机和俄罗斯质子号运载火箭飞行 43 次,飞行频率高达每年 8 次,航天员需要在国际空间站外进行 168 次总计 1360 小时舱外活动作业,以完成舱段、部件的组装和更换维修等工作。由于 2003 年哥伦比亚号航天飞机失事,组建工作推迟至 2010 年完成。

缘何耗费巨资兴建人类的"太空大厦"？

据有关资料介绍，国际空间站至少在建成后 10 年内将在下列领域为科学家提供科学研究的舞台。

蛋白质晶体研究。目前，科学家已经发现，在空间失重的条件下，蛋白质晶体可以比在地球上生长得更为纯净。通过对这些晶体的分析，科学家们可以更深入地解开蛋白质、酶和一些病毒之密，有助于由此而研制出新的药物和更好地了解生命的基本构造元。

其实，多年来，科学家们已经在航天飞机上进行了类似的实验和研究工作。但是，由于航天飞机每次飞行时间有限，而担负的使命又是多样的。因此，使这种试验受到限制。尽管如此，已取得的成果也足以引起人们的兴趣，以至于人们对太空制药的兴趣和信心倍增。全球最大的制药公司与美国航宇局合作，试图在太空中研究出治疗癌症、糖尿病、肺气肿和免疫系统失调的药品或方法，便是最好的证明。

微重力下的生命科学研究。失重、辐射等空间条件将给人体带来包括肌肉萎缩、心血管功能降低和骨质疏松等变化。这种影响到底有多大，怎样减轻和克服这种影响，将是未来空间站研究的课题之一。在空间站上，科学家将研究长期处于微重力条件下人体的变化及影响。目前人类在太空中生活时间最长的纪录是苏联航天员波利亚克夫创造的，他在太空中生活了 439 天。而未来深空探测载人飞行时间往往不是以月计的，可能将是以年计算。因此，此项研究可使人类为未来长期探索太阳系，甚至为实现火星着陆居住等提供理论数据和做准备。此外，这些研究还可以使人们更好地了解某些人体系统和疾病的成因、演变，并找出治疗办法。

除了开展上述生物医学范畴的研究外，在空间站上，还将进行重力生物学范围的一系列实验，主要包括微重力对动、植物和生命细胞功能影响等。据有关资料介绍，空间站上的离心居住舱内的离心实验设施将利用离心力产生模拟重力，其范围几乎从零至两倍于地球引力。该设备模拟的地球引力，可以起到与空间站微重力条件下的实验相比较的作用，还可以消除实验中的可变量；同时，这些设施还可以根据实验的需要，模拟月球和火星上的引力，以取得一些极有价值的数据，而这些实验和研究可以为未来人类空间旅行、建立月球和火星基地及实现永久性居住提供有用的信息。

生物反应器研究。重力的干扰对活细胞的体外生长将产生一定的影响。科学家认为，在空间不受重力干扰下也许更容易进行细胞的培育。据报道，美国宇航局已研制出能改变和模拟减小重力对组织培养的影响的生物反应器装置，这种装置在地面上使用后，尽管仍然受到重力的影响，但仍培育出比正常情况下生成的质量更高的组织，使医生能够做到在不危害病人的条件下，精确地实验治疗癌症的新方法。同时，高质量的组织培养也已用于生长胰腺细胞，使糖尿病人在不按常规使用胰岛素的情况下得到治疗。据此，科学家们对利用空间站上长时间微重力环境进行组织培养充满信心。也许长期困扰人类的癌症、糖尿病等疑难病症，将会在空间站上得到攻克。

空间的火、流体和金属研究。进行材料科学研究是空间站的主要实验项目之一。在已进行的燃烧科学研究中发现，在没有重力的情况下，火的燃烧也是不同的。由于空间环境减少了如地球环境上存在的那种对流流动，因此不存在地球上这种由于对流而出现的热空气或流体上升，使冷空气或流体下沉的现象。没有对流，火的存在形式也是不一样的，而在空间轨道上看火怎样燃烧，可以研究在地球上不可能进行的燃烧过程，从而发现人类在这方面的未知。

由于已经进行的空间流体物理研究表明，在微重力条件下，液体不会因比重不同而产生上下对流或沉积等移动的现象。因此，在这种环境里，可以研究被重力掩盖的作用力和由此而引起的液体特性。同样,没有对流可以使熔化了的金属与其他材料更为均匀地混合。在此之前,人类在空间站里进行的这种空间材料科学的研究,已经生成了包括砷化镓晶体在内的一些金属材料。因此,完全有理由相信太空将是一个理想的材料加工厂,在空间站里,有望研究出更好的、地面无法合成的金属合金和材料。上述研究的实施,也许将使人类工业革命产生飞跃性发展。

空间自然特性研究。根据目前的设计方案,建成后的国际空间站将有 14 个完全暴露在外的实验场所,在这些场所将在完全暴露的空间环境下,探究长期暴露对材料的影响。由此可以使科学家更好地了解空间的自然特性,从而使航天器的设计更为科学。同时这种纯暴露环境还可以进行被称为基础物理研究范畴的基本自然力的研究,它可以研究在地球上由于受重力作用后,非常弱小的很难于研究的力,从而有助于解释地球上很难解释的现象和整个宇宙的发展演变。据介绍,科学家计划在完全暴露的条件下,进行包括利用激光器使原子冷却至接近绝对零度在内的一系列试验,这些都可能有助于人类更好地了解重力本身。进行这种基础物理研究除可回答有关自然的基本问题外,对人类的生活也许会有实际进展,可能会由此出现比原子钟精确上千倍的钟和强度更高的材料等。

地球观测及研究。开展外层空间研究,很大程度上是为了研究人类生存的地球。国际空间站可以作为观测地球的空间平台,进行地球上环境变化的持续跟踪,以获得地球上无法得到的全球景象,即地球科学的研究。从而有助于加深人们对山脉、森林、火山、台风等自然界变化的认识。同时,还可以观测城市污染、生存环境变化等人为造成全球环境变化的影响。在空间站上开展的地球科学研究,其范围是多方面的,它几乎包括了地球学、海洋学、生态学和地球科学研究的各个学科。

宇航员在做科学实验

整个空间站的试验活动,将通过通信卫星传至地面,使地面能随时观测到航天员在轨道舱里进行各种试验活动的场景。同时,通过通信卫星,空间站里的航天员和整个地面相关的试验机构,均可对空间站里的实验进行控制和监测。

上述研究将视空间站的建造速度和进展情况逐步展开。据有关资料透露,2003年前,美国将在建立空间站的同时,进行微重力下的生物技术(包括生物医学、生命科学等)、材料科学、流体力学、蛋白质晶体生长、特殊合金、半导体材料生产等;2004—2009年期间,将利用空间站进一步进行生命科学和物理研究,完成先进的生命保障系统,开发和示范保护航天员免受微重力、强辐射影响的有效方法等。

除此之外,空间站还可以用于为未来进行星际旅行的载人航天器设备进行各种试验,以提高设计水平和可靠性,降低空间飞行风险和成本。

整个空间站的试验活动,将通过通信卫星传至地面,使地面能随时观测到航天员在轨道舱里进行各种试验活动的场景。空间站里的航天员和整个地面相关的试验机构,均可对空间站里的实验进行控制和监测。

可以相信,这个迄今最大的航天器的建成,可为人类在新世纪观察地球及进行科学研究提供一个前所未有的场地。这里开展的一系列工作将为生物、医药和工业的进步,改善地球人的生活条件和未来太空旅行开辟途径。可以毫不置疑地认为,随着运载能力的提高和航天技术水平的不断发展,未来的空间站将比现在大得多,功能也比现在强大的多,取得的成果也会是很大的。

第四节　空间站的结构构成

目前,在外层空间运行的空间站有两种,一种为舱段式结构空间站,一种为桁架式结构空间站。从第一代空间站到第三代空间站,都是舱段式结构,第四代空间站采用了桁架式结构。

舱段式结构空间站采用多模块组合,有点像家庭用的组合柜一样。建设空间站的方法是先在地面上制造好各个舱段,再用飞船运送到近地轨道上,像孩子们堆积木一样对接而成。比如,1986 年 2 月 20 日,苏联把和平号空间站的核心舱送入近地轨道。核心舱由过渡舱、生活工作舱和推进服务舱 3 个舱段组成。核心舱有 6 个接口,前后轴向各有 1 个,四周有 4 个,用于对接飞船和对接各类功能舱。在功能舱与核心舱对接时,可以先与轴向的前对接口临时对接,再用安装在核心舱上的机械臂将功能舱转移到一个预定的周向对接口上。核心舱轴向的后对接口上,则直接对接一个功能舱,即量子舱。量子舱的后对接口对接货运飞船。

　　舱段式结构的空间站具有功能强、使用范围广等优点。但是，由于这种结构的空间站各舱段之间过于紧凑，因此将给空间站各个部分之间带来影响，特别是给安装太阳能电池板带来了困难，电池板之间还容易相互遮挡，影响为空间站输送足够的电能。

　　桁架式结构的空间站就是用长达几十米或上百米的巨大桁架做骨架，就像挂衣服的架子一样，而把各种舱段、设备和太阳能电池板等像挂衣服似的挂在上面。桁架式结构的空间站克服了舱段式空间站结构过于紧凑、相互影响等不足，灵活性更强，还可以方便维修和更换设备，并大大提高了空间站的工作效率。由于这种结构不像舱段式结构那样拥挤，因此安装设备非常方便，太阳能电池板也不相互遮挡了，并且控制起来也比较简单。航天专家们普遍认为，这种结构是未来大型空间站建造的发展方向。

　　太空"居室"的组成和用途。

　　空间站的"居室"有一居室（单模块）和多居室（多模块）的形式。

　　单模块空间站一般由轨道舱、工作舱和推进舱三部分组成。

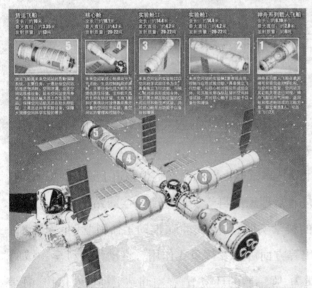

中国未来大型空间站结构意图

轨道舱。苏联礼炮6号空间站就是一个单模块空间站,前后各有一个过渡舱。前面的过渡舱上有一个对接口,内有科学探测、实验设备;后边的过渡舱上有一个对接口和一个对接通道,航天员可以通过过渡舱转移到飞船或出舱活动。两个对接口增加了对接的可靠性和航天员的安全性。

工作舱。工作舱是一个密封的结构,是航天员工作、运动和休息的地方,分为两段:前段直径较小,内装有中央控制台,航天员可以通过中央控制台监视和监控空间站的工作状态,外部装有3块太阳能电池阵;后段装有科学仪器、对地观测用的照相机、航天员洗澡用的淋浴装置和锻炼身体的跑步器等。工作舱内的小气候保持与地面相同。

推进舱。与工作舱末端相连,是不密封的,装有推进剂贮箱、变轨发动机、微调发动机等。

第五节　科学探索的"桥头堡"

空间站是最适合长期载人航天的太空村庄了,空间站的用途概括起来可以分为7个方面。

生命科学和生物技术试验。空间站在近地轨道上运行,那里处于真空环境,因此,是非常理想的科学实验场所。空间站里可以进行在地面所无法进行的科学实验,这些实验在推动生命科学、生物技术、微重力科学与应用等方面可以发挥重要作用,推动相关科学领域的发展。在太空微重力、强辐照的环境下,在空间站上种植农作物、饲养动物,进行空间生物学研究,可以为揭开生命的奥秘,为培养出新的作物品种开辟新的途径。

人类离开地球能否生存,人类从何来又将走向何处,一直是人类渴望揭开之谜。空间站的建立,将为揭开这些奥秘创造条件。

生命科学实验一直是空间站的重要内容。其主要目的是研究人对空间飞行条件的适应情况,主要包括临床医学、生理学、心理学以及空间医学工程。随着载人航天技术的日臻成熟,人类长期太空飞行,以至于实现外星居住的雄心大增,这种实验也达到了高潮,多年的努力获得了大量极有价值的数据。

通过在空间站上进行的猩猩、鼠、蝾螈、鹌鹑、蜗牛等生物的相关实验,揭示了太空环境对重要生命现象及生命过程的作用与影响,从而增进对生命起源、生命现象、生命本质以及生命活动基本规律的认识,为发展地基生物技术和改善人长期在太空生活质量提供了理论依据。

作为构成生命的基本要素,测定蛋白质的分子结构及这种结构与功能之间的关系,对于深入了解生命系统及研制新型医药十分重要,同时,蛋白质分离还是生物制品技术方面至关重要的,而测定蛋白质结构和 X 射线衍射技术,则要求使用较大体积的高质量的蛋白质晶体。然而,在地面进行的晶体生长中,因地球重力导致较轻颗粒上浮,进而产生流体流动,晶体沉淀在容器底部的情况,无法生成所需要的高质量的晶体。空间条件下,晶体却可以实现无流动和沉积现象,蛋白质等晶体可以自由地生长与分解。在载人航天的实践中,美国科研人员认为,在空间能够制造出体积更大、质量更好的蛋白质晶体。

几十年来,航天员还在太空中进行了一系列生物学实验,主要是对生物体物质、能量循环及调节研究的生物圈研究,利用微重力促进生命进程研究及对微重力环境如何影响地球上生物机体的形成、功能与行为研究的重量生物学研究，对暴露在空间高能环境中的生物体损伤与防护研究的辐射生物学研究。此外，还有生物体组织培养实验，即用于在不能使用整个生物体做试验的情况下，进行各种生理学研究的生物体体外细胞和组织培养。这些实验不仅有助于加深人们对空间环境适应情况的研究，而且作为未来在空间站或外星建立动植物养殖场的可行性研究的重要组成部分，必将为人类未来向空间移民计划的实现产生深远的影响。

在和平号空间站里，航天员进行了小麦、豌豆、甘薯、萝卜、莴笋等100多种植物栽培生长实验，用以探索改良作物品种、改良药物品种和生产效率、先进材料的应用等方面的技术。

在国际空间站上，航天员运用最先进的试验手段进行了化学、物理学、生物学等学科的大量试验。航天员通过对蛋白质晶体进行的充分分析，加深了对蛋白质、酶和病毒的性质的了解，这一成果有可能更好地揭示生命的本质并研制出地面所无法研制的新型药物。

人类实现载人航天以来所进行的一系列生物技术、生命科学实验，在加深对人类生命自身的研究，合成新的药物，抵御各种疾病的影响，延续生命，提高生命质量上，取得了重要的成果。

进行微重力实验。空间材料加工和技术的发展，是载人航天发展的必然产物。空间站的诞生，使人类对太空微重力环境资源的认识进一步加深。几十年来，航天员利用空间站为载体，进行了大量的空间材料科学实验。利用空间独特的微重力条件，航天员在无重力干扰的情况下，研究材料的特性，探索微重力条件下材料加工过程中的物理规律，生产出了地面所无法生产的各种材料；空间材料加工工艺研究也得到了快速的发展，取得了大量的新成果，给人类社会的发展带来了曙光。

和平号空间站上
开始新技术试验

　　几十年的空间实践向人们传递着这样的信息,空间微重力、高真空、高洁净、强辐射环境,可以进行高纯度特殊药物的生产,提炼出无缺陷的晶体、制造稀有的合金等。由于空间站上可以在有航天员参与操作和控制的情况下进行长期工作,所以这里是稀有材料的加工厂,可以生产出地面所无法生产的高纯度的特殊材料。

　　人类空间材料加工始于 1969 年,当苏联联盟－6 飞船进入太空,首次完成了空间焊接和合金熔化、结晶实验后,人类空间材料加工序幕便由此拉开。有资料称,苏联从 1980 年至 1990 年在空间站上进行了 500 项材料加工实验,范围涉及聚合物、金属、合金、光学材料、超导体、电子晶体、超离子晶体、陶瓷和蛋白质晶体等。

　　砷化镓等晶体是一种用途极广的半导体电子材料,这种晶体材料的生成对于洁净度、均匀度和完整性要求极高,生长工艺十分复杂。因此,在地面情况下,由于重力产生的对流作用,很难生长出优质的大面积晶体。而在空间站里开展的微重力实验表明,空间环境为晶体的生长提供了十分理想的场所,在空间条件下能生长出比地面条件下面积大、质量好的晶体材料。苏联在空间站上成功地生产出直径超过 20 毫米的砷化镓晶体。

据报道，1985 年前，苏联在和平号空间站上生产的半导体材料价值达 30 亿～50 亿卢布。1989 年苏联又在和平号空间站上生产出了 297 千克砷化镓，价值上百万美元。

铝和锌两种金属密度相差很大，在地面环境里无法使它们结合在一起，而在空间环境下它们却可以融合到一起。科学家在微重力条件下进行的金属合金材料的实验中，就成功地生产出不仅强度大，而且质量非常轻的铝锌合金。

在空间站里进行的微重力条件下的材料科学试验，给人类利用外层空间环境，生产出地面无法生产的新材料、新工艺，带来了光明的前景，无疑将对未来人类社会产生深远的影响。

考察失重对人体的影响。人类不满足于在近地轨道上做短暂停留，也不满足于登上月球，甚至火星，人类的更远大的理想是在宇宙空间航行。

我们知道，人在失重的情况下会产生感觉和运动障碍，比如，人体有不断下坠的感觉，甚至恶心头晕，识别方向的能力降低，肌肉动作不灵活等。在空间站上，以及载人飞船绕地球飞行并安全返回，可以研究人在太空环境中长期生存所必须的条件与设备，研究人在空间飞行过程中的反应能力，研究人如何才能经受住飞船起飞、轨道飞行以及返回大气层时重力变化的影响。

还有，实现载人航天后发现，微重力环境、宇宙空间各种射线、宇宙粒子等都会对长期在太空飞行的航天员的健康造成伤害，比如肌肉萎缩、心血管功能降低和骨质疏松等。对于来自太空中的这些影响，空间站上开展的航天医学试验可以找出克服太空环境对人体的影响的有效办法，为未来在空间站或外星上建立长期居住基地，进而实现外星移民，提供受控的生态环境及生命保障体系，进行理论上和技术上的准备。

进行对地观测。在空间站上观察地球,不仅有"一览众山小"之感,而且在空间条件下,由于克服了大气层的干扰,进行对地面和天体的观测,效果远远优于地面条件,特别是在地面无法进行的 X 射线探测和紫外探测,在空间却可以很方便地进行,利用这一优势,进行地球环境观测,研究地球大气环境的变化,可以获得地面上所不能获得的地球全球景象。更为重要的是在空间站上观察地球,可以充分发挥人的主观能动性,遇到感兴趣的地方,可以随机进行拍摄,可以克服利用卫星对地观测之不足,能变被动观测为主动观测,因此能获得比卫星观测更好的效果。据报道,航天员在空间站上可以不借助任何辅助仪器和设备,就可以看到地面的大型城市和河流。苏联科学家提供的情况表明,在空间站上花 10 分钟拍摄到的信息,如用飞机拍摄到需花几年时间。从 1977 年 9 月至 1980 年底,苏联在礼炮 6 号上对地球的每个区域都进行了观测,拍摄了 14000 多幅地球照片。此外,还探测记录了地球表面和大气层 10 万多种光谱信息。在礼炮 7 号空间站上,航天员曾使用不同的仪器拍摄了 20 万幅光谱照片。苏联曾用航天员从轨道上的观测和拍摄的照片,进行农业灾害预报,实现了在几天内对主要农作物病虫害传播的预报。据有关资料显示,苏联利用在空间站里进行的大量遥感资料,建立了一个包括国家矿藏资源、农田季节变化、全球海洋生物生产率的地球表面照片数据库,这些资料在工农业生产中得到了广泛的应用,取得了可观的经济效益。

进行天文观测。空间站不仅可以看到丰富多彩的地球,还可以看到绚丽多姿的星空。在那里进行天文观测,可以不受地球大气层的影响,身临其境。可以精确地测定天体的运动和方位,把人类的视角拓展到空间,从而破解宇宙空间的许多未知之谜。苏联在和平号上,进行了太阳研究、太阳系行星研究、X 射线天文研究以及空间粒子核的带电成分和同位素成分的研究。目前这些研究中的大部分工作,还有待于在国际空间站内进行,这些研究将为人类探索太阳系,建立月球基地、载人火星飞行等提供基础数据。

进行航天工程与新技术试验。在建立空间站前,人类围绕征服太空所需要的新技术、新材料、新工艺等试验只能在地面进行或到卫星上试验。突破载人航天技术,特别是建立空间站后,就可以在空间站中进行各种试验了。因此,为航天器研制中的关键技术和设备进行试验验证,释放小型航天器,组装大型航天器,修理故障航天器等,就成为空间站的一项重要任务。1982 年 5 月 7 日,苏联航天员从礼炮 7 号空间站上,成功释放了火花 2 号通信卫星,这是世界上首次在空间站上释放卫星。在和平号空间站上,还进行了 2 次人造月亮的试验。

空间站上进行航天工程和新技术试验,可以在有人参与的情况下进行,还可以通过飞船把试验的样品运回地面进行研究,得出最符合实际的结果,大大增强了试验效果的准确性。因此,无论是苏联或者俄罗斯的空间站、国际空间站还是美国的航天飞机,都把进行工程技术实验作为一个重要任务。多年来,利用空间站,进行了大量的模拟试验和硬件操作实验,以证实其方法和技术的可行性,同时,还进行了新型航天器研制中的新技术、新材料、新工艺的试验。从而,为进行大规模的空间活动、空间维修、空间操作,做了技术和经验上的准备,载人航天空间站为航天技术的进一步发展,充当了开路先锋。

军事斗争的“前哨堡垒”。航天技术首先是为军事应用而出现和发展的,空间站也不例外。在空间站里进行的许多活动,都可以直接或间接地为军事服务,因而苏联和美国开展的载人航天飞行大都带有很明确的军事目的。

空间站里开展的军事活动,主要是地面观测、地面目标识别、定标、拍摄。同时,利用空间站还可以充当太空指挥所,实际上,在必要的情况下,安装武器系统的空间站还可以对敌对目标进行攻击。由于航天飞机一次飞行时间是有限的,因此大规模的、连续的由人进行的空间军事侦察活动,只有在长期载人飞行的空间站上才能进行。所以,载人空间站被誉为不落的"太空神眼"。

苏联早期的载人飞船大部分航天员是军人,而且在后来的空间站上,一直有苏联的军人在站上从事以对地观测为主要内容的军事活动。据西方军事观察家发现,苏联发射的礼炮3号和礼炮5号的轨道比其他空间站低,且航天员全部是军人,因此,被认为是典型的军事空间站。据有关资料称,礼炮6号和礼炮7号空间站在轨工作期间,共向地面运回1187千克物资,其中胶卷达501千克。据外媒报道,苏联利用礼炮7号空间站,不仅拍摄中苏、中蒙、中印等边境地区,而且还拍摄了我国全部领土和领海。

据报道,1987年6月,和平号空间站上使用了一道激光束,瞄准和跟踪了苏联发射的一枚洲际导弹,这项试验当然没有逃过美国人的眼睛,引起了五角大楼的注意。而美国的航天飞机则进行了大量的与"星球大战"有关的试验,如导弹羽烟跟踪和雷达跟踪、观测,以及战争条件下利用航天飞机进行战场指挥、通信、救援等。1984年6月,苏联礼炮7号空间站与6颗低轨道成像卫星配合,在"波斯湾"上空执行军事侦察任务。为了这次任务,空间站多次进行了轨道机动,使其能在6月16日、18日、20日、22日连续4次隔日飞经该地区。为利用适当的日光条件,其轨道有意偏东4度,使它在当地时间8时30分左右朝北飞经伊拉克的上空,在当地时间下午4时30分左右朝南飞经伊朗、伊拉克地区上空;同时,空间站还把拍摄的"波斯湾"地区的录像传回苏联。

据报道,从和平号上拍摄的照片十分清晰,地面分辨率已达6米。海湾战争期间,"和平"号空间站内的两名航天员拍摄了伊拉克侵占科威特地区以及多国部队兵力部署情况的照片，照片上机场、建筑物等清晰可见。空间站里的航天员还监视了飞机的起降情况。在一次有叙利亚航天员参加的飞行中，和平号拍摄了叙利亚的照片，一位叙利亚人竟从大马士革的照片上认出自家的房子。

利用载人航天对敌对目标进行攻击，是太空军事试验的一项重要内容。据称，在"冷战"时期，苏联将和平号空间站确定为其战略防御计划的试验基地，曾利用空间站对地面军事活动进行监视和指挥控制，并曾经配合水面舰艇的活动。航天员还参与了反弹道导弹试验，观测反弹道导弹飞行器拦截再入飞行目标的情况，在天基激光跟踪可见目标的试验中，空间站上的宇航员利用飞船运来的设备，进行天基激光器的目标捕获和跟踪能力的论证研究。

人在太空军事中的作用，是迄今任何先进的智能机器所无法比拟的。空间站与卫星相比，不仅具有补给能力，可以长时间在太空中运行，执行任务，还具有维修能力，航天员可以随时维护和对故障进行检查维修。空间站可以较长时间使用，克服了卫星因局部的失灵而丧失全部功效的不足。从这个意义上来说，空间站是不落的"太空碉堡"，具有很强的军事应用潜力。

此外，空间站还可以成为到太空旅游的人的临时旅馆和新家园。

40多年的实践证明，就当代航天科学技术的发展水平而言，把人的臂膀伸向外层空间，进行科学研究工作，空间站是最"靠谱"的了，这是因为它既克服了应用卫星无人参与的局限，又克服了返回式卫星或航天飞机只能在太空中做短暂停留的局限。空间站可以在轨道上工作5～15年，甚至更长时间。从几十年的实践看，建设空间站既是当前科学技术水平所能够达到的，也是经济上可以承受的。

第六节 "太空村庄"取名漫谈

有"太空村庄"之称的空间站最能展现人类科学技术的力量和航天技术发展的成果。因此,世界航天国家在建设空间站的时候,都非常注重给"太空村庄"和每一个"房间"取一个靓丽的名字。这些名字虽然只有短短的几个字,却饱含丰富的文化内涵,从一个侧面反映了民族传统、民族精神和文化特色。

在对国外空间站或航天器取名的规律进行分析时我们可以发现,给这些航天器命名虽然没有一个统一的规定,但大都遵循具有政治意义,展现民族特色和民族文化内涵等原则。

1. 用富有政治意义的名词命名

比如,苏联礼炮号空间站就都有强烈的政治色彩。礼炮是在胜利的时候才鸣放的,苏联这样命名它的第一个空间站,意为礼炮号空间站的建设,鸣响了苏联航天技术又一个胜利的礼炮,同时也向世界鸣响了社会主义制度胜利的礼炮。

国际空间站因其由 16 个国家共同建造、运行和使用,是有史以来规模最大、耗时最长且涉及国家最多、规模最大、系统最复杂、技术最先进的空间国际合作项目,因此被命名为国际空间站,在当时还被称为阿尔法国际空间站。"国际"两个字,说明是一个国际合作的产物,而不是某个国家独立实施的航天项目,"空间站"又使人立刻就知道是空间站，而不是卫星。"阿尔发"是英语的第一个字母，代表第一的意思，意味着国际空间站开辟了载人航天技术的第一。

国际空间站的各个舱段的名字有的也富有强烈的政治色彩。

曙光号功能舱为国际空间站的第一个组件，于 1998 年 11 月 20 日由俄罗斯质子—K 型运载火箭从拜科努尔航天发射场发射升空。曙光号功能舱是国际空间站的基础，能提供电源、推进、导航、通信、姿控、温控、充压的小气候环境等多种功能。它由和平号空间站上的"晶体"舱演变而来，寿命 13 年，电源最大功率为 6 千瓦，可对接 4 个航天器。曙光号功能舱源于俄罗斯当年为礼炮号空间站所研制的 TKS 飞船，由美国出资，俄罗斯制造，命名为曙光号的含义在于此功能舱的发射，标志着航天领域国际合作曙光的到来和航天新时代的开始。

团结号节点舱是国际空间站的第二个组件，也是国际空间站的第一个节点舱，于 1998 年 12 月 4 日由奋进号航天飞机送入轨道。舱体长 5.49 米，直径 4.57 米，重 11.612 吨，用于存贮货物和调节电力供应，是国际空间站上负责连接 6 个舱体的主要节点舱。由于该舱是国际空间站的第一个节点舱，因此也常被称为节点 1 舱。根据美国国家航空航天局国际空间站计划主任兰迪·布林克利的解释，"Unity"这个名字代表了美国国家航空航天局、波音公司还有全世界国际空间站团队的共同努力，反映了国际空间站计划中的团结与合作。

和谐号节点舱是国际空间站 3 个节点舱中的第 2 个，于 2007 年 10 月 23 日由发现号航天飞机发射升空。在国际空间站所起的作用是把美国命运号实验舱和后来送入太空的欧洲航天局哥伦布号空间实验舱、日本希望号空间实验舱连接在一起。之前被称为节点 2 舱，2007 年 3 月 15 日更名为和谐号。这个名字不仅体现了国际空间站国际合作的精神，还形象地表现出和谐号节点舱在国际空间中所担负

节点号升空
与曙光号对接

的把各合作伙伴的实验舱连接在一起的职责。

宁静号节点舱是国际空间站的第 3 个节点舱，由意大利泰利斯阿莱尼亚航天公司为 NASA 建造，长约 7 米，直径约 4.5 米，在轨重量约 18.16 吨。宁静号能够为国际空间站上的航天员，以及包括氧气生成器、水循环系统、废物清理与卫生维护系统和"科尔贝尔"跑步机等在内的许多生命支持和环境控制系统提供额外的空间。与宁静号节点舱相连的瞭望塔观测舱是国际空间站机械臂的控制站，长约 1.5 米，直径约 2.96 米，在轨重量约 1.882 吨。观测舱四周有 6 个窗口，顶部有 1 个窗口，能够帮助航天员以一个全景的角度观察地球、宇宙星体以及与国际空间站对接的飞船，窗口能抵御空间碎片的撞击。宁静号节点舱和瞭望塔观测舱于 2010 年 2 月 8 日随奋进号航天飞机运往国际空间站。

宁静号节点舱在 2009 年 4 月之前一直被称作节点 3 舱，美国国家航空航天局空间运行部副主任比尔·格斯登迈尔表示选取这个名字与纪念阿波罗 -11 号有关。1969 年 7 月，阿波罗 -11 号飞船在月球上的静海登陆，这个名字与探索和月球有关，也象征了空间站的国际合作精神。

　　日本实验舱命名为希望号，希望号实验舱是日本对国际空间站的贡献，也是国际空间站上最大的舱组。希望号实验舱是日本有史以来第一座连接到空间站上的载人太空舱，是日本的载人航天器。希望号实验舱是日本首个载人航天设施，最多可容纳 4 人。它由舱内保管室、舱内实验室、舱外实验平台、舱外集装架、机械臂和通信系统 6 大部分组成。舱内保管室主要作为保管仓库使用，室内有实验设备、维修工具、实验材料以及万一仪器出现故障时供替换的设备。舱内实验室内的气体成分和地表大气几乎相同，保持着 1 个标准大气压以及便于航天员活动的温度和湿度，所以航天员可以身穿普通衣服在实验室内工作。舱外实验平台可利用宇宙微重力、高真空等特殊条件进行地球观测、通信、材料实验等研究。舱外集装架是向舱外实验平台运送以及回收实验设备的过渡平台。希望号实验舱在日本设计和组装完毕之后被运送到美国国家航空航天局，然后其各部件由美国航天飞机分 3 次运往国际空间站，并在太空完成组装。实验舱的第一部分——保管室于 2008 年 3 月 11 日由美国奋进号航天飞机先期运往国际空间站。用希望来为日本第一个载人航天设施命名，带有强烈的政治色彩，其中的含意一是表明日本的载人航天充满希望，二是表明日本对史上第一个连接到空间站上的实验舱报以很大的希望。

2. 用历史人物命名

　　国际空间站上的哥伦布实验舱是继美国命运号之后的第二个实验舱，它由欧洲 10 个国家的 40 家公司共同参与制造，是欧空局最大的国际空间站项目。哥伦布实验舱装备有多种实验设备，能开展细胞生物学、外空生物学、流体和材料科学、人类生理学、天文学和基础物理学等多方面的实验，其使用寿命至少 10 年。它由美国航天员雷克

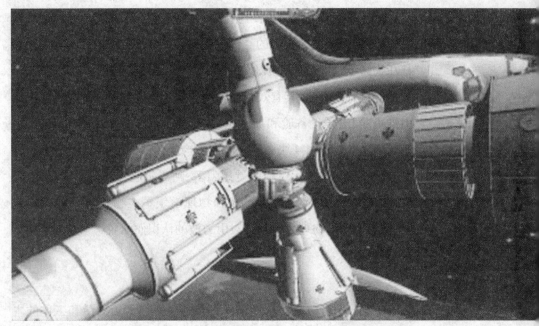

挑战者号空间站

斯·瓦尔海姆和斯坦·洛文在经历约 8 个小时的太空行走后,终于成功安装到国际空间站上。用著名航海家哥伦布的名字命名,是为了纪念这位伟大的航海家。

　　欧洲首艘自动货运飞船儒勒·凡尔纳号是以法国著名科幻作家儒勒·凡尔纳的名字命名。2008 年 3 月 9 日,在法属圭亚那库鲁航天中心升空首飞时,儒勒·凡尔纳号的货舱里装满了清水、燃料、太空食品和科研用品,还有一本儒勒·凡尔纳的科幻小说《从地球到月亮》。这艘飞船重约 20 吨,飞船呈圆筒状,全长约 10.3 米,最大直径约 4.5 米,体积相当于英国伦敦街头常见的双层公共汽车。飞船由推进舱、电子设备舱和加压舱 3 部分构成。它的外部有 4 个太阳翼电池板,每个太阳翼电池板由 4 块太阳能电池板构成,翼展可达 22 米,看上去就像两对翅膀。

欧洲第二艘货运飞船约翰内斯·开普勒号是以德国航天员约翰内斯·开普勒的名字命名的。约翰尼斯·开普勒号于2011年2月16日在法属圭纳亚的库鲁航天中心发射，全长约10米，最大直径4.5米，重量超过20吨，其有效载荷是欧洲航天局发射史上最大的。飞船由推进舱、电子设备舱和加压舱组成，外部有4个太阳翼电池板，每个太阳翼电池板由4块太阳能电池板构成，翼展可达22米。

欧洲第三艘货运飞船叫爱德阿多·阿玛尔迪号。爱德华多·阿玛尔迪是第二次世界大战后意大利物理学领军人物和航天领域的先驱，他因推动了物理实验学和对引力波的认识而闻名。

3. 用象征吉祥、表达期望的名词命名

星辰号服务舱是国际空间站的核心，是航天员生活和工作的主要场所，由俄罗斯出资和建造，于2000年7月12日发射，7月26日与国际空间站联合体对接。星辰号长13米，重19吨，由3个密封舱组成。星辰号发射之后，对接的3个舱段和辅助设备组成了质量为73吨、运行在397千米、倾角为51.6度的轨道上的空间联合体，每90分钟环绕地球一周，使国际空间站具备了接待航天员居住和工作的基本条件。1999年初，俄罗斯正式将其命名为星辰号。

命运号实验舱是美国国家航空航天局在1974年2月空间实验室退役后的第一个永久性运作的在轨实验室，于2001年2月与国际空间站团结号节点舱顺利对接。命运号实验舱是美国进行微重力科学与研究的场所，包括材料加工、生命科学、生物医学实验、流体试验和地球科学等。

日本两艘货运飞船均命名为白鹳。在日本传统文化中，白鹳表达了这样一种意象：它在向人们运送一件诸如孩子、幸福或其他快乐和非常重要的东西。这恰好体现了日本货运飞船的使命——向国际空

间站运送必需物资。

永久性多功能舱是国际空间站的永久性扩展舱。永久性多功能舱的前身为莱昂纳多服务后勤舱，该舱是由意大利制造的多用途后勤舱，以意大利文艺复兴三杰之一莱昂纳多·达·芬奇命名。莱昂纳多服务后勤舱于2001年进行了首次太空飞行。意大利航天局根据与美国国家航空航天局的协议建造了前三个莱昂纳多服务后勤舱。2010年3月，发现号航天飞机将携带莱昂纳多服务后勤舱执行最后一次货运任务。返回地面后，莱昂纳多服务后勤舱进行了改装，具备了更好的碎片防护功能，并能使航天员更容易使用其内部的设备，并更名为永久性多功能舱。

寻求号气闸舱是国际空间站主要的气闸舱，由美国于2001年7月14日发射升空的。气闸舱的作用是为航天员提供出舱活动前穿戴

2001年2月安装命运号实验舱

航天服的场所。寻求号被连接到空间站之前,俄罗斯航天员只能在星辰号服务舱内穿戴航天服,美国航天员只有在有航天飞机停靠的情况下,在航天飞机里穿戴航天服。寻求号气闸舱能同时兼容美国和俄罗斯航天员穿戴使用航天服。

此外,还有用太空中的星星命名的。比如,猎户座飞船是美国国家航空航天局为星座计划研发的新一代载人航天器,旨在 2020 年将人类再次送往月球,接着征服火星等太阳系内目标。奥巴马政府上台以后,对美国载人航天计划进行调整,并于 2010 年 2 月 1 日正式提议取消星座计划,使得包括猎户座飞船在内的星座计划宣告终结,但猎户座飞船可能作为国际空间站的救生飞船继续进行开发。

4. 美国的航天飞机都是用历史上著名的船只来命名的

哥伦比亚号是美国国家航空航天局第一架正式投入使用的航天飞机,1981 年 4 月 12 日进行首次发射,开启了航天飞机的辉煌历史。哥伦比亚号造价 12 亿美元,全长 56 米,高 23 米多,起飞重力约 2000吨,机身分为上下两部分,上面是轨道器,长约 23 米,自重 68 吨,是航天飞机中唯一可载人的部分,下面是两台固体推进器和一个外贮箱。2003 年 2 月 1 日,哥伦比亚号航天飞机执行其第 28 次任务重返大气层过程中与控制中心失去联系,不久后被发现在德克萨斯州上空爆炸解体,机上 7 名航天员全数罹难。造成事故的直接原因是哥伦比亚号升空发射后,一块泡沫撞击到防热瓦,形成裂缝,着陆时超高温气体从裂缝进入机体,导致航天飞机解体。在这次飞行任务过程中,哥伦比亚号完成了许多军事任务和科学试验项目,其中包括将多颗民用和军用卫星送入太空,回收需要修理的卫星,进行了进一步的空间实验室试验。

哥伦比亚号这个名字是为了纪念 18 世纪第一艘环绕世界航行的

美国籍船只——哥伦比亚号帆船。著名船长罗伯特·格雷层驾驶此船于 1792 年 5 月 11 日横穿危险的内陆水域，考察了加拿大不列颠哥伦比亚省及美国华盛顿州和俄勒冈州。由于哥伦比亚这个名字十分动听，常给人一种女性柔美的感觉，所以后来美国海军第一艘军舰也被命名为哥伦比亚号，阿波罗 11 号飞船指令舱也命名为哥伦比亚号，为此美国国家航空航天局也将第一艘实用型航天飞机命名为哥伦比亚号。

挑战者号是美国国家航空航天局第二架正式使用的航天飞机，1983 年 4 月 4 日正式进行了首次发射。挑战者号建造初衷是作测试用，但完成测试任务之后，美国国家航空航天局突然改变主意，将挑战者号改装成正式的轨道器。1986 年 1 月 28 日，挑战者号在执行第 10 次空间任务时，升空 73 秒后发生爆炸解体坠毁，机上 7 名航天员全部遇难。造成事故的直接原因是右侧助推火箭密封装置失灵，发射时温度过低导致合成橡胶密封圈失去弹性，无法起到密封作用。在 9 次飞行行动期间，挑战者号航天飞机将太空实验室、数颗军事和科学卫星送入轨道。

挑战者号航天飞机名字来源于 19 世纪 70 年代航行于大西洋与太平洋上的美国海军的研究船只挑战者号。挑战者这个名字还被用来命名阿波罗 17 号飞船的登月舱。

发现号是美国国家航空航天局第三架投入使用的航天飞机，1984 年 8 月 30 日进行首次飞行。由于吸取了前三艘航天飞机的经验，发现号航天飞机设计上较为成熟，重 77.634 吨，较哥伦比亚号轻了 3 吨。2011 年 3 月 7 日，发现号航天飞机脱离国际空间站，9 日在肯尼迪航天中心安全着陆，结束了近 27 年的飞行。27 年间，发现号共完成了 38 次飞行，为人类探索太空做出了巨大的贡献。由于其先进轻巧，哥伦比亚号和挑战者号航天飞机发生灾难以后，都是由发现号执行太空飞行任务。

发现号的名字源自一艘 18 世纪 70 年代伴随著名的詹姆斯·库克船长远征南太平洋的名为发现号的英国探险船。在库克船长的探险中，完成了包括发现夏威夷群岛、新西兰乃至于确认澳洲大陆存在等的功绩。此外，人类历史上还有三艘以发现为名的著名探索船，一艘由亨利·哈得孙担任船长并于 1610—1611 年间发现了哈得孙湾，另两艘均由英国皇家地理学会建造，其中一艘于 1875 年对北极地区进行考察，另一艘于 1901 年对南极地区进行了考察。

亚特兰蒂斯号是美国国家航空航天局的第四架实用型航天飞机，重 77.7 吨，于 1985 年 10 月 3 日进行首次发射，将两颗国防卫星送入太空。

亚特兰蒂斯号以美国第一艘远洋船舶的名字命名。1930 年至 1966 年间马萨诸塞州的伍兹霍尔海洋研究所使用这艘轮船进行科学研究，第一次使用电子回声仪绘制海洋地貌。此外，亚特兰蒂斯号还是科学家给史前文明沉没大西洋底的一块神秘大陆的命名。

奋进号是美国国家航空航天局第五架实用型航天飞机，也是最新的一架航天飞机。奋进号 1992 年 5 月 7 日进行首次飞行，负责的任务中有不少是为建设国际空间站服务的。

按照美国航天飞机的命名惯例，奋进号名字也是源自一艘早年的调查研究船，是传奇的詹姆斯·库克船长在 1768 年远征时所搭乘的一艘 368 吨级的三桅帆船奋进号，当时这艘船只是下水后的首次出航。由于这是一艘英国籍的船只，因此奋进号的名字是英式英文的"Endeavour"而非美式英文"Endeavor"。

我国对航天器的命名虽然没有统一的规范和要求，但总体上体现了三个原则：一是体现航天器的功能和用途，但又不能太直白；二是体现要用规范的名词性词语，名字无论是两个字还是三个字或更

哥伦比亚号航天飞机发射

多的字组成的,均应符合汉语的构词规则,最好用汉语的约定俗成、喜闻乐见的固有词语;三是要有中华民族的文化、历史特色。

我国神舟飞船就完全符合上述三条原则。首先一看就知道这个航天器是飞船,不是卫星,也不是空间探测器;第二,使用了汉语中形容高超、奇妙的字词,表明这是一艘神圣的船、神奇的船、中华神州的船。

通过对上述国外空间站、货运飞船、航天飞机命名由来的追溯,我们可以发现其中有一个规律:航天器的名字,代表了人类的追求,以及对科学、对美好未来的追求和不懈的奋斗精神理念。

5. 命名的方式

给航天器命名,各个国家都非常慎重,采取的方法不外乎以下几种。

一是向社会广泛征集，最后由航天部门组织专家综合各种意见确定。和谐号节点舱这个名字源自一个名叫节点 2 挑战的校园竞赛，来自全美 32 个州的 2200 多名高中生参加了这个竞赛。这个竞赛要求参与学生学习国际空间站知识，制作比例模型，并解释自己所取名字的含义。有 6 个不同的学校提交了 Harmony 这个名字。最后，由美国国家航空航天局、教员、工程师、科学家和高级管理人员组成的评选小组共同选定了这个名字。

宁静号节点舱在 2009 年 4 月之前一直被称作节点 3 舱，名字源自美国国家航空航天局所举办的征名活动——帮节点 3 舱取名。活动期间，公众可登录美国国家航空航天局官方网站参与活动，可选择美国国家航空航天局提供的 4 个名字中的其一，也可以建议自己认为合适的名字。2009 年 3 月 20 日活动截止时，美国国家航空航天局收到数千条提议，宁静号是建议次数最多的前十名之一。在经过评选

中国的神舟号

之后，曾经作为国际空间站第 14 和第 15 远征考察团成员的女宇航员苏尼塔·威廉姆斯在一档晚间电视节目中宣布节点 3 舱被命名为宁静号。

2010 年 8 月 27 日至 9 月 30 间，日本举办了货运飞船的命名征集活动，并向民众普及和宣传日本首艘飞船。主办方共收集到命名方案总计 17236 件，共选取了 17026 件作为候选方案，其中提到白鹳的有 217 件。主办方向所有参选者发放了纪念证书，并赠送精美商业礼品。所提方案获选者，还获得了赴种子岛航天中心现场观看货运飞船发射的机会。

奋进号航天飞机是美国航天飞机中首架以公开征名竞赛的方式由美国的中小学生命名的航天飞机，由老布什总统于 1989 年宣布。

二是由航天部门广泛组织各方面的人士先提出候选名称，然后再组织业内专家权衡评定，最后报请有关部门批准确定。

三是通过其他方式确定的。有的航天器的命名属于歪打正着，属于偶然得之。比如，猎户座飞船名称就源自一个误会。美国国家航空航天局原本计划将这艘新研制的载人飞船命名为载人探索飞行器，并打算于 2006 年 8 月 31 日公布。可惜在 2006 年 8 月 22 日之前，国际空间站上的美国航天员杰夫·威廉姆斯在对地球无线电通话时无意中说溜了嘴，提到美国国家航空航天局有可能为载人飞船选定最后名称猎户座，消息很快传播开来。就这样在还没有经过官方最后确认的情况下，这个名字就叫开了。

随着航天技术的发展和大型空间站的建设，利用空间进行商业化活动，是人类文明发展的必然趋势。空间商业化的前景不仅是人类的向往，而且是壮心不已的人类利用太空造福社会，保证和推动人类持续发展的必然趋势。

美国航天界曾预言，未来，人们不仅可以在近地轨道上生产出许多新材料,还将到其他星球去采矿,建立太空工厂,将在太空中采集的矿就地冶炼成地球上需要的各种材料,利用货运飞船运回地球。那时,利用太空资源的新型企业将大量涌现。

第三章 "太空公民"的别样生活

——撩开神秘的太空生活面纱

在民间传说故事里,人们用梦幻般的语言描绘天宫里的生活,天宫给人类留下了无限的遐想和美好的向往。

人类在近地轨道上建立空间站后,看到航天员在空间站里边神气地生活,不知道有多少人做梦都想当一名航天员在太空中生活和工作,至少想体会一下在空间站里的曼妙生活。尽管随着科学技术,特别是航天技术的发展,人们积累了足够的在"太空村庄"里工作和生活的经验。但是,实际上,在"太空村庄"里生活和工作并不是像人们想象得那样惬意,那样浪漫多姿,那样丰富多彩,那样自由自在,那样神清气爽。

第一节 曼妙奇特的太空"景观"

在太空环境里生活,可真的不像人们想象的那样。首先遇到的第一个问题就是"太空村庄"非常狭窄,根本不像在地球上的村庄生活环境那样宽敞,可以随意地走来走去。生活在空间站狭小的"房间"里,某种程度上有点像被关了"禁闭"的感觉。在地球上,人们可以尽情享受每天24小时日出日落,而在太空中,每45分钟就有一个早晨和晚上,你会因为一会儿白天一会儿就到了晚上而不适应。

曼妙的太空景观

　　在太空失重环境下,当人进入太空"村庄"里,第一个"下马威"就是你会发现,双脚不能站立了,更不能像在地面那样迈开步子自由地行走,人的双脚在那里没有用了,走路根本不用双脚,只要手抓住一个什么东西,身体就会顺着作用力的方向向前走了。喝水、吃饭、洗脸、刷牙等日常生活中本来非常简单的事情,在那里就会变得很复杂,更不要说孤独等心理的变化都会向你袭来。

　　在"太空村庄"里,如果你要把一件东西递给别人,不能像在地面那样,扔过去,对方接住就行了。空间站里的东西没有重力,也就没有引力,如果按照在地面上的感觉来扔东西,肯定会把东西扔的很高,对方是接不住的。

　　在人们刚刚进入太空的时候,由于不习惯失重环境,再加上在失重环境中人体的协调性不如地面,因此做一件同样的事情不但需要的时间很长,而且总是用力太大,没有准头。

面对这种情况，你也不要懊恼，因为这正是太空生活的妙趣所在。实际上，在哪里生活都有哪里的规矩和"风俗习惯"，来到了"太空村庄"，要紧的是尽情体味与地面"不一样"的妙处，寻找属于自己的快乐。

据医学研究发现，人进入太空后，由于身体脊椎骨没有重力的压迫作用而舒展开来，会觉得身体一下子长高了。据测定进入太空的最初几天身高一般会增加2.5厘米至5.0厘米。可是你别高兴得太早了，当你返回地面后，在重力作用下身高将逐渐恢复，原来多高还是多高。

还有一个奇特的景观，那就是在"太空村庄"里，你的头发会像一只刺猬那样，一根一根的支棱着，与在地面触摸静电球时的效果相像。在地球上手艺再高超的理发师都无法做出这样的头发，因此，在空间站里，为了方便工作，男航天员一般都是留短发，而女航天员则要将头发扎起来，不然的话，就像一只发怒的雄狮。

在"太空村庄"里你所使用的工具和照相机、刮胡刀、发卡什么的，不能像在地面那样，用后往桌子上一放就行了，不管你放在什么地方，它不会一动不动地老老实实待在那里。在舱内流动空气的作用

洗澡 | 看咱的头发

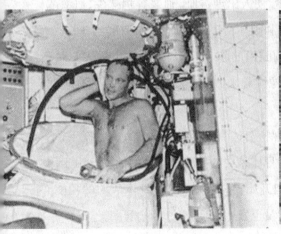

下,它会顺流移动。所以,所有工具、装置都有固定设备,用后将它们固定在一定的地方。最常用的固定设备就是尼龙搭扣和弹力带。

人一旦进入太空,就进入微重力的状态,由于没有重力的向下吸引,就会感到全身的血液开始向头部转移。这时候会出现颈部静脉鼓胀、脸变得虚胖、鼻腔和鼻窦充血、鼻子也不通气了,那个滋味有点像地面上患了感冒似的。

我们知道,人的体重中60%是水分,这些水分主要分布在细胞内、血液中和细胞与血管之间。当人从坐着或躺着的状态下突然站起来,液体迅速流向下半身,这个时候会感到晕厥,眼冒金星,实际上这是身体中水的重量在给全身施加压力,这种情况在医学上叫静水压。如果人长时间的站立,身体中的水分主要在下半身,在静水压的作用下,可引起下肢浮肿和静脉曲张。

在太空微重力状态下静水压消失了,液体将重新分布,从下半身转移到上半身。研究发现,在进入太空的头一天,人每条腿大约减少一升的液体。

液体转移不仅会引起像感冒一样的症状,而且还会影响人体肾功能、激素和电解质水平。例如在进入太空的第一周,肾脏的过滤率增加20%,血浆容积迅速减少,使人出现贫血。血浆容积减少,血液浓缩,会导致红细胞的生成减少和破坏增多,因而使贫血加重。

在微重力条件下,由于胸腔内的肺、心脏和大血管也失去重量,航天员说感觉到自己的内脏像漂起来似的,肚皮也好像有什么东西往腹腔后面推。

人体肌肉的主要功能是保持身体直立姿态。在微重力状态下,不需要肌肉来支撑身体,以保持身体站立的姿势和正常的活动。由于用不到肌肉了,因此身体的肌肉开始萎缩,只保留使身体活动的功能。在肌肉萎缩的同时,肌肉的质量也发生了变化。

人体是由肌肉包裹着的,肌肉和骨骼是不可分离的,在肌肉萎缩的同时,骨骼也发生变化,最大的变化就是脱钙。骨骼的变化,从外表上看不如肌肉那样明显,但性质是非常严重的,也就是说骨骼内部的骨质发生了退化。研究发现,在太空飞行中引起骨质脱钙的原因,除了微重力环境外,还与航天员的体力活动量、激素水平、营养和维生素的补充密切相关。

我们知道,骨骼是人体矿物质的仓库,人体内99%的钙都贮存在骨骼中,液体中钙含量的稳定是全身所有细胞发挥正常功能的必要条件之一。科学家们对美国和俄罗斯航天员的研究发现,他们的骨骼中的钙在太空飞行中大量的流失,最明显的部位是腰椎、髋骨和股骨上部,大约每个月流失1%,其中,跟骨头中的钙是流失得最快的。

科学研究发现,航天员在回到地面一个月后,脱钙现象才停止,但这些丢失的钙能否完全恢复,至今科学家还无法定论。特别是对于少数在太空中停留一年以上的航天员,他们丢失的钙可能永远没办法弥补回来了。根据航天员在空间站里生活的经验,要想使钙流失得慢一点,最重要的手段可能就是体育锻炼了。

防止脱钙是目前太空医学研究中最重要的任务,因为它是人到底能不能更长时间在太空工作和生活的关键因素。目前,尽管许多载人航天国家投入了大量的人力物力,但时至今日收效仍然不明显。

微重力环境还影响到人的呼吸系统、免疫系统和生理节律。比如,在"太空村庄"狭小的空间里,由于航天员的工作并不是体力活,而且不管干什么都要小心翼翼,这就使得肺活量减少、出现特殊的免疫缺乏症、患不同程度的失眠等。因此,体育锻炼是空间站里生活的重要内容,它不仅能增强航天员的肺活量,也能有效减少体内钙的流失。

为保证在空间站里工作和生活,必须借助许多特殊的设备,来限制你的行动自由,否则就会成为太空飞人,造成很大的麻烦。比如,在居住舱和其他常去的地方的地板上用布做固脚器、扶栏或把手,还有特殊工作台、胶带、夹子、绳子、松紧带、按钩、把柄、梯子、固脚器、临时贮存袋以及出入舱用的平台等。

第二节　最昂贵的太空衣服

穿衣服是人类特有的"专利",衣服能体现一个人的个性,增强人的自信,展示人的追求。进入"太空村庄"里,穿着普通的衣服就不行了,必须穿着特殊材料、选用特殊工艺、经过特殊加工和特殊技术制成的航天服。航天服造价可达上千万美元,是世界上最为昂贵的衣服。

航天员在飞船发射准备和上升段、在飞船内工作、在空间站里工作、出舱活动、返回着陆,或出现应急情况下返回时,穿着的衣服都大不相同。即使是在空间站,穿着衣服也是不一样的,有工作服、锻炼服、睡眠服,有的还有特殊的节日服装。

由于航天服具有气密性,转动头部和手腕均不会漏气,这使得航天服穿着起来非常费劲。一个航天员是无法完成的,升空的时候可以由服务人员帮忙,而返回的时候,如果是几个航天员同时飞行,可以相互帮忙,一个航天员则需要等相关人员的到来。为了学会穿衣服,航天员在地面上要反复练习几十次。

美国和俄罗斯航天服设计是不一样的,因此穿脱航天服的方法也是不同的。俄罗斯的舱外航天服是后开门的形式,采用坚硬的躯干,与头盔结合成一个整体,而四肢为软的囊,航天员从航天服的背部的一个铰链门进入航天服。美国的舱外航天服是分体式,是硬的上躯干,软的下躯干及袖子、手套、裤腿和靴子。手套按人定做,头盔可拆卸。便携式生命保障系统安装在硬躯干的后面,手动控制和显示器安装在前面,航天服的上下躯干由一个腰部断接器连接,航天员穿航天服时,从腰环进入,先穿下身,然后穿上身,一个人完成起来很困难,通常需要别人帮助。相比之下,大多数航天员认为,俄罗斯的航天服非常耐用,具有结构简单、灵巧方便的特点。

航天服按用途大致分为舱内航天服和舱外航天服两大类。

1. 舱内航天服

舱内航天服是航天员在航天器内使用的航天服,如果飞船在发射、轨道运行和返回过程中发生舱内漏气等事故的时候,穿上舱内航天服,就可以保证航天员的生命安全。航天服是为每一个航天员量身订制的。

舱内航天服一般由航天头盔、压力服、通风和供氧软管、手套、靴子以及相关附件组成。一般重 20~30 千克,再套上降落伞,重量可达40 多千克。

压力服是航天服的主体,一般为上下身连接在一起的连接式,压力服必须具备非常好的密封性,能够在充气和加压的情况下,仍然保持密封状态。此外,压力服还必须保证人的四肢可以在一定范围内活动。

航天员既可以将航天手套戴在压力服的袖口上,并保证其密封性,也可以将手套脱掉。

靴子,有与压力服连接在一起构成整体的靴子,不单独使用。也有具有断接器的可以脱的密封靴子,还有可穿在压力服限制层的套靴。

航天服通风供氧软管与舱内通风供氧装置连接在一起,在正常情况下,能够给穿着航天服的航天员提供全身的通风,使得航天员处

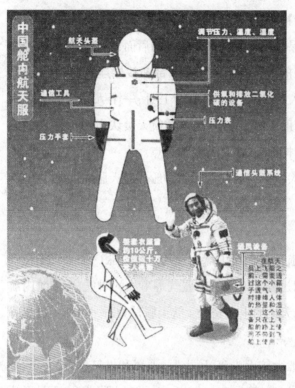

中国舱内航天服

于比较舒适的环境中。当座舱出现压力急剧下降的时候，给航天服通风的风机会自动关闭，使航天服处于密封供氧状态，应急供氧装置通过服装软管将氧气送入航天服内，一部分氧气将进入头盔内供航天员呼吸及头部散热，然后由压力调节器排出。

舱内航天服按其工作方式，又可分为开式和再生式两种。

开式航天服中由生命保障系统进入航天服内的气体不循环使用，用过后向座舱内排放，氧气消耗量比较大，但系统结构简单、质量较轻。再生式航天服的系统采用闭路工作，气体循环使用，用过的气体首先进入二氧化碳吸收罐，清除航天员排出的二氧化碳，然后补充氧气，再送回服装内。该系统可以节省大量氧气，但系统结构比较复杂、质量较大。

舱内航天服在设计的时候，充分考虑了穿脱的方便性和快捷性。保证航天员独自穿好航天服的时间为 5 分钟，脱去航天服的时间为 3 分钟，戴好两只手套的时间为 60 秒至 80 秒，关好头盔用 3 秒至 5 秒，航天服总重 14.5 千克，可以提供 125 分钟的航天员生命保障时间,俄罗斯从联盟号飞船至今一直在使用这种航天服。

美国水星号飞船航天员穿用的航天服是由海军高空喷气式飞机压力服改进而成的,为了便于航天员活动,航天服上装有气密轴承和波纹关节。圆形头盔通过带特殊衬垫的项圈连到服装上,内有通信系统。航天员呼出的二氧化碳和水汽从头盔排出,送到飞船座舱环境控制系统进行处理。

我国神舟号飞船上航天员穿用的舱内航天服为开式航天服,重10千克。主要由头盔、压力服和手套三部分构成,按照航天员的身高体重等情况定制,专人专用。

航天头盔一般带有密闭的启闭机构和球面形状的全景面窗。

头盔盔壳的材料是聚碳酸酯,这种材料的优点是不仅能隔音、隔热和耐碰撞,而且还具有减震好、质量轻的特点。为防止航天员呼吸造成水汽凝结以及低温环境下头盔面窗上结雾、结霜,专门设计了特殊的气流和防雾涂层,具有良好的防雾性能。

头盔的前面是一块可移动的大面窗,能给航天员提供宽广的视野。不启用航天服生命保障系统时,航天员把面窗推到上部,航天员呼吸舱内空气,也可以在面窗拉下状态下,通过打开一个通气阀,来呼吸舱内的空气。启用舱内航天服时,航天员将面窗拉下,此时就构成了一个独立的生命保障系统,由舱内的生命保障系统向服装内提供纯氧供航天员呼吸。

在面窗的前上方有一块遮阳板,可遮挡刺眼的阳光。头盔还可以用手转动,使航天员能方便地看到左右两边。头盔内有通信帽,在比较高的噪声环境中能够与地面进行语音通信。

舱内航天服一般由外罩、隔热层、限制层、密封层、散热层5层组成。外罩,由耐高温、抗磨损材料制成,以保护航天服内层结构;隔热层,由5~7层镀铝的聚酯薄膜构成,薄膜之间用网状物分开,具有良好的隔热性能;限制层,用高强度尼龙织物构成,限制服装加压后膨胀变形,保持舒适合体;密封层,用两面涂有聚丁橡胶的锦纶织物制成,起气密作用,防止服装加压后气体泄漏;散热层,即液冷服,相当于一件贴身的内衣裤,上有许多细小的弹力纤维制成的细管,液体在管路中流动将身体产生的热量带走。

舱内航天服上设置有小便收集器及少量的饮用水,还设有生物医学监测器,对航天员的生理状况进行监测。

在航天器发射前,航天员身着舱内航天服进舱,坐好后将航天服的通风供氧管路与航天器进行连接,打开头盔面罩通风。起飞前,关闭面罩,在整个上升段飞行中,一直处于从座舱抽吸气体为航天服通风的工作模式。一旦发现座舱失压,舱内空气压力下降到规定的故障值时,航天服内的循环系统立即自动启动开始工作,并关闭座舱空气入口,由飞船的生命保障系统持续向航天服内供应纯氧,并保持航天服内规定的压力,以保证航天员的生命安全。

在飞船舱内,宇航员不是任何时候都穿着舱内航天服的,在结束了上升段飞行进入太空后,经检查航天器工作正常的情况下,就可以脱去上升段飞行所穿的舱内航天服,穿上更为舒适的舱内工作服及其他服装。

工作服上衣有短袖和长袖两种,裤子也有短裤和长裤,还有马甲、夹克等。服装有厚有薄,在空间站里,由于舱内在温度适宜的情况下,可以穿比较薄的工作服,或穿短袖工作服,当舱内温度低于20摄氏度时穿用较厚的弹性针织布料制成的保暖服。在航天器内工作因不需要用脚走路,所以一般不需要穿鞋,只穿袜子。裤子上有设计了扣带以便能够固定口袋或食品托盘。裤子每周换一次,短袜、衬衫和内衣每两天换一次,穿过的衣物放在密封在塑料袋内,带回地面处理。

工作服的颜色多种多样,有蓝色、黑色、灰色、红色、绿色、粉红色、白色等单色的,也有条纹的,还有各种花色的。工作服和内衣全都是用100%的高支纯棉面料或阻燃材料制成,这其中除了航天员穿着舒适的考量外,主要是防止产生静电对航天器仪器设备造成损害。袜子则采用抗菌袜,以阻止真菌和霉菌等菌类生长。在进行锻炼的时候,穿运动装和运动鞋。

在空间站里,睡觉的时候还有睡衣。遇到圣诞节等重大节日或生日时,有的还穿特制的服装或佩戴装饰的,营造节日气氛。

2. 舱外航天服

舱外航天服主要用于进行舱外活动,太空行走的时候穿的,具有完备的通信、生命保障等系统,可谓"麻雀虽小,五脏俱全"。与舱内航天服相比,它各方面的功能更强了,实际上是一个小型的航天器。

舱外航天服主要由外套、气密限制层、头盔、手套、靴子、液体冷却通风服和背包装置等设备组成。

舱外航天服除具备舱内航天服所具有的功能外,还增加了预防宇宙射线辐射、防热、防止微小陨石撞击、防紫外线等功能。为了保证人体的热平衡,还增加了液体冷却系统,航天服的后背上还安装了一个大包,里边装有航天员所需的生命保障系统。

舱外航天服的上身是坚硬的,装有手臂和生命保障系统,头盔与身上连接在一起,头盔无法随航天员的头部一起活动,必须与身上一起活动。航天员的四肢活动是通过气密轴承和一个可以活动的关节连接来保证四肢各关节的活动性能。

外套是由多层防护材料组成的真空隔热屏障层,具有防辐射、隔热、防火、防微小陨石撞击等功能。气密限制层是舱外航天服最重要的部分,选用重量轻、无毒、抗压强度高、伸长率小的材料制成,其作用是保证航天服绝对密封,限制航天服膨胀,使航天员的四肢可以在一定范围内活动。

液体冷却通风服穿在气密限制层内,在航天服的躯干和四肢部位都设置了许多塑料细管,液体通过的时候,可以将热量带走。此外,还装有通风管。

头盔有两种,均通过颈圈与航天服连接。头盔上的面窗有两种,一种是可以随意开启和关闭的,在应急减压时候,可以自动和人工手动开启和关闭;另一种是平时不戴,必要的时候再戴,头盔外还安装了防护罩和保护眼睛的遮阳装置。手套、靴子与服装限制层相连接。

背包装置,主要由氧气瓶和供氧供气调压组件、水升华器和水冷却循环装置、空气净化组件、通风组件、通信设备、应急供氧分系统、控制组件和电源、报警分系统、遥测分系统等组成,它能够为航天员提供生命所需的氧气、控制航天服内的气压、调节航天服内的温度、

气泡型头盔
能提供广泛的视野。

全新的肩部设计
关节可以获得更好的活动范围。

巴斯光年的样式
绿色荧光条和白色衣服的组合,像极了《玩具总动员》里的主角。

后进式舱门
它的穿戴方式不再像衣服,想穿上,要从后面进入。

可固定接头
它可以和空间站上的对应接口对接,并固定在上面。

为行走而设计
它不像普通的国际空间站宇航服,可以同时用于空间站漂浮和星球面行走。

生命维持系统
呼出的二氧化碳气体可以第一时间被排出,不再需要专门的处理装置。

新一代舱外航天服

清除航天服内的二氧化碳、臭味和微量污染。当航天员出舱活动时，将背包装置和航天服配套使用，可以保证航天员在舱外活动 8 ~ 9 个小时，如果舱内生命保障系统发生故障，可保证航天员处于大气压力之中。这样，即使飞船发生了泄漏事故，舱内空气溜走，依靠航天服也能在人体周围创造出一个适宜人生存的微小环境，从而有效地防止低压环境对航天员的危害，所以，能在一定时间内保证航天员的生命安全。

值得一提的是，航天员在舱内穿着航天服必须将航天服与舱内的环境与生命保障系统连接起来一起使用。如果应急救生时间较长，还可以根据需要配置尿收集器以收集航天员的尿液排泄物。

神舟七号飞船执行舱外活动任务时，航天员翟志刚身着的舱外航天服是中国研制的第一代飞天型舱外航天服。这套舱外航天服充分吸收了国际舱外航天服的成功经验，既融合了现代先进的科技和仿生技术，又充分考虑到亚洲人的身体特点。

飞天型舱外航天服重 120 千克，能够连续工作时间 4 小时。由头盔、上肢、躯干、下肢、手套、靴子等组成。躯干由 1.5 毫米厚的铝合金构成，为硬式，上肢和下肢为软式。航天服的四肢装有调节带，通过调节上臂、小臂和下肢的长度，身高 1.6 ~ 1.8 米的航天员都能穿用。

飞天型舱外航天服内外共有 6 层。最里面一层是舒适层，它是用特殊处理过的棉布制成，既舒适又不起静电。第二层是备份气密层，由 1 毫米厚的橡胶构成，防止航天服内气体向外泄漏。第三层是主气密层，所用的橡胶布是整体结构，它既要保证气密性，又不能让服装过于膨胀，还要让各关节活动自如。第四层是限制层，用强度很高的材料构成，是承受航天服内气体压力的主承力层。第五层是真空屏蔽隔热层，它由 5 ~ 7 层镀铝的聚酯薄膜构成，形成应对真空温差、辐射等环境的有效屏蔽。最外边的一层是防护层，是一种特殊的纺织面料,可以在温度±100摄氏度之间保持完好无损,耐磨损、反射性强,对阳光反射率高。

头盔两侧各有一组照明灯,用于提供操作目标照明和胸前设备照明。头盔两侧还有报警指示灯,一旦航天服出现意外,报警灯就会闪起,并能发出语音报警。头盔上还装有摄像头,用以拍摄航天员出舱操作时的情景。头盔的面窗共有4层,为防止航天员口鼻中散出的热气在面窗上结雾,最内采用两层面窗充压结构,其间充入高纯氮气。外面是一层防护面窗,最外层是活动滤光面窗,当强光照到脸上的时候,就拉下这层面窗保护眼睛。

飞天型舱外航天服的手套是采用先进的"三维数字扫描"技术,为每位航天员量身定做的。它外表上看起来比较肥大,为了保持触觉,手套的指尖部分比较薄,只有一层气密层。同时,为了抓取东西方便和隔热,手心和指头上有密密麻麻的灰色橡胶凸粒。手背有可以翻折的热防护盖片,以提高手指的热防护能力,并保证手指的关节活动性。上肢的肩、肘、腕和下肢的膝、踝等关节处,使用了气密轴承,并利用仿生结构,创新出套接式的关节结构,使关节在保证气密性的同时活动更加轻松自如。

航天服的所有显示控制装置设置在胸前。有电控制装置,上边有国际最先进的有机发光显示屏;有加电、泵、风机、照明、电台、压力表操作装置等;有气液控制装置,它控制航天服气路、液路,以保证正常供氧和应急供氧。头盔是固定在躯干上不能活动的,所以航天员不能低头查看胸前的设备,只能通过设置在手腕上的反光镜进行查看,因此设备上所标示的字体都是反向的。

航天员在穿飞天型舱外航天服之前,先穿贴身的内衣,再穿能够测量心跳、体温等生理参数的生理背心,接下来是防静电的连体内衣，然后穿散发人体热量的液冷服（由弹性网状织物制成并带有帽子，在网格之间遍布注满水的软管，能散除人体产热的 70%～80%），再戴上通讯装备，最后才穿舱外航天服。

飞天型舱外航天服带有电脐带，用以出现意外情况时从飞船向航天服供电和传输信息，比如进行语音通信等，这是由于第一次使用飞天型舱外航天服，为确保安全特意增加的。

在人类太空飞行的过程中，由于不穿航天服，曾经发生过悲剧。

20 世纪 60 年代末到 70 年代初，为赶超美国人设计的两座舱飞船，苏联设计师将原有的两座舱联盟号飞船改为 3 座舱。航天员杜博罗沃里斯基和他的两位战友要"挤进"这个窄小的飞船，放弃了占用很大空间的航天服。

1971 年 6 月 30 日，杜博罗沃里斯基、沃尔果夫和巴查耶夫在礼炮号轨道空间站完成了 3 个多星期的工作后，进入联盟－11 运载飞船返回地球。飞船即将进入大气层时，座舱中与外界连接的通风安全阀忽然松开了。气压阀松动后，飞船上的通气小窗快速地一开一合，舱内的空气迅速地向太空中散去，舱内气压在 20 秒钟内从 900 毫米汞柱降到了 500 毫米汞柱，1 分钟后降至 170 毫米汞柱！

飞船出现漏气 4 秒钟后，杜博罗沃里斯基每分钟的吸气次数达到了 48 次，而正常人应为 16 次，此时杜博罗沃里斯基几乎进入了濒死状态，半分钟后，死亡降临。尸检时发现，3 位宇航员的濒死症状几乎完全相同，他们都有脑出血、肺部充血、耳鼓膜破损的迹象。如果他们当时穿上宇航服，这个悲剧是完全可以避免的。

第三节　种类繁多的太空食品

在中国传统文化里，饮食文化是一项重要的内容，能吃上一顿美味佳肴是一种享受。在中国神话传说故事里，只有神仙才能吃上天上美食。在"太空村庄"里吃的食品尽管非常稀奇，价格也非常昂贵，且不是一般人所能吃到的，但是，由于天上吃的食品基本上是已经加工好的贮存食品，充分考虑到长时间不变质、不走味，体积小、重量轻、便于携带和方便饮食等要求，因此从某种程度上来说，它既不美味又不可口，吃起来实在谈不上是一种享受，只是提供维持生命所需要的营养而已。

太空食品要求严格

为了节省飞船的空间和发射时的有效载荷，航天员携带的航天食品的要求尽可能重量轻、体积小、营养好，而且不含残渣，如骨、刺、皮、核等。重量轻、体积小、营养好这个不难理解，不含残渣，如骨、刺、皮、核，是因为太空环境里，如果含有这些东西，就会在空间站里飞起来，很难处置，搞得不好会影响到航天员的身体健康，污染舱内的设备。

在空间站里吃的东西必须符合失重条件下航天员生理改变的要求。我们知道，长期航天飞行将导致人体骨头里的钙大量丢失、肌肉萎缩、红细胞数量减少，因此，航天食品必须针对航天员生理改变指数对其中营养素做适当调整。例如：针对骨钙丢失现象，要求食品中能够提供充足的、易于人体吸收的钙，以及适宜的钙磷比例和维生素D；针对肌肉萎缩现象，要求食品中能够提供充足的优质蛋白质；针对到太空初期，人容易患上太空运动病的现象，要求食品是低脂肪的，以减缓太空运动病的症状；为了防止心血管系统功能失调，要限制食品中钠的供给，保证钾的供给。

航天食品的设计还要充分考虑到它在食用的时候是否安全。我们在家里做菜，撒点胡椒粉、放点味精等调味品是很正常的事情，而在太空中如果这样做，胡椒粉、味精的粉末就会飘起来，就可能把通气口给堵塞了，搞得不好还会跑到你的眼睛、口腔、鼻子内，威胁健康。再比如，如果吃的食品是流质的，就可能在舱内飞得到处都是，就可能污染、腐蚀舱内的仪器、仪表和各种部件；还要考虑食品不要在肠胃内产生过多的气体，不然的话，舱内就会臭气漫天。

航天食品的形状也是有讲究的，通常为可以方便地进入口中的长方形、球形和方形等，如肉块、鱼块、点心块，体积又不能太大，必须既保证航天员进食时一口一块，又方便简洁。为防止掉渣、碎裂，食品表面涂有一层可以吃的保护膜，可以避免食物碎屑飘浮在舱内。

载人航天初期，专家们担心在失重条件下，食物可能会堆积在咽喉里，不容易下咽，进入身体后也不容易流动。因此，设计航天食品的时候，考虑了食品为高度浓缩、能吸食的流食，进入肠胃后要很快被吸收，又考虑到盛放废弃物和排泄物的空间十分有限，食品产生的残

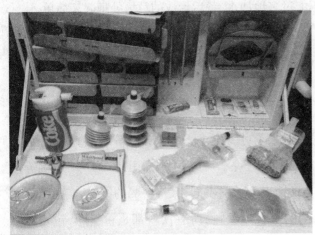

航天食品

渣要少等因素,因此把蔬菜制成菜泥,把肉制成肉酱,放在像牙膏一样的管里,吃的时候从管里挤出来。但是,由于这些像面糊一样的食品质量不高,航天员吃起来感到口味不好,缺乏营养;同时,他们对挤牙膏似的吃饭方式感到很不习惯。后来,随着航天食品的不断改进,质量有了很大提高。目前,太空食品已经发展到有复水食品、热稳定食品、中等湿度食品、辐照食品、天然食品等种类,大约有 100 多种,种类非常齐全,可以做到食谱一个星期不重样,这样就给航天员提供了很大的选择余地。

美国和俄罗斯国际空间站食品有:复水食品主要为饮料;乳制品有:美国干酪、乳脂干酪、酸奶油;水果有:苹果、葡萄柚、猕猴桃、橙、李子、柑橘等;冷冻食品中,肉蛋类有:牛肉、小羊肉、火鸡肉、猪肉、海产品和蛋等;主食类有:蔬菜、水果、汤、甜点心、乳制品、饮料和调味品等;热稳定食品有:水果、色拉、蔬菜、汤类、甜点心、调味品和饮料等;自然形态食品有:水果、谷类、甜点心、休闲零食、糖果等。

航天食品的包装也非常讲究,一个基本的要求就是必须保证在失重环境中,不需要耗费太多体力就可以打开包装,而吃起来又很方便。还有,就是包装轻质、体积小,在太空气压、过载、振动等环境中,不容易损坏,并且不能过多地加水,餐后形成的垃圾处理起来简单。

在空间站里专门配置了厨房,尽管很简单,但是里边食品存放柜、冰箱、脱水食品复水装置、烤箱、餐桌、餐具等厨房用品非常齐全,使用起来也非常方便。

太空中也需要及时地补充水分。在太空中喝的饮料大约有 50 多种,从大的种类来讲,有水果饮料、茶和咖啡等种类;其中,水果饮料也有苹果、葡萄、草莓、香草、柠檬、柑橘、杧果、菠萝、樱桃等多种多样的口味。与地面上的饮料不同,太空中喝的饮料,实际上形状并不像我们日常喝的水状的饮料,所有饮料都是粉状的,包装在有吸管的袋中,要喝的时候加水进去,摇晃几下后,就可以通过吸管饮用了。

在太空里,工作内容不同,吃的东西也不同,打一个不恰当的比喻,就像在地面上活儿累的时候要加点营养一样。比如,如果航天员要进行舱外活动,就要吃舱外活动食品,只不过舱外活动吃舱外食品不是从营养角度考虑的,而是从方便和舱外活动的实际需要来考虑的。舱外活动食品需要制成长条状,以利于食用。如水果面包,是将面包和水果片夹在一起,切成 2.5 厘米×22.9 厘米×0.6 厘米的片状块,每块约重 50 克,供给热量为 170 卡路里。面包块用可食淀粉膜包裹以减小表面黏性,放在弹性尼龙食品分配器内,用尼龙带固定在航天服颈圈上,需要的时候吃起来很方便。

早在 1968 年我国就开始进行太空食品的先期研究工作,在生物学、操作和工程方面对航天食品的要求与美国和俄罗斯航天食品相近。如今,已研制出上百种太空食品,这些食品在加工方法、包装形式上借鉴了国外的技术,但是在菜品的内容上都有中国特色。

我国航天员航天飞行时的食品分为食谱食品、储备食品、压力应急食品和救生食品四类。在飞行期间一日三餐吃食谱食品。储备食品用于由于某种原因需要延长飞行时间时食用。压力应急食品用于出现故障情况下食用。救生食品则用于未返回至着陆场,等待救援期间食用。

中国的航天食品种类与美国、俄罗斯的航天食品有很大不同,这是源于中国人的饮食习惯与西方人有着显著的差异。中国的航天食品是以中国人特有的烹饪方式制作的,将中国丰富的家常菜肴搬到太空,供航天员享用。它除了能够保证提供航天员所需的营养和热量外,还有效地避免了航天员在太空进食的乏味感。

太空吃饭样子奇特

在载人航天初期，航天员在太空中吃饭的方式也与地球上不一样。比如在 40 年前，美国航天员格林驾驶水星号载人飞船完成其首次轨道飞行时，所吃东西都是一些糊状食品，如苹果酱、牛肉酱、菜肉混合物。它们用铝质材料包装，其外形很像一支牙膏。今天，随着包装新材料和新技术的应用，航天员的吃饭方法越来越接近地面。其方法是将要吃的食物装在一个餐盘上，把餐盘固定在大腿上或空间站的某个地方，然后用与普通餐具外形无异的餐具，这样的吃饭方式与地面上在家里吃饭的方式差不多。

在空间站里，由于失重环境吃饭的时候，需要将身体固定在餐桌附近或墙壁上，再把托盘固定在大腿上，不然的话，盘子就会漂起来，稍不注意，任何细小的动作都会引起身体飘动。我国神舟飞船里的航天员用餐时，是将餐盘束缚在一侧大腿上，勺子、安全剪刀吸附在餐盘上，利用餐盘上的尼龙搭扣，将食品固定在餐盘内。

在太空中吃饭，有许多地面见不到的有趣方式。比如，如果你站着不动，拿起食品往嘴里送，常常会送到鼻子上、眼睛上，或者耳朵边，就好像感觉自己的嘴忽然长歪了一样，要想准确送入嘴里，需要经过一段时间的熟悉、锻炼才行。在太空中吃东西，还可以追着食品，吸进嘴里，比如把一小块苹果放在面前，它就漂在空中，这时，你将身体飘浮，在嘴接近食品的时候张嘴吸气，食品就飞到你嘴里了。把一滴水珠放在你面前，甚至可以用筷子将飘浮的水珠"夹住"放进嘴里。如果我们想把一种固态食品仍给在远处的另一个人吃，由于没有引力，扔出去的东西运行路线是直线的，远方的人可以非常准确地用嘴接住。

太空中进食

　　需要注意的是,在太空中吃饭对营养的搭配是非常讲究的,既不能不讲营养,也不能暴饮暴食。长期在太空中工作,为保证身体健康,对食品的营养素的供给量必须严格控制。蛋白质的供给量为 90~125 克、钙为 750~850 毫克、磷为 1500~1700 毫克、钠为 3000~6000 毫克。

太空喝水小心翼翼

　　在太空喝水也是非常讲究的,为了保证饮料不洒出来,不能用水壶和茶杯喝,因为失去了重力作用,水不会从盛水容器中依靠重力流出,也不会老老实实地停留在杯子里等待人去受用,只能使用密封包装,用嘴去吸食。这不仅是出于不能把水溢出来的考虑,也出于航天员身体安全方面的考虑,因为在喝水的时候如果不小心吞咽进气体时,由于气泡不一定在胃的上部,不能像在地面那样用打嗝的方式将气体排出,这将危害健康。

　　在太空,喝水的时候一旦溢了出来,不会像在地面那样掉到地面上,而是变成一个个水球飘在空中的。清除这种水球的办法,一般是用嘴捕获它,将水球"吃"掉,实在吃不进去的水球就干脆用纸巾将它们吸干净。

太空饮水要挤着喝

第四节 "太空村庄"的多居室

眼下，能有一套宽敞的大房子可能是许多人梦寐以求的。就像每个人住的房子大小不一样，"太空村庄"中的居室大小也是不一样的。有一居室，也有三居室，甚至还有宽敞的多居室。

美国第一艘载人飞船水星号飞船，座舱内仅有 1.7 立方米，虽然只乘一名航天员，但穿着航天服的航天员只能半躺在里面，身体几乎不能活动。好在这艘飞船最长仅飞行了 34 个小时，如果飞行时间几周或几个月，非把航天员憋死不可。

双子星座飞船舱内容积为 2.55 立方米，虽然稍为大了一点，但里面承载了 2 名航天员，总体上"住房"面积没有多大改善。

阿波罗号飞船指挥舱内的有效容积为 6.17 立方米，但乘 3 名航天员，与前两艘飞船相比，只能算是住上了"改善房"。

太空实验室是一个小型实验性空间站，乘 3 名航天员。航天员在上面停留了 84 天，内有效容积为 361 立方米，相比之下，前面 3 种型号的飞船都是"贫民窟"，而太空实验室改善多了，相当于住上了"别墅"。

到了国际空间站时代，航天员的太空居室得到了极大的改善，国际空间站可载 7 名航天员，可居住容积为 1300 立方米，这是太空中最豪华的"豪宅"了。

在太空居室里保持空气清新是非常重要的，这项任务是由空间站里边的生命保障系统来完成的。这个系统除了向房间里不停地提供新鲜空气外，还要对付清除室内的有害气体。这些微量气体约有20多种，主要由航天员呼出的二氧化碳气体、航天员身体里释放出的甲烷、氨、丙酮、甲醇和一氧化碳气体和舱内材料和设备释放的一些挥发气体组成。

清除舱内二氧化碳气体，主要采用吸收剂吸收的办法。吸收剂一般使用氢氧化锂或超氧化钾，这是因为超氧化钾在吸收二氧化碳的同时，可以释放氧气。

清除甲烷、氨、丙酮、甲醇和一氧化碳气体和舱内材料和设备释放的一些挥发气体，主要采用的方法是活性炭吸附的方法去除臭气和碳氢化合物，用催化氧化的方法去除一氧化碳等有害物质和超细

太空居室那么多仪器啊

纤维过滤纸去除尘埃等小颗粒物。

此外，还要严格控制舱内的微生物。我们知道，在我们日常生活的家里，会产生许多微生物，太空居室也是这样。我们家里的微生物不控制会使人生病，会使家具长毛、腐烂，因此需要经常开窗通风。太空居室的微生物，如果不加以控制，让它们舒舒服服地生长，就会对航天员和舱内设备产生影响。为了控制微生物的生长，最大限度地减小微生物对航天员身体和航天器硬件构成的威胁，需要采用许多方法来控制。当然，控制的办法不能开窗通风了，空间站里控制微生物的方法主要有三个。首先，采取控制空间站里空气湿度的方法，来控制微生物繁殖；其次，在国际太空站的一些舱段内，还将一种过滤网设置在通风管道系统上，用来对付微生物，这种过滤网的网孔比空气中微生物还小，用高效粒子捕获材料制成，当含有微生物空气通过管道中的过滤网时，过滤网就会将99.9%微生物挡在进风管口的外面，从而使舱内空气得到有效的净化；第三，还通过安装清除微生物的等离子体装置，利用高强度电流和低温等离子体清除空气中的微生物真菌、细菌、孢子以及通过空气传播的病毒。

还有，由于太空处于大温差环境，这就需要对空间站的居室温度进行控制，热了的时候要降温，冷了的时候要加温，以保证人的生存环境和设备的正常工作。我们在地面控制室内温度的办法是盖房子的时候，加厚墙壁和屋顶等；另外，在夏天或冬天可以开空调。在空间站里，控制温度的原理

在太空女航天员
有私密空间

和在地面差不多，一般采取在结构上设计隔热层，防止内外热量交换，以及在内部通过安装交换器，将舱内空气中多余的热量带到太空以及其他科学方法加以控制，通过这些措施使航天员生活在一个适宜的环境里。

第五节 充满艰辛的太空走路

对于一个正常的人来说，走路可能是再简单不过的事情了，可是，到了"太空村庄"，你却突然发现自己站不起来，也不会走路了，因为在空间站里不是用脚走路，而是用手走，就是用手抓住一个什么地方后，稍为用一点力，身体就会漂起来，向你用力的方向飞过去。这样的走路方式起初你会感到很好玩，随后你就会发现这将给你带来许多麻烦——如果你的劲使得稍微大了一点，身体就会重重地撞到"墙"上。比如，你用脚跟用力，整个人就会冲向"村庄"的天花板，你向这边的舱壁一靠，身体就会撞到另一边的舱壁。在那里走路，只能靠用手抓住某个地方，靠反作用力一点一点向前飞动。

在太空里人就像一个没有头的苍蝇一样，没有方向的感觉，对哪个方向感觉都是一样的，在那里辨别方向实际上是没有意义的，不管你大头朝下工作，还是侧着身子、躺着工作，都完全无所谓，一定也没有不舒服的感觉，如果硬要辨别方向，常用的办法就是把村庄的房间的墙壁上涂上不同的颜色，提示你哪一面是朝着地球，哪一面是背对地球。

在"村庄"里，由于没有重力，也就没有重量，所有的家具不需要用腿支撑着,可以随意摆放,但是,一定要固定住,即使再重的家具你一个人就可以轻而易举地来回挪动。

在太空中,闭上眼睛,常常不知道自己的手臂和腿脚处于什么位置和状态,只有在胳膊、腿动时,才能感知到肢体的存在,也才能知道肢体所处的状态。

最初在太空飞行中,人会有倒置的感觉,感觉身体被翻转了180度。当握住舱壁扶手推拉的时候,感觉不到自己身体在前后移动,而是感觉自己像是站在地面将空间站搬来搬去,而自己身体并没有移动。

在"太空村庄"里,一般都是在房间里工作和生活,可是也免不了要到外边修理"房子"、排除设备故障、安装更换太阳能电池帆板、试验太空机动装置和新型航天服等,这就需要到室外去行走。如果要到房间外走路,就需要当心了,因为这不仅仅是一件十分复杂和艰苦的事,还非常危险。稍有不慎,就会掉到万丈深渊里,成为名副其实的太空飞人了。

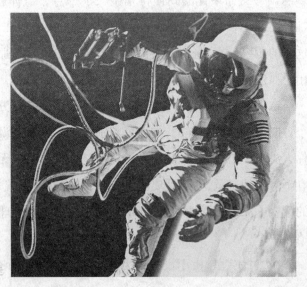

航天员太空行走

到舱外行走，必须穿特制的舱外航天服，带上自己独立的生命保障系统，构成了一个独立于舱内的生命保障系统，进行几个小时的准备工作后才能进行。俄罗斯航天员出舱用的太空装置上，安装了4个固体火箭发动机，利用这些发动机进行前后飞向的运动，另外，还有14个喷气推进器，用于旋转和进行6个自由

太空行走就像飞一样

度的机动。它的质量为90千克，一次工作寿命为4小时。太空机动装置的关键是电源系统、推进系统和无线电遥测系统，这些设备都有备份，以防止出现问题，造成航天员回不了家。

在几十年时间里，人类创造了不少舱外行走的记录。1984年在礼炮7号空间站上的3名航天员，在近8个月的太空飞行过程中，基齐姆和索洛维耶夫曾经6次出舱太空行走，进行安装阀门、材料试验容器、排除推进剂泄漏故障、安装太阳能电池板等工作，这6次太空行走共进行了22小时50分钟。

1996年12月2日，航天员科尔尊和卡列里走出空间站，沿着和平号空间站外表铺设了一条22长米、连接量子2号试验舱上太阳能电池板的空间站电路系统的电缆，完成了启用量子2号试验舱安装太阳能电池供电系统的准备工作，这次太空行走用了5小时57分钟。

1997年4月29日，俄罗斯航天员还完成了两人一起太空行走，共进行了4小时58分钟。利用机械臂清除空间站外表的太空尘埃，

试验未来空间站所需要的材料，并在舱外安装了一个探测太阳辐射强度的辐射仪，他们两人配合相当默契，还相互传递工具，进行了舱外对话。

1998年4月11日，两名俄罗斯航天员进行了6个小时的太空行走，他们钻出舱内后，沿着一根长14米的主梁爬到一个没有燃料的推进器上，把它拆下来，还检修了一个发生故障的阀门。

1998年12月6日，在进行国际空间站建设中，美国奋进号航天飞机载6名航天员，把美国制造的团结号节点舱带到太空，航天员进行了3次太空行走，实现了团结号节点舱与俄罗斯先前入轨的曙光号功能舱对接。

第六节　日常琐事不寻常

对于生活在地球上的人来说，上厕所、刮胡子等，都是再平常不过的生活中的小事了，但在"太空村庄"里生活，人们处理这些生活琐事就显得十分复杂而特别麻烦，同时，还有许多"清规戒律"。

由于太空微重力环境会对人的身体造成影响或伤害，保证身体健康是头等重要的大事。因此，在改善航天员的饮食，增加营养，减轻失重对身体的影响的同时，要制定基本上与地面相似的作息制度，以保证休息和睡眠质量，还要服抗失重影响的药物，减缓失重对身体的不良影响。在采取上述办法的同时，体育锻炼是必不可少的，体育锻炼的效果最为显著。

空间站里进行体育锻炼的设备，也是非常讲究的。在设计的时候主要考虑的因素是:失重环境。在失重环境下能够达到锻炼效果和锻炼的力度,要模拟地面重力环境中的锻炼力度和效果。锻炼内容主要是肌肉、骨骼和肺功能;锻炼器械。使用应简便、灵活,安装方便;器械体积要尽量小,质量要尽量轻,以便少占用宝贵的太空站容积和质量。经实践证明,阻力器械、功率自行车和跑步器是非常有效的锻炼器械。

太空中用于锻炼的器械主要有跑台、健身自行车、下身负压装置等。锻炼的时候要和在舱内进行其他活动一样,必须先将自己固定在器械上,否则就容易发生危险。

根据在太空停留时间的不同,锻炼要求也不相同,7 天以内飞行可以不进行锻炼;如果在太空中要停留 7 天至 14 天,每天就要进行 15 分钟的身体锻炼;如果要停留 30 天,每天要进行 30 分钟的锻炼;长期飞行,则每天必须锻炼 1.5~2 小时。

如果在进行了大量的锻炼后,身体还是感到不舒服,空间站里还准备了药箱,里边有抗太空运动病药、镇静催眠药、止痛药、抗过敏药、止泻药、止咳药、消毒药、止血贴、绷带等。

人的一生大约有 1/3 的时间都是在睡觉,因此有一个舒适的睡眠环境、能够睡个好觉是一件非常

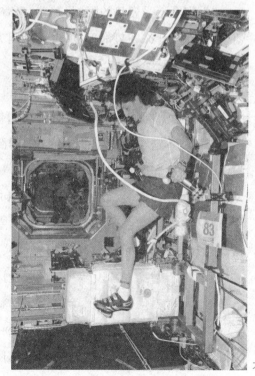

太空锻炼

快乐的事情。但是，由于人们习惯了在地球上的大气压、睡眠环境和习惯，而太空中由于是微重力环境，睡觉的习惯和方法是不一样的。在地面我们睡觉都是习惯地躺在床上，全身舒展开来，如果没有床铺，实在没办法才在椅子上或者沙发上甚至地板上委屈一下自己。但是，不管在哪里睡，习惯的方式是躺着的，偶尔听说有人太困了，竟站着睡着了，没听说有人头朝下，脚向上倒着睡。但是，在太空失重的情况下就不一样了。

宇宙空间最特殊的就是睡觉姿势。在太空中睡觉，最大的优点是不需要床铺，你随便在居住舱中找一个振动和噪声干扰小的旮旯角落，就可以睡觉了，但是切记要找一根带子把自己拴住，不然的话，当你睡觉的时候，你呼出的气体产生推力，会在不知不觉中，把你的身体推到某一个地方，一直到碰到某一个物体上，把你惊醒。在太空里睡觉时，完全不受姿势的限制，躺着、坐着、站着、歪着、斜着，甚至头朝下倒着睡，什么姿势都可以，也不会因为睡觉姿势不好，而感到不舒服，影响睡眠效果。

虽然在失重环境里，在什么地方都可以睡觉，但是，人们毕竟在床铺上睡觉习惯了，如果没有床铺，人们就会感到很别扭，十分不习惯、不舒服、不踏实，睡着了也不解乏。因此，在空间站里，为航天员专门设计了卧室和用品。

在空间站里睡觉，设置专门的卧室和卧具，是从美国的"太空实

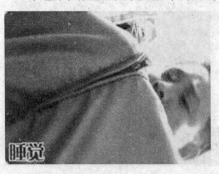

睡觉

太空中睡觉

验室"开始的。实验室里的卧室，实际上是一个专门用于放置床铺的地方，3 张用玻璃钢材料特制的床铺，垂直放在地板和天花板之间，供 3 名航天员使用。床上为航天员准备了

褥子,褥子上还有睡袋,睡袋上设计了通气孔用于透气。

在空间站里睡觉同样是要脱衣服、脱鞋的,当你脱下衣服和鞋子后,可不能像在地面那样随地一丢就行了,而要放进为你准备的专门的衣柜里,不然的话,当你睡着后,这些衣服和鞋子就会飞起来,不知道飘到哪里去,飘到你的脸上也说不定。

在太空睡觉是钻进睡袋里睡的。睡袋上有拉链,床铺上有绳子,你钻进睡袋后,拉上拉链,再把自己固定在床铺上,以免成为空中飞人。调节好通风口,就可以关灯睡觉了。

值得注意的是,睡眠时手臂一定要放进睡袋中,把双手束在胸前,以免无意中碰着仪器设备的开关,同时是为了不给自己造成虚惊,因为在微重力环境中,头和四肢有与躯体分离的感觉。国外曾有航天员在朦胧中把自己放在睡袋外边的手臂,当成向自己飘来的怪物,吓出了一身冷汗。

在地球上,人们的睡眠习惯大都是日落而息、日出而起。在太空中,可就不是这样了。你什么时候睡觉,睡多长时间,完全不能根据白天和黑夜来安排,因为空间站大约90分钟绕地球一圈,太阳也是每

太空中睡觉 | 中国航天员太空中睡觉

90分钟升起一次,45分钟后又落下,给你带来一会儿白天,一会儿又是晚上的感觉。航天员睡觉前有45分钟的准备时间,如果你还是按照白天黑夜来安排睡眠的话,还没等你准备好,天又亮了。经历一次昼夜变更,对睡眠也是一种干扰。没有了重力的悬浮状态睡眠,常常令航天员有坠落的感觉,使睡眠不踏实。同时要考虑防止光线和噪音等对睡眠的干扰。航天器内空间狭小,仪器设备工作产生的声响在舱内构成不小的噪声,对睡眠也产生干扰,因此,睡觉的时候,要带上耳塞。在太空的生活和工作还是以24小时为一天来安排,每天安排8小时睡眠。尽管如此,航天员在空间站里睡觉不是自己想什么时候睡就睡的,更不能大家都去睡觉了,而是换班睡觉的。

个人卫生"大扫除"

在地球上,如果我们要到某一个地方出差,当你走进宾馆房间的时候,服务员早已为你准备好了洗漱和生活用品。在"太空村庄"里,同样为每一个到访者提供了处理个人卫生和环境卫生必备的用品和设备。为你提供的卫生包里,牙刷、牙膏、肥皂、唇膏、皮肤清洗液、剃须刀和除臭剂,甚至连牙签都准备好了。与地面住宾馆给你提供的都是廉价用品所不同的是,在空间站里,即使是一个牙刷,都是价格不菲的高科技产品。

处理个人卫生在太空也不是一件简单的事情,像洗漱、理发、剃须、大小便等在太空中有许多"规矩"。

如果在太空中只做几天的短暂停留,一般是不需要洗脸、洗澡的,只简单地擦一下就行了,如果时间长些,就不能凑合了。太空中洗脸、洗手,不能像在地面那样,扭开水龙头,抹上香皂和浴液,尽情地洗,常用的方法是用湿巾擦拭。

从美国的天空实验室开始,航天员在太空中就可以美美地洗上一个澡了。在太空不能像在地面那样用澡盆泡澡。在太空实验室航天员洗澡使用的是淋浴设备。这种太空淋浴设备外形像一个一米直径的可折叠圆筒,它是一个密封的小隔间,避免水飘浮到外面去,引起舱内电器短路。内部的墙壁是圆形的,没有拐角,这样的设计是避免水和污垢会积聚在拐角处,不易清扫干净。圆桶上方天花板上有一个水箱,用电加热控制水温,水箱内装有 5 升水。桶的上边有盖,里边有喷头和液体肥皂,通过底部的吸水口把淋浴桶里的水吸出去,不然会跑出来。在坐进淋浴器里准备洗澡的时候,要把盖盖起来,还要将脚用特制的固定带固定在地板上,否则,淋浴器开启后的水流和气流以及你一使劲,身体就会在淋浴器里东倒西歪。当你打开气流开关,使圆筒内空气自上而下流动,再打开水龙头,形成自上而下流动的水流,流到圆筒下端的水连空气一同被抽吸泵吸走,就可以享受淋浴了。

与在地面洗澡水会随着身体哗哗地向下流不同,由于要节约用水,空间站里没有那么多水可供使用,同时,洗一次澡一般也不需要那么多水。因为在失重环境里,洗澡用的水很容易黏附在你的皮肤上,不会从皮肤上流掉。

在空间站里洗澡除了用淋浴器外,还有一种方法是用海绵布擦身体。方法是先将水注入装有低泡沫肥皂或沐浴液的锡箔小袋内,再安装一个带开关的出水头,摇动锡箔小袋,使袋内的水和肥皂形成肥皂水。然后,开启开关,将肥皂水点点滴滴地挤到身体上,肥皂水呈水珠状黏附在皮肤上,再用海绵布擦拭全身,之后,再用另外的海绵布沾上净水把身体擦干净,就 OK 了。

为了避免附着在脸上的水珠进入眼睛里,造成不舒服的感觉,或者吸进鼻子里造成呛伤,在洗澡的时候,最好戴上专用的护目镜和呼吸罩。

享受了一次美美的淋浴后,你不要擦干身体扭头就走了,因为还要进行清理工作,洗澡后的清理工作是每个"太空公民"都不能忘记的一项重要工作,这项工作很费时间,也很麻烦,工作的内容是把黏附在筒壁及上下端面上不会自动下落的水珠清理干净。不然的话,这些"家伙"不知道什么时候就会飞起来。

空间站里洗头发,不能像地面那样用水冲洗,只能使用专用的洗发剂来洗。洗发时,先将头发用水弄湿,然后再使用洗发剂擦洗,整个动作要小心谨慎,千万不要溅起水珠,搓完后,再用毛巾擦干。

在太空上厕所"方便"一下也非常不方便,讲究很多。与在地面上厕所不一样,在太空上厕所必须使用专用的卫生设备。在太空失重环境中,如果像在地面那样大小便,不但排泄物会飞得到处都是,人的身体也会在排泄过程中产生的反作用力的作用下而游动和翻滚。如果不懂"规矩",后果很严重。

空间站里的马桶,可以说是最昂贵的厕所了,必须高可靠。如果在设计上出了问题,或者产品不过关,人的排泄物就将飞出来,粘在

太空洗头

舱壁上,甚至还会粘在你的脸上,搞得不好甚至还会弄到嘴里,那将是一件再纠结不过的事儿了,其后果不亚于空间站里的一场"灾难性"事件了。因此,为了防止这种"灾难性"事件的发生,到"太空村庄"里生活,上厕所这样的小事也要经过专门的培训,了解专门的方法。

我们知道空间站里任何没有固定的东西都会来回游动,没有密闭的东西都有可能四处漂浮。因此,在空间站里上厕所有一套专门的流程,必须严格执行,不可马虎。在使用厕所前,航天员要首先打开位于

整套装置最末端的抽风机,这样,整个装置都保持向内抽风的状态,大小便和人体分离后,在抽风机的作用下,会迅速进入收集装置里,不会因为失重而散落到装置以外。走进厕所的第一步就是要将自己固定好。步骤是,先用鞋夹固定好鞋,再用专用袋子固定住下身,双手握住马桶边缘的扶手,屁股紧紧地贴在马桶的边缘,在确认马桶内部和外部完全密封后,就可以"方便"了。

为什么还要确认马桶内外部是否密封呢?这是因为与地面使用的一般都是抽水马桶所不同的是,太空中的厕所没有那么多的水可冲,因为它用的是气,因此,太空马桶是抽气马桶。如果马桶内外不能完全密封,马桶就无法正常工作了,因此,你在上厕所的时候,屁股必须与马桶对准,紧紧地压住马桶边缘,不让外边的空气进来。

马桶里边还安装了离心机,"方便"完后,要打开离心机开关,将大便破碎后,由马桶里的空气将大便吸进大便收集器中,因此不会有臭气散发出来。小便是用一个特制的漏斗收集到一个小便桶中,然后排放到宇宙空间,有时候还要收集起来,循环使用。大便袋中的大便经压缩处理,暂时存放在马桶内,最后被带回到地面上来处理。

刷牙、理发、刮胡子。我们每天都要刷牙,哪怕是一天不刷牙,都会感到不舒服。在空间站里也是要刷牙的。在空间站里刷牙的方法有多种,短期飞行可以嚼口香糖。长期在空间站生活,刷牙的方式多种多样,有使用牙线清洁牙齿的,也有用专用擦牙棉纱清洁口腔的,也可以用胶质洁口物代替刷牙,去除食物残渣和有害细菌的。当然,还可以像在地面那样使用牙刷和牙膏刷牙清洗牙齿,但在用这种方法刷牙的时候,千万要注意不能张开嘴呼吸,刷完后也不能"哗"的一下把嘴里的泡沫水吐出来,因为这样会喷出口中的泡沫和水珠,飘向舱内,而要将嘴里的液体和泡沫轻轻地吐到纸巾或毛巾上,放进废物收集袋内,集中处理。

在空间站里,头发是绝对不能太长的,因为头发一长,就会像一根根针竖起来,看起来像刺猬一样,因此,必须经常理发。

理发和刮胡子在地面本来是非常简单的事情,在空间站里却变得异常复杂。理发和刮胡子使用的是专用的刀具。比如,在空间站里,一般都使用电动剃须刀,里面装有剃须膏,将剃下来的胡茬子粘在上面,不会飞进舱内。如果用刀片就需要往脸上挤少量水,水的表面张力可以使水与胡茬的混合物附着在刀片上,便于清除。

空间站里的"太空公民"一般不允许留胡须,这是因为一旦出现意外事件,需要戴呼吸面罩,胡子太长面罩与脸的密封性能就会受到影响,搞得不好会危及生命安全。

"太空村庄"做家务

在空间站上,做好清洁卫生工作也是一件非常重要的事情,既可以保证航天员身体健康,也是为了保证设备仪器正常运行的需要。

在这个"太空村庄"里,与地面不同,在那里搞清洁工作,不像地面那样用扫把和擦布,而是使用事先准备的环境清扫工具。这些工具大致有一次性使用手套、多功能抹布和真空吸尘器等在内的除尘设备,还有垃圾箱、二氧化碳吸附罐以及各种替换件等。如果要擦拭乘员舱墙壁、地板、舷窗、就餐之后的吃饭区域、餐桌、餐具和托盘等,必须用多功能抹布。生活垃圾要收集在一起,按干垃圾和湿垃圾分别装入不同的装载容器内,定期用灭菌清洁器清洁废物处理系统。为防止气味进入乘员舱内,湿垃圾装载容器是用拉链密封的,产生的气体通过橡皮管排出舱外,所有干的和湿的垃圾都放入垃圾容器或飞船的生活舱。

在空间站里,对付舱内到处漂浮的灰尘必须用真空吸尘器。真空吸尘器看起来与地面使用的吸尘器没有多大区别,上边有普通的软管、吸头等,最大区别是安装了一个消声器,因此使用起来不像地面使用的吸尘器那样呼隆呼隆地响。因为本来空间站里就有噪音,如果吸尘器再叫唤,恐怕航天员的头就要大了。

为了保持健康的身体和有效的工作,在"太空村庄"里的生活节奏,基本上是按照和地面一样来安排的,比如,必须保持一日三餐的习惯。即使你工作任务再多,不论你有多兴奋,也要保持合理的生活节奏,来日方长是在这里生活和工作所必须遵循的一个基本原则。否则,生物钟就将被打乱了。在太空中长期工作,每天的工作任务不能安排得太饱满,工作时间要控制在 8 小时以内,要拿出足够的时间休息和娱乐。一般情况下,在一天的时间里,吃饭的时间占9%,睡觉的时间占33%,工作时间占44%,体育锻炼时间占2%~9%,其余时间被用来休息、娱乐和处理个人卫生、舱内卫生和机动。

航天运动病成为航天员太空飞行初期的常见病,一般在 30~48 小时缓解或消失。目前,主要由锻炼、药物、用装置缓解等方法预防和治疗。

闲暇时光常娱乐

在"太空村庄"里,每天并不都是工作、吃饭、睡觉。可以打开音箱,播放一段乐曲;拿起吉他,弹奏一曲优美的音乐;打开计算机,欣赏一部惊险的大片,尽情地享受音乐和电影带来的快乐;利用专门设置的亲人热线电话,与家人通话,感受亲人、家人的暖暖温情;向家人和朋友发电子邮件,谈谈享受的美景,谈谈体会……这些都是"太空公民"生活的一个美好片段。

进入这个"村庄",除了事先准备好了的数百张光盘外,你还可以根据规定带上一些自己喜欢的音乐光盘,闲暇的时候独自欣赏一下,有的航天员还将自己喜爱的电子琴、吉他、笛子、萨克斯等乐器带到太空,休闲时间独自弹奏或同大家一同欣赏。

虽然在空间站里演奏的乐曲与地面一样优美悦耳,但演奏的姿势却有较大差异。演奏的时候，必须把自己固定在一个地方。如果你要吹笛子，那么你必须把双脚固定在舱壁上的脚固定套中，否则吹笛子的气动力就可以使你滚动起来，或者从这里飞向那里，即使你的身体已经固定了，也会左右上下摆动，像喝多了酒一样。

除了上述活动外，你还可以根据自己的需要和爱好，利用现有的条件，开展多种方式的娱乐和休闲活动，以缓解疲劳、紧张和孤独的情绪。比如，利用闲暇的时间，透过舷窗观看舱外的旖旎景色，还可以看看多彩的极光、碧波万顷的大海、雄伟壮丽的山川、蜿蜒崎岖的河流、灯光闪烁的城市。据说，还可以看到中国的万里长城。

多少有些遗憾的是，对于烟民和喜欢饮酒的人，就要克制了，在这个"村庄"里，抽烟和喝酒是绝对禁止的。

中国航天员向地面打招呼 | 太空中娱乐

第四章 "太空村庄"的中国家族

——中国载人航天工程二期任务探秘

中国载人航天工程是我国航天史上规模最大、系统最复杂、技术难度和安全可靠性要求最高的跨世纪大型系统工程，作为国家十六个重大科技专项之一，肩负着推动我国载人航天技术跨越发展，提升和牵引科技发展进步，培养航天高科技人才队伍，推动创新型国家建设，服务国民经济建设等重任。

第一节　我国载人航天工程战略素描

1992 年 9 月 21 日，我国政府决定实施载人航天工程，并确定了三步走的发展战略。第一步，发射载人飞船，建成初步配套的试验性载人飞船工程，开展空间应用实验。第二步，在第一艘载人飞船发射成功后，突破载人飞船和空间飞行器的交会对接技术，并利用载人飞船技术改装、发射一个空间实验室，解决有一定规模的、短期有人照料的空间应用问题。第三步，建造载人空间站，解决有较大规模的、长期有人照料的空间应用问题。

简单讲"三步走"战略，第一步就是发射无人飞船和载人飞船，实现航天员太空飞行，实现中华民族的千年飞天梦想，建成初步配套的试验性载人飞船工程，突破载人航天技术，开展空间应用试验；第二

中国神舟六号航
天员及梯队

步就是突破航天员出舱技术、载人飞船和空间交会对接技术，并利用载人飞船技术改装、发射一个 8 吨级的空间实验室，解决有一定规模的、短期有人照料、长期自主飞行的空间应用问题；第三步就是建造 20 吨级的空间站，解决有较大规模的、长期有人照料的空间应用问题，实现多领域、多学科的科学实验和技术试验。

1999 年 10 月，神舟一号飞船发射成功。在连续发射成功 4 艘无人飞船后，2003 年 10 月，航天员杨利伟乘神舟五号飞船进入太空，我国首次载人航天飞行取得了圆满成功，中华民族千年的飞天梦想变成了现实。至此，我国载人航天工程第一步任务目标顺利完成。

那么，第二步我国载人航天的任务目标是什么？这个问题不仅国人要问，也摆在我国载人航天工程决策者面前。

从 2003 年开始，在我国载人航天第一步任务胜利完成后，总装

备部组织进行了我国载人航天第二步任务的深入论证，提出了我国
载人航天工程第二步第一阶段的主要任务目标。

这个目标主要是：第一，实施航天员出舱活动，突破气闸舱、舱外
航天服等关键技术，突破航天员空间出舱活动基本技术；第二，实施
航天器空间交会对接，突破和掌握航天器交会对接技术；第三，开展
有效的空间应用、空间科学与技术试验；第四，为我国载人航天后续
任务技术发展创造基本条件。

2004 年 12 月，中央专委批准启动载人航天二期工程。随后，我国
启动了"921 工程"第二步第一阶段任务。

在工程各大系统的共同努力下，又连续取得了神舟六号和神舟
七号载人航天飞行的圆满成功。神舟六号飞行任务突破了多人多天
的太空飞行技术，神舟七号飞行任务突破了航天员出舱活动技术。连
续两艘神舟飞船发射和回收取得圆满成功，完成了我国载人航天发
展战略由第一步向第二步承上启下的跨越，为实现第二步发展目标

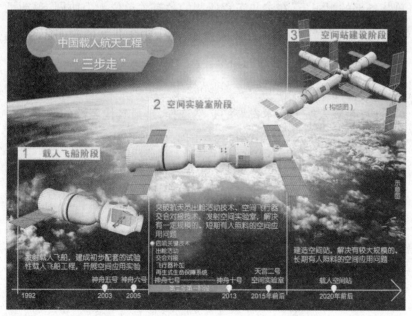

中国载人航天工
程"三步走"

奠定了基础。

2007 年至 2010 年,在第二步第一阶段任务按计划顺利实施的同时,原总装备部再次组织对我国载人航天后续任务进行深入的论证,整体规划论证了工程第二步第二阶段和第三阶段任务。根据论证形成的实施重点,将任务总的目标确定为载人空间站工程。2010 年 8 月 16 日,中央专委召开会议,审议并原则同意《载人空间站工程实施方案》明确争取到 2020 年前后,建成和运营我国近地轨道载人空间站。

截至 2010 年,我国载人航天工程连续发射和回收成功 4 艘不载人飞船和 3 艘载人飞船,先后有 6 名航天员进入太空,已完成了"三步走"战略部署中的第一步任务和第二步第一阶段的任务,载人飞船与空间飞行器的交会对接技术的突破,将为实施第三步战略任务奠定基础。

2010 年 10 月 25 日,中央政治局常委会召开会议,批准实施我国载人空间站工程。至此,在党中央、国务院、中央军委的领导下,在原总装备部的组织下,在参与工程研制的各有关单位大力协同下,动员数十万科技大军,调动各方面的力量,集中中华儿女的聪明才智,我国载人航天工程翻开了新的篇章。

突破空间实验室和载人空间站技术,是载人航天技术的必然发展阶段,是载人航天技术发展的必然选择,是最具代表性的航天高科技工程。工程的实施对于彰显综合国力、增强民族凝聚力,推动创新型国家建设、促进经济社会的可持续发展、培养高层次科技人才队伍、推动相关领域的科技进步和深空探测技术的发展等,有着重大的现实意义和深远的影响。

第二节 中国向"太空村庄"出发

我国载人航天第二步的发展战略是实施航天器空间交会对接，突破和掌握航天器交会对接技术，建设短期有人照料，长期自主运行的空间实验室，开展有效的空间应用、空间科学与技术试验。建设空间实验室也是建立长久性空间站建设的序幕和技术准备阶段，通过空间实验室的建设和运营，可以突破和验证空间站相关关键技术。

空间实验室实际上是一种小型的、短期有人照料、能够自主运行的空间站。空间实验室的建设过程是先发射无人空间实验室，再用运载火箭将载人飞船送入太空，与停留在轨道上的实验室交会对接，航天员进入空间实验室，开展工作。航天员的生活必需品和工作所需的材料、设备均由载人飞船运送，航天员工作完后，乘飞船返回。载人飞船还可以作为应急救生飞船，如果空间实验室发生故障，在紧急情况下，可随时载航天员返回地面。

具体说来，我国将通过载人航天第二步工程的实施，完成四项任务。

第一，研制标准载人运输飞船

在我国载人航天二期工程期间，将研制载人运输飞船，该飞船是在一期工程研制的载人飞船的基础上，增加了交会对接功能、停靠功能、运输功能，并在进一步提高可靠性与安全性的同时，通过对平台进行优化设计后，形成稳定配置的标准运输飞船，为我国实施载人航天后续任务服务，通过运输飞船和与此相配套的运载火箭一起，构成我国的天地往返运输系统。与此同时,运输飞船还作为追踪飞行器,完成对空间飞行器的交会对接飞行任务,担负为空间实验室运送航天员和货物的任务;通过货运飞船交会对接向空间飞行器进行货物补给、提供生活消耗品和有关设备,从而延长飞行器的在轨飞行寿命,提高航天员在空间飞行器上的留轨工作时间,进一步扩展飞行器的能力,也可以为日后我国空间站上的航天员长期居留以及开展科学实验提供支持。

第二,研制首个低轨道长寿命载人航天器(目标飞行器)

在二期工程中研制的目标飞行器,是我国第一个在 350 千米近地轨道上运行两年的航天器,该目标飞行器将作为交会对接目标完成与载人运输飞船的交会对接试验;同时作为长期在轨运行、短期有人照料的空间载人试验平台,为航天员在轨工作、生活提供必要的条件;为我国长期载人空间站进行技术验证,为进行科学研究和其他空间应用提供条件。

第三,实现载人运输飞船和目标飞行器的首次组合飞行

在载人运输飞船与目标飞行器完成交会对接任务后,将进行载人运输飞船和目标飞行器两个新研制的飞行器的首次组合太空飞行,首次实施两个飞行器间的控制,实现两个飞行器间的协同与配合。

第四,突破空间飞行器的交会对接控制技术

空间飞行器的交会对接控制技术是载人航天和其他星球探测和开发的一项重要技术,并且是实现我国载人航天三期工程任务,建立有人照料空间站的关键技术之一。我国在载人航天二期工程期间,首

先将发射目标飞行器和载人运输飞船，突破及验证航天器空间交会对接技术，通过充分的地面验证和有限的飞行次数，利用无人状态的交会对接试验进行全面的飞行验证，为确保有人状态下的空间交会对接任务的安全实施提供技术保证。

我国载人运输飞船和目标飞行器的研制，充分继承了从神舟一号到神舟七号载人飞船的成熟技术和我国"863"计划航天领域的研究成果，在保证安全可靠的前提下，自主创新，突破了多项关键新技术，进一步提高了国产化水平，达到综合性能的提高，并为我国载人航天工程的后续发展留有空间，以实现全面掌握具有自主知识产权发展航天技术的目标，力求达到国际同时代载人航天器的先进水平。

作为国家级重点工程，载人航天二期工程的研制和实施，集中了全国优势技术力量，全面提升和充分体现了我国对大型工程项目的管理能力，不仅可以进一步完善我国载人航天器研制和配套工程，而且将带动其他相关科学技术领域的发展。

为加强对工程的领导，专门设立了中国载人航天工程办公室，实施大型系统工程专项管理，统筹协调工程13个系统的110多家研制单位、3000多家协作配套和保障单位的有关工作。中国载人航天工程实施以来，广大科研人员、解放军官兵和职工艰苦奋斗、顽强拼搏，铸就了"特别能吃苦、特别能战斗、特别能攻关、特别能奉献"的载人航天精神。

2010年11月15日，中国载人航天工程载人空间站暨交会对接任务部署动员大会在北京召开。会议学习传达了党中央、国务院和中央军委的决策指示精神，全面部署了载人空间站工程启动和交会对接任务准备安排，对工程全系统做好当前及今后各项工作进行了深入全面动员。

针对载人空间站工程启动实施，中央强调指出：实施载人空间站工程,是推动我国载人航天技术领域实现新的突破、推动我国载人航天事业跨越式发展的重大举措,对于提高我国高新技术自主创新能力、带动相关技术和产业的发展、巩固国家发展利益、增强中华民族自信心和凝聚力具有非常重要的意义。

会议要求工程全体同志要深刻领会中央决策的重大战略意义,开拓创新,积极推进载人空间站工程科学发展。会议强调,交会对接任务已进入攻坚决战关键阶段,工程全系统要坚定信心、下定决心、上下一心,扎实工作、全力以赴,确保交会对接任务圆满完成。

第三节　我国载人航天二期工程怎样实施

在中国载人航天工程载人空间站暨交会对接任务部署动员大会上,有关部门明确了交会对接任务的规划安排和计划节点。总体目标是:2011 年进行首次交会对接试验,2012 年全面完成交会对接任务。据此, 计划于 2011 年发射天宫一号目标飞行器和神舟八号飞船,实施我国首次空间飞行器无人交会对接飞行试验。2012 年将分别发射神舟九号、神舟十号飞船,与目标飞行器进行无人或载人交会对接。

具体来说,在接下来一年多的时间里,我国载人航天二期工程将实施两个阶段的任务。

第一阶段:在 2011 年发射天宫一号目标飞行器。以天宫一号目标飞行器为对接目标,在目标飞行器设计寿命两年的时间里,通过发射神舟八号、神舟九号、神舟十号飞船,完成多次交会对接任务,突破航天器空间交会、对接、组合体控制及人员转移四项关键技术。

第二阶段：在完成 3 艘神舟飞船与天宫一号目标飞行器的空间交会对接试验，突破四项关键技术，建成空间实验室后，将利用空间实验室开展多项科学试验，解决有一定规模、短期有人照料、长期自主运行的空间应用问题。

第一阶段怎样实施？

天宫一号目标飞行器要在两年的时间内完成与神舟八号、神舟九号和神舟十号载人飞船的交会对接任务。其实施计划大概是这样的。

按照工程的计划要求和设计方案，天宫一号目标飞行器发射入轨后，将进行平台功能、性能及试验接口在轨测试，为长期自主飞行状态监视建立状态基线。

由于天宫一号目标飞行器发射入轨后所自主运行的轨道，要比实际上与神舟飞船的对接轨道要高，因此，在完成在轨测试后，根据载人飞船的发射时间和周期，天宫一号目标飞行器将在地面的控制下降低轨道，进入与神舟八号飞船对接的对接轨道。由于天宫一号目标飞行器在轨运行的时候，对接机构是

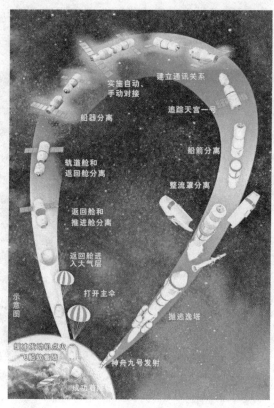

神舟九号与天宫一号载人交会对接任务全过程

在运行的前方,因此,在降低轨道的过程中,目标飞行器要进行 180 度的调头,把对接机构调整到后面,完成上述动作后,目标飞行器在轨道上等待神舟八号飞船的发射。

在适当的时间里,神舟八号飞船发射入轨,在地面的控制下,飞船通过多次轨道调整,使之与天宫一号目标飞行器处于相同的轨道平面内,追踪目标飞行器,通过多次轨道控制和修正,利用安装在飞船上的测量系统实施微调,完成神舟八号飞船与目标飞行器的交会对接,实现船器组合体联合飞行。

交会对接任务完成后,神舟八号飞船与天宫一号目标飞行器分离,进入返回轨道,返回地面。目标飞行器将在地面的控制下,逐步抬高轨道至自主运行轨道,等待神舟九号飞船的发射。神舟九号发射前,天宫一号再次完成降低轨道和调整运行方向的过程,实施交会对接过程。完成与神舟九号完成交会对接任务后,目标飞行器再抬高至

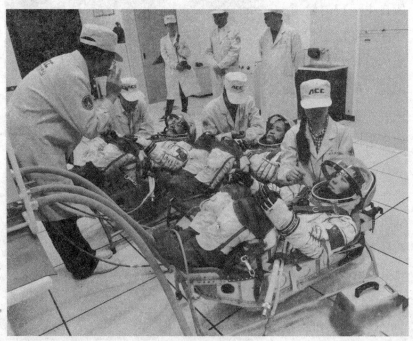

中国航天员"神十"
乘组训练

天宫一号与神舟九号对
接:对接机构开始拉回

天宫一号与神九手控交会对接

自主运行轨道。

根据有关部门的决定,天宫一号目标飞行器在与神舟八号、神舟九号和神舟十号飞船进行交会对接,验证相关技术和进行相关试验后的寿命末期,将利用剩余推进剂在地面的控制下,离开原先的运行轨道,进入大气层解体并坠落在大洋里。

载人航天飞行,是以保证航天员的生命安全为根本前提的。在我国载人航天二期工程第一阶段任务中,如果出现交会对接不成功、返回不成功或飞船停靠时失效不能返回等故障,将再发射无人飞船重新验证交会等相关技术,在进行充分的试验验证,确保万无一失的情况下,才实施有航天员参与的交会对接飞行。

我国航天科技人员制定了载人航天二期工程第一阶段任务成功与否总的判定标准,这个标准是:连续多次交会对接飞行成功,其中至少两次圆满成功,突破并掌握了交会对接技术,完成组合体飞行验证,完成航天员手控交会对接验证,当载人飞行时,航天员安全返回为圆满成功;突破并掌握了交会对接技术,完成组合体飞行验证为基本成功;未能完成交会对接技术,或未能完成组合体飞行验证为失败。

第四节 把握关键破"盲点"

在我国载人航天二期工程航天员系统、空间应用系统、载人飞船系统、运载火箭系统、发射场系统、测控通信系统、着陆场系统七大系统中,神舟八号飞船和天宫一号目标飞行器的表现如何,对于能否确保任务按计划顺利实施,对于我国载人航天二期工程目标的实现关系重大。从某种程度上来看,任务成败看船器则一点也不为过。

为什么这样说呢? 这是因为,如果天宫一号目标飞行器不能按计划发射入轨,入轨后不能稳定运行,或者由于种种原因无法完成与神舟八号的对接,神舟八号就将无法按时发射,交会对接任务就将无法往下进行;如果目标飞行器不能保证两年的设计寿命,就无法完成与神舟八号、神舟九号和神舟十号飞船的交会对接,建设空间实验室的计划就将推迟;如果神舟八号和后续的任何一艘飞船技术状态不好,无法按期发射入轨, 或不能成功实现与天宫一号目标飞行器的交会对接,不仅整个任务计划就将被打乱,而且在天宫一号目标飞行器两年的寿命期间,就无法实现与 3 艘神舟飞船的交会对接,不仅任务目标就可能无法实现,而且整个后续工作计划都可能被打乱。从这个意义上来讲,确保天宫一号目标飞行器和神舟飞船技术状态的正确性、质量的可靠性,是整个工程能否顺利实施的关键。因此,如何把握住成功的关键、识别影响成败的风险, 工程研制技术人员可谓殚精竭虑,倾其心智,挖空心思。

知己知彼,识别关键环节。俗话说"知己知彼,百战不殆",科技人员把找准影响任务成败的关键技术,把握决定成功的关键因素,做到心中有数,实现有的放矢、重点突破,作为确保我国载人航天二期工程能否顺利实施的突破口。

在启动载人航天二期工程研制任务的几年时间里,为识别关键技术和环节,摸清国际上空间交会对接任务的情况,特别是找到失败的教训,从中把握规律,为我国交会对接任务寻找突破口,承担交会对接任务飞船和目标飞行器研制队伍,密切跟踪国际上交会对接任务的进展,对国际上交会对接故障情况的分析活动,一直就没有停止过。

通过分析他们发现,截至 2010 年年底,俄罗斯在已发射的 114 艘联盟号载人飞船和 131 艘进步号不载人货运飞船中,先后大约发生了 17 次故障;其中,在交会对接过程中发生故障的概率大概为 7%。通过对俄罗斯交会对接故障进行分析,工程研制技术人员把故障的性质分为交会对接系统故障、人为因素、低级故障和航天器自身系统故障与设备问题 4 大类。其中,交会对接系统故障 11 次,约占 65%;人为因素 1 次,约占 6%;低级故障 1 次,约占 6%;航天器平台故障 4 次,约占 23%。从故障发生的时间规律来看,具有在技术探索的早期发生故障的概率较高,进行技

神舟飞船——三舱结构

术改进后的首次验证发生故障的概率高的特点。比如,1969——1979年的 10 年时间发生了 7 次故障,占 41%。从发生故障的航天器类别来看,联盟号飞船 8 次,货运飞船 4 次,空间站 5 次。联盟飞船故障包括制导导航与控制系统、对接机构、交会测量敏感器和推进子系统。货运飞船的故障包括制导导航与控制系统、对接机构和交会测量敏感器。空间站的故障包括制导导航与控制、对接机构、结构机构和交会测量敏感器子系统。空间站的故障除了在运行初期出现舱门故障和在长期运行期间出现的姿态失控外,更多的是进行舱外活动过程中引起的对接口天线缠绕、存在异物和撞偏雷达天线等外界因素所致。

这些故障有时候涉及一个分系统,有时候一次故障涉及多个分系统。通过分析,故障涉及的分系统是,制导导航与控制分系统 7 次,其中 4 次为姿态控制问题,1 次为系统干扰,1 次制动控制失灵,另有 1 次具体原因不明;对接机构分系统 6 次,其中 3 次为本身原因,包括 1 次未密封,1 次传动机构紧固力不够和 1 次传感器故障,3 次为外界原因,均是对接面存在异物;推进分系统发生 2 次主路发动机故障;交会测量敏感器发生 3 次故障,1 次为测量误差,2 次为外界因素引起的天线撞偏和扯坏;结构机构分系统发生 1 次故障,为舱门没有打开。

从故障发生的时段来看,在发射阶段发生 1 次,在空间站在轨等待对接的时候发生 3 次,在自主交会段发生 8 次,在对接过程中发生 5 次(其中 1 次同时在自主交会段发生故障)。其中,在自主交会段中 1 千米前发生 2 次,在 1 千米至对接过程发生 6 次,在分离过程发生 1 次。可见,具有近距离发生故障的概率较高的特点。

通过分析,研制团队进一步明确了主攻方向,开展了交会对接技术设计、重要设备、重要阶段、关键技术有针对性的技术攻关和试验验证工作。

深入分析,把握关键特性。为保证交会对接任务的成功,研制队伍进行了关键特性分析和确认,识别出影响航天员安全和交会对接任务成败的关键特性,并从设计、生产、试验、验收、安装、管理等方面进行过程控制。

通过深入的分析,研制团队找出了影响任务成败的关键特性。其中,天宫一号目标飞行器共确定影响成败的关键项目64项,关键件、重要件192项;共识别出电池的容量、氧气瓶压力等关键特性110个;太阳电池翼尺寸精度等重要特性227个。神舟八号共确定关键项目60项,关键件、重要件187项;识别出降落伞系统垂挂吊索承载力、CCD相机镜头透光率等关键特性共137个;推进发动机喷注参数等重要特性240个。

在进行关键特性分析的基础上,研制队伍对所有具有关键特性的关键项目和关键件、重要件,都做到严格按制定的过程控制措施进行产品质量控制,形成了完整、详细、可追溯的过程质量记录,并将落实情况作为产品数据包的重要组成部分。同时,制定了严格的产品验收准则,其中包括在产品验收过程中,按照控制措施规定的内容对产品的检查单、环境试验证明书等原始过程记录文件进行了审查、确认,确保制订的各项控制措施准确无误地得到有效落实,并有过程记录,从而保证了各类产品在关键和重要的技术特性上,满足设计要求的规定。

剖析交会风险,消除验证"盲点"。空间交会对我国是第一次,研制交会测量设备,是二期工程第一阶段技术攻关中的重中之重,而两个航天器能否成功准确交会,又是实现它们能否完美对接的基础,为了成功实现这个极具挑战的"第一次",研制队伍把目光聚焦在任务的关键动作之一——空间交会对接设备在轨使用风险的深入剖析上。

各种雷达、相机等都是空间交会对接的主要测量设备。通过对这些设备在轨使用风险的分析,研制人员认为,安装在神舟八号和天宫一号上的交会对接测量设备,都是我国依靠自己的力量最新研制的,技术指标要求非常高,但由于这些设备是第一次在太空中应用,虽然经过长时间的攻关终于拿出了产品,通过大量的地面试验进行验证,但是毕竟没有经过实际交会对接过程的考验和验证,许多技术都等待着验证,并且由于地面测试环境和太空环境存在极大的差异,无法打造与太空一样的环境进行验证,因此,仍然存在地面测试验证不充分的风险。这些风险主要存在于以下几个设备上:

1. 激光雷达。在研制过程中,为验证激光雷达,科技人员将激光雷达单机拿到大气环境较好的阿拉善、青海湖、丽江等不同地点多次进行了激光雷达威力试验。通过地面试验发现,大气环境将会引起激光能量衰减、光束扩展等现象。无疑,这些现象将影响激光雷达的跟踪测量性能。在地面难以建立准确模拟太空环境的测试条件,因而,难以准确定量地分析大气对激光传输特性的影响。

2. CCD 相机。因为地面的光照环境与空间存在很大差异,特别是无法获得太阳常数为 1 的目标特性实际测量,CCD 相机无法在地面充分验证光环境对成像质量和光点提取的影响。为减少目标光反射的影响,天宫一号目标飞行器选用特殊材料对有关部位进行了技术处理,以尽可能减少目标反射光对设备的影响。受地面试验条件的限制,无法全面对各种轨道条件下 CCD 相机使用全程的光干扰情况进行验证,目标反射对 CCD 相机测量影响存在诸多不确定性。

3. 微波雷达。安装在飞船上的微波雷达,容易受到舱体多次反射,测量精度和有效测量范围都受到影响。针对此问题,技术人员虽然用特殊材料对飞船轨道舱进行了技术处理和布局调整,开展了相关试验验证工作,并经过试验验证了处置的有效性,但究竟实际应用效果如何,仍然需要在太空中检验。

4. 交会对接制导导航控制系统。该系统在研制过程中进行了地面静态试验、舱体外场试验、模拟器动态仿真试验和联合校飞试验。由于受试验条件限制,高动态条件下的性能只能通过模拟器进行,因此无法将舱体等环境影响同时引入,计算方法的性能和稳定性无法得到充分验证。针对此问题,技术人员进行了控制系统算法优化,并经过仿真验证,同时采用了备份措施。

综上所述,用于交会对接的测量敏感器由于技术状态新,天地状态差异等原因,带来了试验验证充分性的风险。为了规避风险,弥补在地面无法进行试验验证的缺陷,工程研制人员在系统配置上采用各种手段互补,各测量设备全程均有备份、设置神舟飞船停泊点作为状态判断点等方法,最大限度地降低了交会对接任务的风险。

第五节　千锤百炼始成钢

在交会对接这个国家级重大科技创新实践任务面前,集结着一批作风硬朗、敢打硬仗、无坚不摧的优秀航天科技队伍。几年来,神舟八号载人飞船和天宫一号目标飞行器研制的总体单位——中国空间技术研究院,协调各有关单位,打响了一场全力保成功的攻坚战。

围绕"新"字做文章

众所周知,地面环境和空间环境存在着极大的差异,在神舟八号飞船和天宫一号目标飞行器上,应用了大量的新设计、新技术、新材料、新工艺等，由于没有经受太空环境的考验和航天飞行的实际检验，有可能发生预想不到的问题。面对这种情况，在工程研制中，技术人员围绕"新"字做文章，相继制定了载人航天器"九新"，即新技术、新材料、新工艺、新状态、新设备、新环境、新单位、新岗位、新人员的识别要素，确定了"九新"控制基线和"九新"管理要求，通过对"九新"的分析与有针对性的工作，把产品质量建立在科学可靠的基础上。

在新技术上，他们分析识别出交会对接技术、组合体管理技术、长寿命低漏率密封技术、太阳帆板等 59 项新技术；在新材料上，他们分析识别出铝锂合金、新型密封圈材料等 122 种新材料；在新工艺上，他们分析识别出天宫一号实验舱壁板成型和焊接工艺等 25 项新工艺；在新状态上，他们分析识别出飞船发射场一次扣罩状态、飞船停靠在轨状态等 118 项新状态。

此外，他们还分析识别出对接机构试验台等 66 类地面新设备，在轨运行两年的空间环境等 25 类新环境，长春光学技术研究所、哈尔滨工业大学等 19 家参研新单位，交会对接飞行控制决策岗、对接机构分系统测试岗等 17 类新岗位，承担研制任务的 41 个单位中新入职的员工以及未参加过型号发射任务的新人员。

针对新技术，他们建立了设计验证矩阵，形成了产品状态鉴定清单，对其可靠性设计和地面试验验证的充分性进行复查和分析。针对交会对接方案和组合体管理技术，开展了 7 项方案复核复算和 16 项关键技术攻关工作，以及联合校飞、近距离对接试验和组合体 60 人 / 天试验等 162 项地面验证试验工作，确保了地面验证充分、技术可靠。

针对新材料，他们形成了整船 / 器材料、元器件清单，按任务需求对产品的新材料确定了试验方案，开展功能性能试验、验收与鉴定试验、环境应力筛选试验和可靠性试验，确保新材料选用合理、验证充分、使用正确。对铝锂合金开展了热处理、铆接、钣金等工艺试验，确

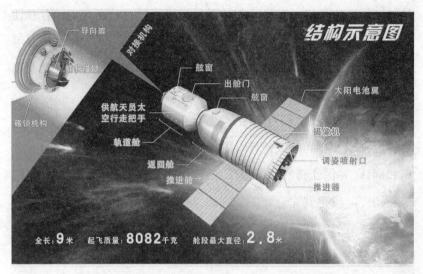

结构示意图

导向瓣

对接机构

插花碰锁

舷窗

出舱门

舷窗

太阳电池翼

供航天员太
空行走把手

摄像机

碰锁机构

轨道舱

返回舱

推进舱

调姿喷射口

推进器

全长：9米　起飞质量：8082千克　舱段最大直径：2.8米

天宫一号结构示意图

认材料性能能够满足使用要求，并与厂家签订了技术协议。

　　针对新工艺，他们从使用环境和工作环境方面统计形成了新工艺清单，在工艺安全性保证技术、工艺技术参数、检验技术等方面制定了控制措施，并进行了新工艺的工艺鉴定工作。确认新工艺设计合理、验证充分、文件完备、工艺稳定。如针对太阳电池翼电极焊接工艺通过工艺鉴定试验，确定了焊接压力、时间、温度等工艺参数，并细化生产操作、检验文件和过程管理要求，定人定岗，焊接完成后，通过拉力测试验证焊接质量，以满足设计要求。

　　针对新状态，他们通过加强设计方案的复核与验证、合理调整技术流程和计划流程、规范技术状态更改审批流程等手段，加严状态控制与新状态的验证工作。如通过合理设计发射场测试项目和流程，并通过发射场合练进行全面验证。

　　针对新环境，他们通过分析产品新的使用环境和工作环境对型号研制的影响以及造成的风险，制定适宜的试验条件和试验方案，对产品的环境适应性进行验证。如针对目标飞行器在轨两年的储存和使用环境要求,分析了影响飞行器寿命的因素,识别出了太阳电池翼等25项寿命关键平台设备,同时开展了寿命试验,对关键设备在轨长期使用环境适应性进行验证。

针对新设备,他们对产品制造、装配、测试、试验、运输、加注、发射等过程中使用的新设备进行了梳理,对其可靠性、安全性进行了分析和确认,并保证新的产品生产工装、检测工具、测试设备、试验设施等在初样阶段得到充分验证。例如,对接机构整机特性测试台、热真空试验工装等大型新设备已多次进行了使用并考核,在方案阶段及初样阶段均参与了对接机构机械组件产品的测试与试验,测试结果可信,设备运行可靠

针对新单位,他们根据任务需求,对参与型号研制的新单位的质量体系、运行情况、产品质量保证情况等进行检查确认,并组织相关专业专家对新单位开展研制过程检查工作,对检查过程中发现的过程控制薄弱环节进行整改,确保产品研制过程受控。

针对新岗位,他们对因任务需求变化产生的新岗位和岗位职责变化较大的岗位进行识别和分析,明确交会对接飞控指挥岗等新岗位的职责,制定完备的工作规范,并提前组织进行飞行控制演练等工作,根据演练情况对岗位规范和工作流程进行完善。

针对新人员,他们坚持在新人上岗前,对人员素质、责任意识、上岗培训等情况进行检查,以确认上岗资格;上岗后通过行政和质量意识教育及培训等手段,加强新人员的能力培训与评估工作,提升新人员在专业技术和岗位技能等方面的能力,并通过走查的形式对执行情况进行了检查。

留有余地保可靠

为增强设计和产品的可靠性,研制队伍特别强调要留有余地,始终坚持把设计裕度和产品裕度作为工作和试验验证考核的重点,开展了大量的工作。

深入分析验证,考验设计裕度。在留有余地思想指导下,研制团队根据神舟八号与天宫一号正样产品关键特性参数分析的结果,确认了设计裕度,并深入进行了大量的设计裕度和关键设备功能裕度的试验验证。通过强制破坏试验,考核可靠程度。在天宫一号和神舟八号的研制中,技术人员在进行大量常规试验验证的同时,还别出心裁地进行了许多极端的试验,看看极端环境对设备的影响,技术人员形象地称为拉偏试验,就是设置极端的条件,以检验设备、系统的工作状况,考验设计和设备的最大承受力。比如,在进行工作负载拉偏试验中,技术人员通过加大工作负载,对产品在工作环境拉偏范围内的工作能力进行测试,验证产品在环境耐受方面的设计裕度;再比如,在工作负载拉偏试验中,通过对电流、接口故障等的试验,看看设备承受最大负载的能力。据初步统计,天宫一号进行了123件产品总计236项拉偏试验,神舟八号进行了106件产品总计217项拉偏试验。通过开展地面"破坏性"试验,验证了产品的设计裕度,做到了对设计和产品心中有数。

针对关键功能,进行试验验证。交会对接和飞船返回回收是确保任务圆满成功的两个关键阶段和功能。为此,研制队伍重点开展了对这两个关键阶段功能设计裕度的复查确认和验证。在交会测量范围上,进行了大量交会对接相关设备的测量距离校飞试验验证。验证表明,交会对接范围为设计要求的1.3倍以上,完全能够满足交会对接使用的要求;在交会测量精度、交会控制精度上,经过地面半物理仿真验证,不仅满足设计要求,还留有较大的设计余量;飞船返回舱降落伞系统虽然在设计上就已留出了最大裕度，但是，科技人员还是全面开展了极限强度条件下的破坏性试验，通过拉伸强度、强度空投等多手段试验，验证了返回舱降落伞系统的产品极限强度达到了设计要求的 1.5 倍以上，使用载荷的 2 倍以上。在验证中，主降落伞在加上1.6 倍载荷的条件下仍然完好无损。

试验验证"全覆盖"

千方百计对设计和产品进行全面测试和试验，是保证交会对接任务顺利实施的关键。为此，研制队伍坚持充分利用现有的各种手段和设备，进行充分的试验验证，在"全覆盖"上下功夫，为交会对接任务的实施奠定了基础。

全方位"体检"，确保测试覆盖性。人的健康状况可以通过体健来确认，考核神舟飞船和目标飞行器的质量，进行状态测试是一个重要

神舟四号飞船

环节。为了把握测试是否充分,是否做到了"全覆盖",神舟八号和天宫一号研制队伍多次组织进行了测试覆盖性分析工作,先后完成了单机级、分系统级和系统级的测试覆盖性分析工作,形成了《测试覆盖性分析报告》。分析工作覆盖了总体技术指标、功能和性能、系统/分系统/单机冗余设计、工作模式、大系统间接口、工效学评价、软件、故障模式与对策、技术状态更改验证、交会对接专项测试等 10 个方面。

研制队伍在正样单机交付系统测试前,通过搭建分系统联试平台,对单机的功能、性能和接口关系进行了测试,形成了完整细致的测试报告。经过在总装和整船测试及大型试验结果表明,各项测试结果是正确的,完全满足了飞船系统级研制过程测试覆盖性的要求。针对交会对接相关设计,研制队伍还进行了整船的功能与指标测试,飞行事件测试和工作模式的测试。

一般说来,产品的功能和性能可以通过测试加以验证,可是由于地面环境和太空环境相差太大,飞船和目标飞行器上,有许多项目是无法通过测试进行"体检"的。到底还有哪些在地面上不可测试的项目,研制队伍展开了仔细的分析,梳理出大量的由于地面条件的限制无法进行测试项目。其中,在天宫一号目标飞行器上,一类不可测试项目有 37 项,二类不可测试项目有 81 项,三类不可测试项目有 6 项;神舟八号整船上,一类不可测试项目有 26 项,二类不可测试项目有 6 项。

怎样才能保证这些不可测试项目的质量和可靠性?研制队伍把质量保证工作的重点提前到设备的设计和研制阶段,从做好每一项研制工作入手,保证质量,弥补不能测试留下的隐患。比如,在研制过程中,对天宫一号和神舟八号 63 项系统级一类不可测试项目,都采用了极其严格的质量控制措施,分别在单机研制生产阶段和总装阶段两个阶段诸项落实,从设计、生产、试验、验收、安装和管理层面进行了全过程控制,一道关口一道关口地把关,并通过填写记录表、照相或录像等方式记录了产品生产过程措施的落实情况;对87项系统级二类不可测试项目均在分系统和单机级进行了验证;对6项系统级三类不可测试项目均在大系统联试中进行了验证。

多种手段试验确保试验覆盖性。试验是验证产品设计和生产质量的根本保证,天宫一号和神舟八号在研制中,充分利用现有条件和设备进行了大量的试验,从而最大限度地实现了试验手段多样化、试验覆盖全方位。

比如,为了验证交会功能,科技人员先后进行了飞船和目标飞行器摄像、手控操作等13项验证试验,同时开展了交会对接全过程联合仿真等仿真验证。此外,他们在开展了单粒子效应对空间飞行器设备防护和供电安全影响的分析研究的同时,对神舟八号飞船上的54台单机和天宫一号目标飞行器上的50台单机,采取了抗单粒子防护措施以及其他大量措施和手段,以保证供电安全。

为确保试验的覆盖性,研制队伍结合交会对接飞行任务、功能特点,在进行神舟八号和天宫一号初样验证的基础上,从工程总体技术指标验证,大系统接口验证,船器主要功能验证,技术状态验证,飞行主要事件验证,故障模式与对策验证,可靠性、安全性验证,总装测试试验和发射、飞行、回收工作项目验证等八个方面。对照工程总体指标和功能要求,研制队伍深入组织进行了试验覆盖性分析,形成了正样试验规划。

501项故障预案应对突发事件

不打无准备之仗,把困难考虑充分,把问题想在前边,把对策设想充分,为航天员打造一个保险之舟、平安之舟,既是研制团队确保神舟一号到神舟七号飞船太空飞行试验圆满成功的重要经验、一贯的传统和作风，也是把交会对接任务圆满成功建立在科学可靠基础上的重要保证。

为应对目标飞行器和飞船发射、空间交会对接、分离返回等过程中出现预想不到的突发事件，飞船和目标飞行器研制工程的总指挥和总设计师们，组织设计人员开动脑筋设想各种复杂情况，看看天宫一号目标飞行器和神舟八号飞船在轨运行时，都可能出现什么样的故障模式，开展了系统的应对故障预案设计。其中，天宫一号目标飞行器系统共设计了234项故障预案。比如，围绕目标飞行器交会对接全过程中可能出现的重大故障事件，共设计了电池翼单翼未展开、实验舱泄复压、独立飞行和组合体降低负载、无人和有人情况下，从组合体紧急撤离等8类应急飞行程序和能源安全、对日定向、推进系统故障检测、辐射器泄漏、舱压控制等5个安全模式。

神舟八号飞船系统在继承载人航天一期工程185项故障预案的基础上，针对交会对接任务，新增加交会对接过程的对接机构、交会对接敏感器、制导导航与控制系统自主控制等67项，共252项故障预案。比如，设计了大气层内、大气层外逃逸救生、第二圈应急返回、弹道式返回、自主应急返回、返回调姿不正常、发动机返回制动、远距离导引和自主控制段应急程序、组合体故障情况下快速撤离和紧急撤离等11类应急飞行程序。这些预案覆盖了交会对接飞行任务全过程、全阶段。同时，技术人员还设置了在运载火箭故障情况下，导致飞船/目标飞行器入轨高度过高、过低情况下的故障预案。

为确保这些故障预案和应急程序设置合理，确实在应急情况下发挥作用，他们认真组织开展了对这些故障对策进行实际测试，并进行了测试覆盖性的分析，通过仿真分析、单机测试、分系测试、整船/

器综合测试、整船／器模飞测试、船器联试、故障模式与对策专项测试等方式进行故障对策和应急程序验证。从而,保证了这些故障对策的可靠和有效。比如,技术人员在船／器综合测试供电检查阶段,进行了故障模式与对策中的故障判据、冗余备份设备的开关机和切换功能验证;在分系统检查阶段,对分系统遥测参数判断、冗余备份功能、故障处理指令进行了验证;在系统匹配测试中,进行了分系统间冗余备份功能以及分系统的故障处理指令的测试验证;在模拟飞行测试中对飞船的 11 类应急飞行程序、目标飞行器的 8 类应急飞行程序和 5 个安全模式都反复进行了模拟飞行验证。与此同时,还组织了数十次的实际演练,以达到迅速判断、果断处置、确保安全。

第六节　实现关键技术创新跨越

载人航天二期工程交会对接阶段的实施,极大地推动我国载人航天技术创新,促进了我国的科技进步,通过载人航天二期工程,产生了大量的技术创新成果。

1. 六大国际水准技术创新

中国特色的交会对接测量方案设计。首次采用了由新型雷达和相机构成的测量技术,进行空间飞行器相对位置、速度、姿态测量,测量精度高,其中 CCD 和激光雷达均是目前世界交会对接的前沿技术;开发了航天员手动交会控制技术,提高了航天员的操作性能。

突破了高精度的交会对接控制技术。与苏联联盟号飞船相比,我国空间交会对接控制精度更优,其中,航天器的俯仰、偏航角、滚动角等指标均高于联盟飞船。

突破了飞船上行 300 千克的运输能力技术。载人运输飞船在载 3 人的情况下,还可以将 300 千克的物体送入太空,优于联盟 TM 飞船的 50 千克和联盟 TMA 飞船的 100 千克的运输能力。

突破了低轨长寿命高压供电技术。天宫一号目标飞行器采用了大量的新型供电技术,系统功率大幅度提高,优于俄罗斯空间站的低轨电源系统。

突破了利用 8 吨级飞行器验证空间实验室技术。在 8 吨级的目标飞行器上,验证了变质量控制、再生生保技术、长寿命高压供电、组合体信息与供电并网等技术,这些技术国外一般在 14 吨及以上的空间试验室进行验证。

突破了多用途载人飞行平台设计。目标飞行器平台建立后,可以改造成未来的货运飞船和对地观测飞行器平台,并能以此为基础发展成为未来的空间试验室。

2. 十四项国内技术创新

交会对接全过程方案设计。首次进行了交会对接全过程方案设计,包括远距离导引阶段、自主控制阶段、对接阶段、组合

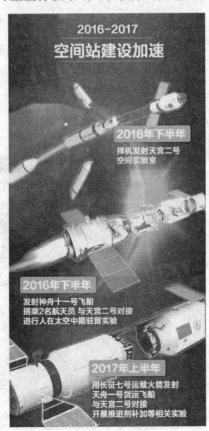

货运飞船

体飞行阶段、分离与撤离阶段的正常与故障飞行方案,并且对飞行程序进行合理安排,在一次飞行中考核验证交会、对接、组合体控制及人员转移四项交会对接关键技术。

对接机构研制技术。采用新颖的对接机构方案,其设计和制造技术与世界先进的对接机构设计技术同步,不仅能够适应目前的交会对接任务,而且能适应未来空间实验室、空间站的需要。

3. 大型壁板结构的整体加工技术

为保证密封舱的完整性,最大限度地降低由于焊缝造成的渗漏,目标飞行器的实验舱采用了大型壁板整体加工技术。通过工程的实施,有关部门已经摸索出一套壁板加工和焊接的工艺线路和技术,为将来承接空间实验室和空间站以及其他大型结构加工任务创造了设计和制造的条件。

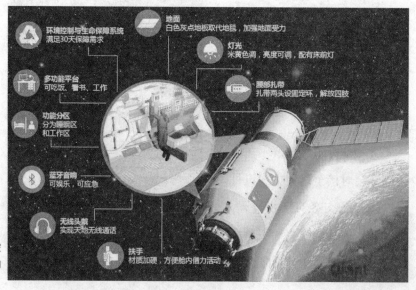

天宫二号空间实验室内部构造

4. 多回路通风换热技术

目标飞行器热环境控制与以往的神舟飞船相比,具有很大的改进。它采用了通风换热系统加流体回路系统的控制方式,整个通风空间开敞,人活动区和仪器区直接连通,使用并联送风方式,集热量收集、传递、流场组织于一体,实现热量合理有效的收集、传输利用和排热、散热。

5. 单框架控制力矩陀螺技术

天宫一号目标飞行器新研制使用的单框架控制力矩陀螺,适合于包括空间站在内的长寿命大型近地轨道三轴稳定飞行器,是未来实施大型卫星,尤其是空间站工程中必不可少的关键部件,突破了国内多项长寿命润滑、框架驱动控制等关键技术。

逃逸塔(天宫)

6. 大型变结构姿态控制技术

目标飞行器采用了新型控制技术，首次实现对国内质量最大的单个飞行器和组合体进行控制。

7. 信息与供电并网技术

采用新的信息传输技术首次实现两飞行器间的信息传输与通信;采用新的输出策略,实现了目标飞行器向运输飞船大功率的电能传输。

8. 金属膜盒贮箱技术

首次设计使用了具备补加功能的金属膜盒式贮箱。

9. 复合材料高压气瓶技术

目标飞行器采用复合材料气瓶作为气体存储设备，工作压力大幅提升,同时,减少了配套数量,降低设备重量。

10. 仪表控制器技术

新研制开发的仪表控制器采用先进技术，使之成为国内飞行器运算速度最快的计算机,具备 2D 图像加速功能,形成各种显示页面运用液晶显示器进行显示。

11. 再生生命保障试验技术

再生生命保障试验包括电解制氧试验和动态水气分离试验。在航天员驻留期间,将消耗性物质以及人体排汗、尿液、二氧化碳等代谢产物,利用载人飞行器的电力能源加以循环利用,形成物质流的封闭循环,以减少长期载人飞行的补给量,节省了运输成本。

12. 空间对空间通信及应用技术

采用了空间对空间通信技术，建立远距离两个飞行器之间的信息通道，并且首次利用空空信道完成两飞行器间的控制指令和参数信息相互传输，实现协同动作。

13. 全部设备实现了国产化

通过载人航天二期工程任务的研制，载人飞船和天宫一号目标飞行器上的配套设备实现了全部国产化。

第七节　为中国"太空村庄"取名

在提到为中国载人航天器取名不能不提及已有的两个名字，即神舟和天宫。

当年，将我国的载人航天飞船取名为"神舟"，是很慎重的事。当时给飞船命名，有关部门曾提出过好几个方案，并到中国航天科技集团公司、中科院、原总装备部等单位反复征求意见，最后选定了"神舟"二字。

为什么选择这一名称呢？据说，主要有两点考虑：一是"船"在汉语里又称"舟"，用"神舟"来命名遨游神秘太空的宇宙飞船，既形象又贴切。二是"神舟"谐音"神州大地"的"神州"，"神州"是一个专有名词，是我们中国的别称。战国时代的齐人邹衍创立"大九州"学说，谓"中国名曰赤县神州，赤县神州内自有九州"。后来人们就用"赤县"或

"神州"来代称中国。毛泽东诗中就有"六亿神州尽舜尧"的句子。"神舟"谐音"神州,"一语双关,寓意华夏神州的腾飞。

1993年,当江泽民同志得知载人航天工程前期准备工作连获喜讯时,十分欣慰地为第一艘试验飞船题名"神舟"。

在2010年第八届珠海航展上,我国天宫一号空间实验室1:1模型吸引了众多观众的目光,不少观众曾好奇地问工作人员这个大家伙为何取名为天宫。对此,展览的主办单位的科技人员说,在中国的传说里,人们往往把住得最舒服的地方叫作宫殿,而天上的宫殿更加令人向往。天宫一号与神舟八号等多艘神舟飞船完成交会对接任务后,

独立知识产权的神舟飞船

神舟飞天路

神舟系列飞船是中国自行研制,具有完全自主知识产权,达到或优于国际第三代载人飞船技术的飞船。神舟号飞船是采用三舱一段,即由返回舱、轨道舱、推进舱和附加段构成,由13个分系统组成。其与国外第三代飞船相比,具有起点高、具备密轨利用能力等特点。1999年11月20日"神舟一号"首发,2011年11月初"神舟八号"发射升空,12年间,神舟系列飞船共发射了八次。在这12年里中国无数科研人员为此而奋斗不息。

我国将以天宫一号目标飞行器为基础,建成我国首个空间实验室,以后,在这个基础上,还将建设我国的空间站。而将我国首个空间实验室命名为天宫,说明我国的空间实验室舱内设计得非常漂亮,非常人性化,航天员们在那里工作和生活就像在宫殿里一样,舒适、惬意、逍遥自在,所以将它命名为天宫,寓意为天上的宫殿。

我国载人航天工程第二步第一阶段任务的大幕已经拉开,而2020年前后,我国将建成中国的空间站,载人航天工程是国家综合国力的重要标志,这一国家重大工程的实施,对于提高国家威望、推动科技进步、增强民族凝聚力和自豪感都产生了深远影响。

为了更好地展示这一载人航天高科技成果,2011年4月25日上午10点,"腾讯杯中国载人空间站名称征集活动"发布暨启动仪式在人民大会堂隆重举行,中国载人航天工程总设计师周建平宣布征集活动正式开始,六名航天员共同启动水晶球。这个征集活动由中国载人航天工程办公室主办,中国航天科技集团公司协办,中国载人航天工程网、中国航天报社、腾讯网等联合承办。

中国载人航天工程办公室主任王文宝在新闻发布会上说:"面对工程取得的辉煌成就,面对工程未来美好的宏伟蓝图,我们感到,中国载人航天应当有一个更加鲜明、富有特色的标识,未来中国空间站应当有一个响亮、鼓舞人心的名称。同时,我们也感到,这些名称和标识的确定,应当更多体现公众意见。"王文宝期望,能够通过与腾讯公司的合作,吸引更多的公众关注和参与到活动中来,支持中国的载人航天工程事业。当谈及征集活动的意义时,中国载人航天工程办公室副主任、航天英雄杨利伟表示,举办空间站名称征集活动,必将对普及载人航天科技知识、弘扬载人航天精神、推动载人航天工程产生积极影响。

腾讯杯中国载人空间站名称征集活动的内容为:中国载人航天

工程标识、中国载人空间站整体名称及标识、中国货运飞船名称、中国载人空间站核心舱、实验舱Ⅰ及实验舱Ⅱ的名称征集。

载人航天工程标识

1992年9月21日,中国政府决定实施载人航天工程,并确定了三步走的发展战略。目前,正在实施第二步战略中的集中力量突破载人飞船和空间飞行器的交会对接技术阶段,为实施第三步战略任务即建设空间站做准备。

我国载人空间站工程目标包括:全面突破和掌握近地空间长期载人飞行和服务技术;突破和掌握近地空间组合体的建造和运营技术;开展较大规模和较高水平的空间科学应用;为开展载人登月等未来发展奠定基础等。

中国载人空间站简介

预计在2020年前后,我国将建成自己的载人空间站。我国空间站由核心舱、实验舱Ⅰ、实验舱Ⅱ、载人飞船(即已经命名的"神舟"号飞船)和货运飞船5个模块组成。各飞行器既是独立的飞行器,具备独立的飞行能力,又可以与核心舱组合成多种形态的空间组合体,在核心舱统一调度下协同工作,完成空间站承担的各项任务。

空间站建设过程是:首先发射核心舱,核心舱入轨后,完成平台测试及相关任务支持技术验证;之后分别发射实验舱Ⅰ和实验舱Ⅱ,与核心舱对接,组合形成空间站。空间站在轨运行期间,由载人飞船提供乘员运输,由货运飞船提供补给支持。

中国货运飞船简介

中国目前正在研制的货运飞船最大直径约3.35米,发射质量不大于 13 吨。货运飞船是空间站的地面后勤保障系统。主要任务:一是补给空间站的推进剂消耗,空气泄漏,运送空间站维修和更换设备,延长空间站的在轨飞行寿命;二是运送航天员工作和生活用品,保障空间站航天员在轨中长期驻留和工作;三是运送空间科学实验设备和用品,支持和保障空间站具备开展较大规模空间科学实验与应用的条件。

中国载人空间站舱段简介

核心舱。全长约 18.1 米,最大直径约 4.2 米,发射质量 20~22 吨。核心舱模块分为节点舱、生活控制舱和资源舱,主要任务包括为航天员提供居住环境,支持航天员的长期在轨驻留,支持飞船和扩展模块对接停靠并开展少量的空间应用实验,是空间站的管理和控制中心。

实验舱 I 和实验舱 II。全长均约 14.4 米,最大直径均约 4.2 米,发射质量均在 20~22 吨。空间站核心舱以组合体控制任务为主,实验舱 II 以应用实验任务为主,实验舱 I 兼有二者功能。实验舱 I、II 先后发射,具备独立飞行功能,与核心舱对接后形成组合体,可开展长期在轨驻留的空间应用和新技术试验,并对核心舱平台功能予以备份和增强。

中国货运飞船名称网络投票活动,点燃了公众的参与热情。到 2011 年 6 月 21 日零时活动投票截止的时候,共有 377778 人次参加了投票,组委会共收到货运飞船公众提名 9640 份。经由载人航天领域专家、航天员、著名作家、知名媒体人士等组成的评审委员会初选,30 个名称入围初选结果。

按照活动规则,组委会将组织评审委员会专家对 30 个入围名称进行投票,并与公众投票结果加权,最终确定前十名的公众提名入选,并在 7 月上旬公布。

7月8日上午,中国载人航天工程网和腾讯网联合邀请了中国载人航天工程办公室副主任、中国首飞航天员杨利伟,空间技术专家、神舟飞船首任总设计师戚发轫院士以及此次活动的评审委员会名称作品评审组组长、著名作家毕淑敏接受视频访谈,并通过微博与网友在线交流互动。经过网络投票和活动评审委员会专家评选,最终评选出10个获奖名称。活动现场,毕淑敏代表中国载人空间站名称征集活动评审委员会宣布了10个获奖提名。经网络投票和评审专家评选,10个脱颖而出的名称是:天梭、鲲鹏、天舟、神龙、龙舟、神骥、天马、云梯、神驹、行者。

其余几项征集目前仍在进行,截止日期为7月25日。征集范围包括中国载人航天工程标识、载人空间站整体名称及标识、载人空间站核心舱、实验舱 I 及实验舱 II 的名称。

第五章　太空大厦的"擎天柱"

——天宫一号目标飞行器

2011 年 9 月 29 日,在长征二号 F 火箭的托举下,天宫一号目标飞行器带着中华民族建设"太空村庄"的光荣与梦想缓缓上升,运载火箭身后喷出的白烟,犹如天空中盛开的雪莲,逐渐变大。少顷,飞船消失在茫茫天际,我国载人航天二期工程第一阶段交会对接任务拉开了序幕。

第一节　天宫一号的任务和组成与配置

天宫一号目标飞行器是我国为实施载人航天工程实施交会对接任务自主研制的全新载人航天器,它具备空间实验室长寿命、短期有人驻留的特点。

目标飞行器系统的组成

天宫一号目标飞行器发射重量为 8600 千克,采用两舱方案构型,由实验舱和资源舱组成。飞行器总长 10409 毫米,最大直径 3350 毫米。

实验舱是天宫一号目标飞行器的控制舱,也是航天员的工作舱和生活舱,最大直径 3350 毫米,轴向长度 6400 毫米。实验舱由密封舱和非密封舱两部分组成。其中,密封舱容积 40.5 立方米,具有航天

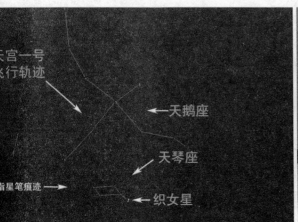

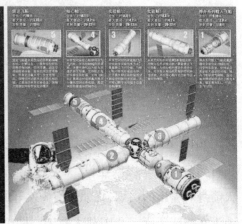

天宫一号飞行轨迹 | 天宫一号

员生存环境,能够保证舱内气压和气体成分、温湿度在航天员舒适范围内,用于接纳航天员短期留驻生活与工作。同时,实验舱可以进行多种学科的科学实验与技术试验,这些试验项目适于航天员操作,也适于长期自动或遥控进行。试验舱可支持 60 人 / 天在轨道上工作和生活,舱内可供航天员活动的空间为 15 立方米,里边安装了各种仪器设备,提供了航天员生活和工作的必须工具和设备。非密封舱里安装各种科学实验设备。实验舱的前端设置有对接口,对接口上安装了对接机构、对接测量与通信装置,用于接纳神舟八号飞船的对接。神舟飞船与天宫一号对接后,航天员可以通过对接机构后面的舱门进入实验舱进行短期生活与工作。试验舱外安装了各种不同方向的推进发动机,用来为天宫一号目标飞行器进行姿态控制、轨道机动提供动力。

资源舱是天宫一号的设备舱、资源舱,外表面安装了两个太阳电池阵,直径 2775 毫米,轴向尺寸 3200 毫米,电池翼展开后总长为 18405 毫米,为天宫一号整个航天器提供电源。

目标飞行器的任务

天宫一号此行主要担负两大任务：一是作为交会对接的目标，配合神舟八号、神舟九号和神舟十号载人飞船，完成在轨交会对接任务，因为它是神舟飞船交会对接的目标，所以叫作目标飞行器；二是为空间站建设进行技术验证。首先，研制、验证空间站的组合体控制技术。天宫一号作为小型空间试验室雏形，与神舟飞船对接以后，对组合体实施管理和控制。这是空间站将来要用到的技术，所以，天宫一号的这项任务是为我国空间站的研制进行技术验证，奠定技术基础。其次，验证低轨道、长寿命航天器研制技术。通过天宫一号与三艘神舟飞船进行交会对接，验证我们国家第一个低轨道、长寿命的载人航天器技术，考验长期无人照料、短期有人驻留飞行器的状态，为未来的空间实验室和空间站建设做技术验证。

天宫一号的运行轨道距地球 370 千米，具有进行交会对接、科学实验、载人飞行等功能，设计寿命为两年。天宫一号在轨运行两年的期间里，将与神舟载人飞船完成多次无人和有人参与下的交会对接任务，以突破和掌握交会对接技术、航天员短期驻留技术、航天器组合体管理技术，并在轨进行空间科学和技术试验。

第二节　目标飞行器的分系统

天宫一号目标飞行器由结构机构分系统、制导导航与控制分系统、热量控制分系统、推进分系统、环境控制与生命保障分系统、电源分系统、测控与通信分系统、数据管理分系统、总体电路分系统、仪表照明分系统、乘员分系统、对接机构分系统和空间技术试验分系统，共 13 个分系统组成。

天宫一号各分系统情况介绍

1. 结构与机构分系统

结构与机构分系统由实验舱结构、资源舱结构、前舱门、舱门快速检漏仪、舱门压点开关和防护板结构组成。

结构与机构分系统实现目标飞行器总体构型，为航天员提供密封的生存空间，为仪器设备等提供安装基础与精度基准；承受目标飞行器地面操作、运输、发射、在轨飞行、与载人飞船对接及分离等过程中的各种力学载荷、热载荷及环境，保证航天员的安全与仪器设备的正常工作；实现目标飞行器舱段间机械、气、液路的连接；实现舱体结构与对接机构间的机械连接；提供航天员进出目标飞行器的密封通道，实现舱门的快速检漏；提供航天员的观察手段。

2. 制导导航与控制分系统

制导导航与控制分系统由控制计算机、测量部件、姿态控制部件、接口装置组成。

制导导航与控制计算机采用姿态轨道控制器和备份控制器组成。其中姿态轨道控制器采用双机冷备份方式，当双机都故障时，启动备份控制器，完成目标飞行器自主运行和组合体运行时的姿态和轨道控制任务。

3. 热控制分系统

热控分系统由外回路循环子系统、通风换热子系统、组合体热支持子系统、被动热控子系统组成。

热控分系统热环境控制采取主动控制为主、被动控制为辅的方

案。采用通风换热系统加流体回路系统的热量传递模式并配合以电
加热的方式实现主动热控制;采用热控涂层、多层隔热组件、泡沫塑
料、高温隔热屏、导热填料等实现被动热控制。

4. 推进分系统

推进分系统采用恒压挤压式系统,由推进主模块、俯仰偏航机组、滚动机组、控制驱动器、推进管理器组成。

5. 环境控制与生命保障分系统

环境控制与生命保障分系统由供气调压子系统、通风净化子系统、温湿度控制子系统、水管理子系统、测量控制子系统、废物收集和管理子系统、烟火监测与灭火子系统组成。

6. 电源分系统

目标飞行器电源分系统负责在目标飞行器飞行各个阶段向目标飞行器安全可靠地提供连续、间断和瞬时的电能。采用太阳能电池翼蓄电

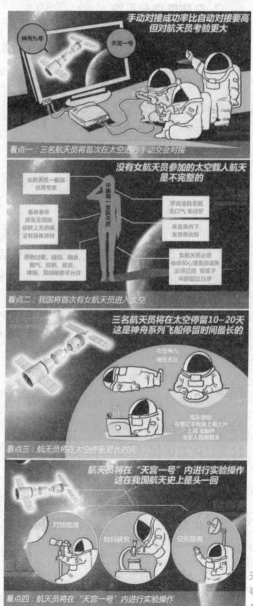

天宫一号与神舟九号载人交会对接任务四大看点

池组的光伏电源系统,由太阳能电池阵、储能电池、母线电压调节设备、充电控制设备和对日定向设备组成,平均输出功率不小于3500W。

7. 总体电路分系统

总体电路分系统由供电控制子系统、火工控制子系统、并网控制子系统与电缆网子系统组成。

8. 测控与通信分系统

测控与通信分系统完成跟踪测轨、遥测、遥控、图像语音、数据传输等功能。

9. 数据管理分系统

数据管理通过总线将数据收集,数据收集后,进行数据识别,按照采集遥测参数进行故障模式识别,以及对需要应急处理故障处理,组成遥测数据块和工程遥测参数。工程遥测参数通过串行口送测控下传,遥测数据块分割成为总线数据块后通过总线送至数据复接模块复接后下传。

10. 仪表与照明分系统

仪表与照明分系统由显示子系统、手控子系统、照明子系统和航天员个人服务设备等组成。

11. 乘员分系统

乘员分系统提供航天员在轨工作、生活、健康保障所需的物质保障,与其他分系统共同保证航天员完成飞行任务。主要功能包括提供航天员医监医保、失重防护锻炼保障;与载人飞船共同支持航天员驻留期间的航天员工作、生活、食品、医保用品;对航天员生理信息实施综合管理。目标飞行器乘员分系统产品主要包括医学信息管理设备、航天员医监医保设备、航天员失重防护与锻炼设备以及工作生活用品等四类。

12. 对接机构分系统

对接机构分系统由1台对接机构机械组件、1台对接机构控制器

中国载人航天大事记

和 1 台对接机构控温仪组成。在正常对接和分离过程中,目标飞行器对接机构被动工作,整个对接、分离过程不需要控制,只需给控制器(双机冷备份)控制电路加电,监测对接和分离过程中的传感器状态,并持续到分离结束。控温仪测量对接机构不同位置的温度信号,并进行电加热。

13. 空间技术试验分系统

空间技术试验分系统共划分为两部分:一是试验平台部分,包括试验控制单元和 1394 集线器;二是试验项目部分,包括再生生保试验子系统、航天医学实验子系统和有害气体检测装置。

试验平台中的试验控制单元作为数据管理和控制的中心,为空间技术试验系统的试验装置提供数据遥测、数据转发和试验控制支持;1394 集线器完成 1394 节点设备的物理连接,实现试验设备与试验控制单元之间的信息交互,同时可将试验数据通过 1394 接口转发给大容量存储器。

试验项目中的再生生命保障子系统包括电解制氧装置和动态水气分离装置。电解制氧装置通过电解水实现产氧,是为验证航天员中长期驻留支持的关键技术进行的搭载试验;动态水气分离装置用于验证再生式环控生命保障系统中微重力条件下的气液分离技术。

试验项目中的航天医学实验子系统包括失重生理效应实验装置I,用于测试航天员失重状态下的生理参数;失重生理效应实验装置II,用于验证微重力状态下细胞的生长机制;质量测量仪,用于在微重力状态下测量航天员的身体质量;骨钙丢失对抗仪,用于对航天员下肢胫骨进行刺激防止微重力状态下出现骨钙丢失;气体采样装置,由航天员操作来回收实验舱内气体,带回地面后用于挥发性有机组分的分析。

试验项目中的有害气体检测装置用于在轨飞行期间定期开机检测密封舱内有害气体成分。检测的气体种类主要有:一氧化碳、氨、甲醇、苯、甲苯、甲醛、硫化氢。

第三节　聚焦任务突破关键技术

组合体控制与管理技术复杂。组合体控制与管理模式新载人飞船和目标飞行器对接形成组合体后,需要对组合体进行载人环境、姿态与轨道、信息传输、并网供电、驻留支持等方面的控制和管理。目标飞行器要适应无人独立飞行和无人/载人的组合飞行,飞船要适应独立交会对接飞行,组合体停靠飞行和故障时组合体飞行,实现从单一飞行器独立飞行到多飞行器组合飞行的转变,运行模式新。针对上述问题，载人飞船系统和空间实验室系统在两个飞行器平台基础上联合进行了船器联试、人船器地联试、组合体60人/天试验、组合体工效学试验、组合体人员物品转移试验、组合体并网供电试验、组合体真空热试验、对接放电试验等，系统验证了组合体控制与管理功能。

目标飞行器与运输飞船形成组合体后，其质心位置、质量特性和动力学参数等都发生了很大变化，具有大质量、大惯量、大柔性、变结构和低基频等特点，同时还要保持高精度的姿态控制。组合体同时还要进行组合体环境管理、组合体信息并网管理、组合体供电管理以及航天员工作生活管理及支持保障管理等多项管理。做好组合体的控制与管理，技术上要求很高。

天宫一号目标飞行器完全是按照空间实验室的技术特点研制的，具有组合体控制技术复杂和低轨道、长寿命两大技术难点。能否实现两年的设计寿命，能否通过两年时间的试验验证，建设我国首个空间实验室，进而突破空间站研制的关键技术，是对研制队伍智慧的严峻考验。在过去的几年时间里，技术人员紧密围绕两大难点开展技术攻关，突破了一系列关键技术。

1. 实现"1＋1＝1"和"1－1＝2"

"1＋1＝1"和"1－1＝2"，在数学上来说，这个结果是不成立的，而这恰恰是天宫一号研制中，突破组合体控制关键技术所要达到的目的和科技人员为此苦苦追求的结果。科技人员在形容突破组合体控制管理技术的时候，用一句很形象的话说，就叫作实现"1＋1＝1"和"1－1＝2"。也就是说两个航天器对接在一起，成为一个航天器，在分离后又成为两个独立的航天器，只有这样才突破了组合体控制与管理技术。

两个航天器在太空中组合和分离，看起来是个很简单的事情，其

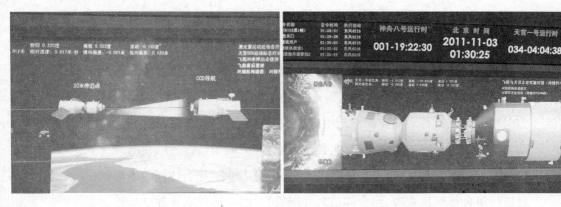

飞船与天宫 30 米交会 ｜ 飞船与天宫正在交会对接

实则不然,其中包含着大量的技术,包括姿态轨道控制、自主轨道控制、能源的控制、环境控制、热的控制和管理以及信息系统的建立和管理等等,对于天宫一号研制队伍来讲,都是全新的技术。

我们知道,我们通常发射的各类卫星进入太空后,依靠卫星上的控制系统来控制自己的运行姿态,而天宫一号则不同。天宫一号在未实现与神舟飞船对接前,就像在轨运行的卫星一样,担负控制自己运行姿态和轨道的任务,而当它实现与神舟八号对接后,两个航天器就变成了一个庞大的船器太空组合体,这个组合体要提供航天员居住、生活和开展一定规模的科学试验工作的条件,组合体往哪里飞,姿态怎样调整,都由天宫一号来承担,这才算是实现了"1＋1＝1"。

天宫一号目标飞行器和神舟八号载人飞船各有八吨多重,这样两个大家伙加起来,构成了一个 17 吨多重的庞然大物,无疑是我国目前最大的飞行器了。由于这个太空庞然大物本身重量大,因此,个性变量也大,两个如此庞大的飞行器加在一起,动力学特性将发生很大变化,对如此庞大的航天器进行控制,是我国从来没有过的。不仅如此,两个航天器上的各种管路、电源插头、信息沟通的传输等等,都要准确无误地连接到一起;密封环境的建立要绝对可靠,稍有不慎,就会产生严重的后果。还有，由于天宫一号目标飞行器是为将来我国空间站打基础的，所以不但要完成交会对接、完成轨道控制，还要试验和验证今后我国空间站建设过程中要用到的一些技术，比如，在供电方面，将来空间站建成后，给飞船的供电任务就要由空间站来担负，这就要求要实现两个航天器的电源并网，把两个各自独立的电源组合起来。这种供电方式在我国过去研制的航天器中，也从来没有研究过。上述种种环节，无疑都饱含着大量的新技术。

我们再来看看"1 - 1 = 2"。

在执行完预定的任务后，天宫一号目标飞行器与神舟飞船两个航天器还要成功分开，此时，目标飞行器将在太空中等待下一次任务的到来，而神舟飞船将返回地面。这就要求两个航天器分离以后，又要实现"1 - 1 = 2"，也就是说，由一个航天器变成两个能够在太空中独立飞行，功能完备的航天器。

这看似简单的一加一减，无论是总体设计，还是能源分配、信息传输、姿态控制等等，方方面面都蕴涵着大量的新技术，对科技人员推出了新的挑战。他们就是在这样的陌生的世界里，默默无闻地攀登，向着载人航天技术的高峰挺进！

2. 350 千米上的 720 天

我们知道，我国在近地轨道上发射的航天器有返回式卫星和神舟飞船两种。我国返回式卫星在轨道上工作时间最长不过 27 天，而神舟飞船载人航天飞行的时间是 5 天多，最大余量是飞行 7 天，飞船轨道舱留轨试验飞行只有半年多的时间。而完成我国载人航天二期工程任务要求天宫一号目标飞行器的在轨运行寿命是两年时间，我国航天科技人员首次遇到低轨道、长寿命的挑战。

为实施对组合体的控制，在目标飞行器里，采用了很多新的机电部件和设备,这些部件和设备都是第一次上天。比如,太空组合体庞大和运行寿命长,以前用于神舟飞船和应用卫星姿态控制的发动机、动量轮,在天宫一号上就不能使用了,由于要控制 17～18 吨重的大家伙,科技人员使用了新型陀螺,只有这种输出力矩比较大的陀螺,才能担当重任。但是,这又带来一个问题,这种陀螺为了实现它的性能指标,就对低速轴承精度指标要求比较高,因为只有这个指标高了,对组合体的姿态控制精度才能高,而达到这个指标,绝不是一件简单的事情。另外新型陀螺里面还有高速轴承,这个高速轴承的转速是每小时 8000～10000 转。在这个转速下,它要日夜不停地工作两年,这就给如何保证长寿命和可靠性带来很大的考验。目标飞行器的舱体外部,有很多暴露在宇宙空间的新材料。太空环境对这些材料会有什么影响,也是一个以前我国所没有遇到的新问题。另外,我们知道,人类发射的航天器,有许多运行近地轨道上,在相同的轨道上有很多航天器在运行,再加上在太空中运行着许多太空垃圾,航天器的运行轨道越低,遭受太空垃圾的危险性越大。这种情况也给天宫一号提出了一个如何防护在相同轨道运行的卫星和对付太空垃圾的问题。由于从神舟一号到神舟七号在轨运行时间短,是不考虑对飞船进行防护的,而天宫一号要保证两年的寿命,必须要考虑这个问题。因此,天宫一号也是我国第一个开展对卫星防护预先研究的飞行器。

在两年的时间里,科技人员夜以继日地向困难挑战,向胜利进军,把对祖国和人民的忠诚写在一项项技术的突破上,用行动书写着成功的铭文。

3. 进行了大量的新技术验证

为了完成交会对接任务和为建设大型空间站进行技术验证,积累宝贵的经验,天宫一号目标飞行器上采用了很多新技术,这些新技术,都是第一次上天。比如说,为了验证空间站电源体式,采用了新型电源技术;采用了一体化设计,实现了先进的热管理技术,把传统意义上的环境控制、仪器设备的热控制统一起来进行管理;另外对停靠期间的飞船提供热量支持,也是为了验证空间站的技术。

4. 采用了大量的新技术

比如,电源系统采用半刚性帆板加内性电池等。

天宫一号还有一个亮点就是采用整体壁板结构形式。我国以前的返回式卫星和飞船都是采用金属蒙皮和隔框横条结构, 这种结构工艺比较复杂,不好控制,且比较重。天宫一号采用金属壁板的整体结构,加工的精度也很高。在焊接方面也采用了新的焊接技术,焊缝质量也大大提高,这些都给长寿命带来很多好的地方。因此,天宫一号配备了很多新的试验设备,开展了多项暴露试验。半刚性太阳能帆板,也是第一个上天的。

第四节　　为天宫一号"延年益寿"

能否确保实现在轨运行两年的寿命, 事关整个载人航天二期工程任务能否顺利实施。在天宫一号目标飞行器的研制工作中,研制队伍在认真把好产品质量这道关口的基础上, 紧紧抓住识别影响寿命的关键技术、关键环节、关键系统、关键动作、关键设备上,进一步拓宽思路,充分利用各种手段进行试验验证,做好长寿命的大文章。与此同时,还从优化设计,尽可能简化设计,实施多方面、多设备备份、冗余入手,把长寿命建立在科学可靠的基础上,向实现两年寿命的目标迈进。

低轨长寿命载人航天器飞行环境特殊。天宫一号目标飞行器是我国首个低轨道长寿命载人航天器,在轨运行两年、航天员在轨驻留累积不少于 60 人 / 天,目标飞行器飞行期间正值太阳活动高年,受太阳辐射、大气阻力、原子氧、地球磁场、高能带电粒子、电离层、微流星体及空间碎片的影响较大,可能导致单机性能退化,以及推进剂、空气、氧气、饮食饮水和废物收集等资源配置对目标飞行器的寿命影响较大。同时,人长期在轨飞行,代谢产物对设备产生侵蚀,影响设备性能及工作寿命。针对上述问题,开展了低轨道空间环境对航天器和航天员的影响、设备 / 材料的长寿命设计,以及中期在轨驻留资源配置等分析与研究。针对转动部件、材料退化、资源消耗和空间环境影响方面进行了 25 项寿命试验验证。对于近期暴露和发现的冷凝水腐蚀和微生物影响正在研究和验证解决措施。

天宫一号目标飞行器各分系统共配置设备 536 台 / 套,其中目标飞行器发射状态设备共计 460 台 / 套,其中太阳电池翼 2 台、航天员航天食品及饮水包等 7 件,由载人飞船带入的设备共计 76 台 / 套;天宫一号目标飞行器共配置了 92 个软件。

研制队伍对影响目标飞行器寿命的因素进行了分析,从系统资源配置、关键设备 / 材料的环境退化以及系统功能重构 3 个方面识别出 36 项寿命关键平台设备,进行了 25 项寿命试验。

围绕交会对接设计和目标飞行器长寿命设计开展了试验验证覆盖性分析,进行了交会对接专项、互换性、可靠性安全性、寿命试验、拉偏试验和其他专项 6 类试验;正样研制阶段,天宫一号共进行了 56 项专项试验和 230 项其他试验。

针对交会对接设计验证,从三个方面进行了 13 项验证试验:一是以飞行方案为主线,通过仿真或半物理仿真试验对轨道设计、控制方案及误差分析进行验证;二是通过交会测量敏感器单机试验和系统级试验,验证敏感器的功能、性能及精度指标;三是针对有关交会对接设备对光照条件及目标表面特性敏感,舱体多种因素作用对有关天线易产生干扰,不同敏感器之间存在光谱需错开等特点,进行了敏感器环境适应性验证试验。

天宫舱内

从天宫看天链卫星

天宫一号目标飞行器发射后,能否实现与神舟八号的成功对接?为规避两飞行器的交会对接设备无法进行地面匹配试验的风险,保证神舟飞船交会测量设备与天宫一号合作目标的匹配性以及主被动对接机构的匹配性,进行了6项互换性试验,完成了26项神舟八号交会对接激光雷达与天宫一号合作目标互换性试验。

拉偏试验,验证设备极限。在天宫一号研制队伍里,技术人员常说的一句术语叫拉偏试验。就是设置最极限的条件,进行单机和元器件的破坏性试验,看看到底在什么情况下会坏,会不能用,或者能承受怎样的苛刻环境。比如一根连接杆设计要求是能承受10千克,试验的结果如果超过设计要求的1.5千克就可以了。可是,在实际工作中,科技人员并不满足这样的要求,他们往往采取不断增加力量,看看到底用多大的劲才能把这个连接杆拉断，以此考核连接杆的最大承受极限。

在进行降落伞空投试验中，在降落伞主伞增加数倍强度仍然弄不坏的情况下，其他的小伞以及部件都做到坏了为止，以此来考核证明达到这种极限情况下，载荷到底有多少，设计的余量有多大。

针对不同产品拉偏试验的内容是不一样的，结构类的部件就是破坏性试验，做到坏为止，比如降落伞投放试验。而对于在极限条件下也无法破坏的结构件产品，直到留出数倍，甚至数十倍的余量才罢休。

我们知道，电子设备如果供电电压超过规定数值就将被烧坏，而过低则设备无法开机正常使用。在设计中，技术人员往往给出了相应的数值，这个数值表明设备的电压只要在这个指定的数值内，就可以保证功能上的需要。科技人员并不因此而满足，他们想到了另一个问题——设备最高能承受多少电压，最低不能低于多少电压。于是，他们利用拉偏试验进行全面验证和考核。在电子设备拉偏试验中，他们采用不同的供电电压，反复地进行最高的供电电压和最低的供电电压互换试验，以验证设备在供电电压最高和最低的情况下，仍然不影响安全，仍然能够正常使用。

在进行环境鉴定试验中，技术人员在正常要求的基础上，进行极限试验，验证设备在什么样的环境里还能工作，在什么样的环境里就不能工作了，以获取第一手的基础试验数据。

在验证交会对接设备的试验中，技术人员在建立数学模型和多次进行实验室仿真试验的同时，还用飞机进行校飞，为此，特别改装了用于试验的大型飞机，把交会对接敏感器搬到了飞机上。这样的交会对接模拟校飞的试验进行了两轮。

据不完全统计，验证队伍在对单机特性进行分析的基础上，根据单机特点选择相应的拉偏条件，共进行了123台单机的拉偏试验。

创新思路,把可靠性握在手中。天宫一号飞行器,方案、初样、正样研制过程中遇到了大量的技术难题,尽管各个研制阶段都进行了大量的试验验证,但是,从暴露出来的单机设计、研制问题中,科技人员仍然发现了许多问题,这些问题是原来根本没有认识到的。科技人员认为,作为一个全新的目标飞行器,如果按照原来的经验和思路进行试验验证是不行的,必须在实践中不断创新思路,实现试验全方位、全覆盖,做到余度的设计、余度的验证,工具的设计、工具的验证,关键项目的设计和验证"6个确认"。

在研制过程中,科技人员除了按照常规的套路来进行各种试验外,还根据天宫一号目标飞行器的不同特点,进行了大量的特殊的试验。比如,进行了人、船、器、地的联合测试,就是在航天员、神舟飞船、目标飞行器、地面测控系统,参与交会对接任务的四方共同参与下,进行四方联合模拟飞行。通过这种规模大、多方参与的试验,全面考核了交会对接的程序,以及航天员的配合和地面测控网之间的关系。以前都是孤立进行飞船与航天员的测试,在这次任务中,根据任务要求,进行了目标飞行器与飞船的联合测试,实现了由孤立测试到多点的测试,以验证两个飞行器交会对接组合体的技术。

在进行热试验中,除了要考核天宫一号目标飞行器独立飞行状态之外,还考虑与飞船连接状态、组合体状态下,热设计是不是满足试验要求;作为交会对接的被动的目标飞行器,配合飞船进行了匹配试验,包括 CCD 敏感器的配合,还有微波雷达、激光雷达的试验、微波的试验、有电磁兼容的试验、有光学的试验等等。

为保证天宫一号具有 60 人 / 天的驻留能力,科技人员开展了大量的地面验证试验,派了两名试验员进入舱体,在里面驻留了 45 天。在这个完全靠人工营造的大气环境里,为试验员提供了生活消耗品、生命保障用品,来进行独立的生存试验,以此检验了天宫一号目标飞行器 60 人 / 天的驻留能力。

通过试验,科技人员也发现了在飞船研制过程中没碰到的问题。比如说航天舱内长期驻留,除了设计时给航天员营造了一个长期驻留的环境之外,航天员在舱内生活还会产生一些废气,对大气环境也会产生影响。这里面包括一些湿度、温度和一些空气成分,这些空气形成的冷凝水,可能对舱体带来腐蚀性,航天员的长期驻留会对舱体产生一定腐蚀作用,从而,对环境控制和生命保障设备造成破坏,比如对冷凝干燥组件造成腐蚀,造成漏率下降。这个发现给科技人员一个新的提醒,这就是舱内的设备还有承受这种环境下耐腐蚀能力,设计上除了要充分考虑保证人的生存环境以外,还要保证平台设备的安全,这是一个相互作用的关系,特别是将来空间站要在太空长期飞行,在空间站的设计中就要特别关注这个问题。于是,科技人员进行了新的设计,加强了对航天员呼吸出来的冷凝水的收集,使之能够顺畅地回到冷凝水的流体回路里面。

第五节　打造安全温馨的太空家园

天宫一号目标飞行器与神舟九号飞船在太空中交会对接后,目标飞行器就是航天员在太空中的新家。航天员在茫茫太空飞行,远离地球,远离家人,如何使他们在一个只有 15 立方米的狭小空间里愉快地生活和工作,又能保证他们的身心健康,是科技人员经常考虑的问题。

在目标飞行器设计中,科技人员除了通过确保各项指标的实现,

来保证目标飞行器具有 30 人 / 天的驻留能力,另一方面
就是最大限度地关注细节,努力实现让航天员住
得舒服的目标。天宫一号目标飞行器的设计
中,充分体现了以人为本的设计理念,进行
了大量的人性化的设计。

巧设计,为航天员提供适宜大空间。
由于神舟飞船作为航天员进入空间的一
个运输工具,只需要提供短时间的生活保
障和必要的生活空间就可以了,而天宫一号
是长寿命的航天器, 是为航天员提供一个空间

神舟九号与天宫一号一起飞

驻留环境的,这个环境的好坏,将直接影响到工作任
务的完成。为了为航天员在天宫一号目标飞行器里工作和生活提供一
个适宜的环境,科技人员付出了大量的心血,使舱内的空间得到了很
大改善。通过进一步优化设计,天宫一号目标飞行器内可供航天员工
作、生活的空间比国外的空间站要大,也可以讲这是到目前为止,在太
空飞行能为航天员提供的生活、工作空间最大的航天器。同时,舒适程
度比过去神舟飞船要好许多。

声光电,多种手段实现报警自动化

航天员在天宫一号组合体飞行期间, 要借助舱内设置的各种仪
表,来观察掌握天宫一号和飞船当前的飞行状态。在进行目标飞行器
仪表的过程中,技术人员独具匠心,不仅充分考虑到仪表的功能,甚至
连仪表安装的位置,仪表盘的颜色、形状、大小等等诸多细节都考虑进
去了,努力达到功能优化、方便使用、便于观察、感觉舒适的目标。

在太空飞行中,如果让航天员一直盯着仪表,肯定是一件很累的
事情,也将造成航天员疲劳。为了使航天员的眼睛不必一直盯着仪表,

减轻他们的工作量,节省更多的精力,科技人员还设计了各种自动化预警装置，这种设计使得天宫一号上的仪表不用航天员每时每刻都盯着。如果组合体发生异常情况,哪个系统工作不正常,哪个数据指标发生大的变化,在航天员还没有注意到的情况下,自动化预警装置就会关照他,就会提前自动进行报警,提醒他们及时发现和处置。

报警的方式有声音和光线变化显示的等多种，从而提高了组合体智能化预警水平。更能体现科技人员细心的是,连报警的时候用什么声调,声音的高低,灯光报警情况下光线的大小强度,都是经过反复斟酌、对比,多次试验,才最后定下来的。这些,都充分体现出科技人员对航天员的贴心服务和周密关照。

在航天员太空新家园里，科技人员为了使航天员生活得更加舒适,更是处处体现了人性化。

"太空单间"享美梦

为了最大限度地减小舱内噪音、灯光等对航天员睡眠的影响,保证航天员有充足的睡眠和旺盛的精力,在目标飞行器的舱内,专门设计了航天员独立的睡眠区,在这个睡眠区里,设计了两个"房间",以保证航天员在太空里也能睡上单间。两个"房间"的设计也充分考虑到在天宫一号目标飞行器在轨运行期间，最多同时有 3 名航天员在轨工作,睡觉的时候是不能大家都去睡的,总要留下一个人来值班,因此,两个"单间"足以保证同时有两人去休息,一人在值班。还专门为女航天员设计了专门的"闺房"。

睡袋是航天员在轨道上睡觉的"被子"。人们往往有一个习惯,这就是在睡觉的时候,总是习惯于个人用个人的被子,如果盖上别人的被子,可能总是会感到别扭。在天宫一号组合体里,为使航天员睡得舒服,技术人员专门设置了三个睡袋,也就是说,航天员在睡觉的时候不是大家混着盖"被子",而是个人用个人的"被子"。在组合体里,科技人员除了为女航天员预备了单独的床铺和被子以外,还早已针对女航天员生理特点和生活需要,进行了特殊关照。

还有,除了睡觉有"单间"以外,还考虑到每个航天员的生活习惯不同,比如对光线的感觉就不同,有的喜欢亮一点的环境,有的就喜欢暗一点的环境,为适应这种个性化的需要,技术人员在"卧室"灯光的设计中,就采用了可调节式的照明方案,航天员喜欢何种亮度,完全由他们自己随意进行调节。

为满足航天员在轨飞行中的私密性需求,专门配置了遮挡镜头用的软罩和睡眠区的布帘等。

"家庭影院"新享受

长期太空飞行,娱乐活动对于保证航天员情绪的稳定和心态的乐观非常重要。为保证航天员的娱乐,天宫一号组合体里还专门给航天员提供了用来娱乐的笔记本电脑。航天员在工作之余,可以用笔记本电脑来上上网、发发微博、看看 CD 大片,播放一些自己喜欢的歌曲和音乐,或者进行其他的娱乐活动。这些乐曲、大片有的是航天员自己带上太空的,有的是地面事先为他们准备的。当他们要娱乐的时候,只要打开笔记本电脑,用手指轻轻点一下菜单,悦耳的音乐和刺激的大片就会向他们走来。

降低噪声办法多

在组合体里,由于活动部件、电子部件等各种设备日夜不停地在工作,必然会发出各种声音。即使是非常小的声音,由于航天员白天黑夜在舱内工作和生活,加上太空生活的专注、单一与孤独,任何细小的声音都会感到很大,就像我们在夜里听到同样的声音感觉要比白天大一样,这些令人讨厌的噪声会对航天员身体和情绪造成影响。轻者会使航天员心烦意乱,影响到工作和睡眠的质量,重者可能影响到他们的健康。为最大限度地减轻噪声对航天员的影响,科技人员在噪声的控制方面也动了不少心思。在天宫一号设计阶段,科技人员就充分考虑到了这个问题,制定了严格的生活区和仪器区噪声控制指标,把噪声的控制作为一项指标专门列出来,通过技术攻关一点一滴地加以解决。为检验噪声控制的效果,科技人员还长时间地待在舱内亲身体验,查找噪声到底是从什么地方出来的,一个环节一个环节地查,一项一项来解决,这些主动控制噪声的措施,最大限度地把噪声控制在了最小的指标范围之内。

航天员——神舟九号乘组

航天员——王亚平在天宫一号

"太空密室"里说悄悄话

每个人有属于自己的生活习惯,每个人都有属于自己的小秘密,特别是有女航天员参与飞行的情况下,生活上就多有不便了。为了使属于航天员个人的小秘密不至于暴露在"光天化日"之下,在天宫一号的设计中,科技人员专门增加了一项工作,这就是给航天员提供一个独立的、属于自己的私密环境。

比如,航天员长期在轨道上工作和生活,与家人通话,是他们缓解思念之情,保持快乐心境的重要手段。而与妻子、老公或孩子说的悄悄话,有些是不方便让别人听见的。为保证航天员与妻子、老公和孩子说悄悄话的私密性,在天宫一号里,技术人员设置了专门的"密室"。在这个"密室"里，他们与家人说悄悄话，别人是没法"偷听"的。目标飞行器里，到处都是监控探头，航天员在舱内活动都可以一目了然地被"监控"。为保证私密性，特别是男女混搭的飞行中，为保证个人活动的私密性，科技人员还专门设计了探头的遮挡装置，不愿意被看到的活动，将被挡住。还有，为保证航天员与控制中心和家人通话的亲切感，天宫一号上首次实现了与地面双向的可视通话，航天员对着屏幕与领导、与家人进行视频和音频交流，言谈举止、音容笑貌通过屏幕一目了然，极大地增加了亲切感。

舱内空气清新如春

我们知道，新装修的房子会产生有害气体，新买的家具也会散发出有害气体，因此，需要散散味才能居住和使用，不然的话，轻者对人体造成不适，重者就要生病。

几个航天员工作生活在一个 15 平方米的狭小空间里，呼吸和身体都将散发出各种气体，这些气体有的可能有气味。在真空环境下长时间载人航天飞行过程中，由于受真空环境的影响，舱内的设备器材将溢出大量的有害气体，这些气体有的是有害的，浓度高了，时间长了话，将影响航天员的身体。为了确保航天员的身体健康，就要对这些有害气体进行控制。另外，人对目标飞行器产品和结构也有影响，比如人要呼吸、要出汗等等，形成的湿气在舱壁上形成水珠，反过来对产品构成影响。时间长了，一些产品会生锈，会有微生物，会长毛，这都会影响到组合体的寿命。因此，必须对舱内的有害气体和湿气进行有效的控制，把危害降到最低限度，确保航天员人身安全和设备正常工作。

在如何保证舱内空气环境的清新上，技术人员也动了不少脑筋，想了很多办法。比如，在空间实验室阶段，可能是长期无人、短期有人照料的状态，技术人员针对舱内使用的材料中很多属于非金属材料，可能散发出微量有害气体，这些气体有可能影响到航天员的安全或健康的情况。目标飞行器研制之初，研制人员就在设计上加强了有害有毒气体的控制，在材料的选择上，选择那些结构稳定的，经过太空飞行考验的优质材料，如果用新型材料，就必须经过充分的地面试验；同时，在舱内还设计了相应的监测和净化装置和大量的其他措施，这些装置和措施都经过了地面的大量试验。通过这些办法，可以保证航天员在太空家园里，也能享受清新、无毒、无害、无味的空气了。经过多次的试验验证，目标飞行器的舱内空气质量完全满足了航天员在里边生活的要求，达到了绿色环保和航天医学标准。

在舱内微生物的控制上，也采取了很多措施。比如，在地面对内装饰布消毒、整舱气体置换以及用无水乙醇擦拭设备表面；在轨道上，采取控制舱内温湿度、配备微生物控制装置以及配备擦拭设备用的毛巾等。

多种预案保平安

在目标飞行器里长期生活，如果舱内一旦出现险情，比如突然起火了，怎么办？要知道，这并不是故弄玄虚，苏联和平号空间站就曾经发生过火灾。在天宫一号目标飞行器里。航天员一点也不用担心。各种可能发生的灾难，科技人员早为他们想到了。科技人员在充分继承神舟飞船过往的安全措施的同时，结合天宫一号短期有人、长期无人照料的特点，设想了各种应急状态下确保航天员安全的措施，比如，如果舱内发生了火灾或者压力没有了等险情，都有可靠的应对预案。在这些预案中，既包括险情发生后怎样紧急处置，还包括航天员怎样安全紧急撤离。这些预案到底管不管用，科技人员都在地面做了充分的试验。

第六章　神舟天河会"情人"

——无人交会对接

2011 年 11 月 1 日,酒泉卫星发射中心高大的发射塔上,神舟八号飞船静静地竖立在那里,等待着那个万众注目的时刻到来。

5 时 58 分 10 秒,随着指挥员清晰的口令,巨大的响声划破长空,大地在抖动,发射塔下烈焰升腾,带着神圣的使命,"白马王子"神舟八号恋恋不舍地奔向太空,踏上了与距地球几百千米外的"情人"——天宫一号"约会"的历程。至此,我国载人航天二期工程第一阶段关键一步——空间交会对接任务的大幕拉开了。

第一节　翱翔太空的神奇之舟

在中国政府确定的载人航天工程三步走的发展战略的指引下,经过近 20 年的奋斗,我国载人航天工程取得了举世瞩目的成就:实现了中华民族的千年飞天梦想,突破了多人多天航天飞行的出舱活动技术,建立了载人航天工程大系统,正在向着实现第二步伟大的跨越进发。从神舟一号飞船到神舟七号飞船,技术不断突破,中国航天人不断挑战,超越自我,书写了一曲中华民族自强不息、志在一流的开天壮歌。

神舟飞船次次有突破,步步大跨越

神舟一号开辟载人航天首航

1999 年 11 月 20 日 6 时 30 分,中国自行研制的长征二号 F 型运载火箭, 在酒泉卫星发射中心升空, 将神舟一号飞船送入预定的轨道,神舟一号飞船在太空中飞行 21 小时 11 分,绕地球 14 圈,飞船返回舱于 11 月 21 日凌晨 3 时 41 分在内蒙古中部地区成功回收。

神舟一号飞行试验的任务是: 检验载人航天工程总体和各系统设计方案的正确性与协调性路考和各系统之间的匹配性与协调性;进行飞船返回和相关技术试验。

通过此次飞行,神舟飞船工作正常,完成了各项预定的任务,成功实现了升力控制返回,返回舱安全准确着陆。神舟一号的此次飞行表明,经过 7 年时间的准备,我国已基本上掌握了飞船舱段分离技术、飞船姿态调整和控制技术、返回升力控制技术、热控和回收技术。

神舟一号飞船——主伞打开

主伞打开
飞船返回

神舟一号还搭载了邮品在内的各种纪念品,还有包括青椒、番茄在内的各种农作物和甘草、板蓝根等中草药种子。

神舟二号各项实验全面展开

2001 年 1 月 10 日凌晨 1 时, 中国第一艘正样飞船神舟二号发射成功,神舟二号在太空运行了 7 天,绕地球约 108 圈,返回舱于 1 月 16 日 19 时 22 分在内蒙古中部地区着陆。

神舟二号飞行试验的任务是:考核工程

总体技术方案的正确性和各系统之间的协调性；检验、考核工程各系统工作的可靠性和安全性；考核航天员系统参试部分的正确性；考核密封舱内生命保障环境和力学环境；进一步考核神舟飞船系统方案的正确性与协调性；考核飞船系统的性能等。

神舟二号的此次飞行首次进行了轨道舱留轨试验，在轨运行达半年之久，进行了一系列科学实验，不少成果达到了世界先进水平。引人注目的是，这艘飞船里搭载了太空"模拟人"，模拟了航天员在太空中的生理参数，还对航天员系统中的各种设备进行了考核，取得了多项宝贵的实验数据，达到了飞行的目的。

飞船轨道舱在留轨实验飞行期间，进行了微重力环境下的空间生命科学、空间材料、空间天文、空间物理四个科学领域的实验，其中包括进行了半导体光电子材料、氧化物晶体、金属合金等多种材料的晶体生长，蛋白质和其他生物大分子的空间晶体生长，动物、植物、水生生物、微生物及细胞组织的空间环境效应实验等。

神舟三号准载人航天飞行

2002 年 3 月 25 日 22 时 15 分，神舟三号飞船发射成功。神舟三号在太空中运行了 6 天 18 小时，飞船返回舱于 4 月 1 日 16 时 51 分在内蒙古中部地区主着陆场成功回收。飞船轨道舱留轨进行了半年的科学实验。

神舟三号飞行试验的任务是：全面考核工程总体设计方案的正确性和各系统之间的协调性；全面考核工程各系统的工作性能和可靠性、安全性；考核此前飞行中暴露出来的问题解决措施的有效性；考核技术状态变化部分的工作性能及其与其他系统和分系统之间的协调性等。

神舟三号飞船的状态与载人状态完全一致，各分系统的性能进

发射地点：酒泉卫星发射中心
着陆地点：内蒙古自治区中部地区
飞行时间/圈数：6天零18小时/108圈

神舟三号：搭载"模拟人"

发射：2002年3月25日22时15分　返回：2002年4月1日4时51分

"模拟人"，是神舟三号飞船的新"乘客"。神舟三号搭载了人体代谢模拟装置、"模拟人"生理信号装置以及形体假人，能够定量模拟航天员呼吸和血液循环系统中的心律、血压、耗氧以及产生热量等多种太空生活的重要生理活动参数，为将来航天员进入太空提供可靠的数据。

神舟三号飞船任务图解

一步进行了优化，航天员的保障措施进一步得到了完善。飞船、运载火箭和发射场系统进一步完善，载人航天的可靠性和安全性得到了进一步提高。

在这次飞行中，飞船和运载火箭系统全面完善了紧急情况下的逃逸和应急救生功能；获得了大量与载人航天有关的技术数据；获得了过载、冲击、振动等力学环境，气体压力、温度、成分等大量试验数据，成功进行了飞船轨道舱偏航飞行试验。

进行了空间生命科学实验和空间材料科学实验以及对地遥感应用实验和地球科学观测。空间蛋白质晶体装置有四种蛋白质生长出质量较高的晶体，空间细胞生物反应器中的四种细胞均生长良好，多工位晶体生长炉所有用品生长良好，空间环境监测获得了一批很有价值的大气环境数据，地球环境监测也取得了初步成果。

神舟四号载人航天大"彩排"

2002年12月30日零时40分，神舟四号飞船发射成功。神舟四号在太空中运行了6天18个小时，返回舱于2003年1月5日19时16分，在内蒙古中部地区成功回收。飞船轨道舱留轨进行了半年的科学实验。

神舟四号是我国正式进行载人航天飞行前的最后一次"彩排"，是神舟飞船先后四次太空飞行试验中要求最高、难度最大、参试系统最全、考核最为全面的一次飞行试验，也是最接近载人飞行技术状态的演练。

神舟四号飞行试验的任务是：进一步考核工程各系统之间的协调性、工程各系统的工作性能及可靠性和安全性、考核飞船人工控制、自主应急返回等新增功能与其他系统的协调性、考核飞船的载人环境，获取航天员船上生活环境和与航天员安全有关的数据，检验有航天员参与的情况下相关系统间的协调性，针对前三次飞行试验中暴露出来的问题，考核其解决措施的有效性。

神舟四号飞船进一步提高了可靠性和安全性，完善了应急救生系统的功能，增加了航天员手动控制系统，增强了整船偏航机动能力，改善了舱内载人环境，获得了大量的试验数据。试验结果表明，神舟四号飞船系统和各系统匹配良好，满足载人航天飞行的要求。

神舟五号实现千年飞天梦

2003 年 10 月 15 日 9 时，中国航天员杨利伟乘坐神舟五号飞船

神舟五号飞行程序

神舟五号飞行程序

- 第一节火箭及整流罩脱离
- 第二节脱离
- 张开太阳能板
- 地球轨道
- 各舱分离 重返大气层
- 抛弃推进火箭
- 配置
- 太阳能板
- 轨道舱
- 降落
- 防热盾护体
- 指挥舱
- 推进舱
- 打开降落伞
- 抛弃防热盾
- 主引擎

开始了太空之旅，中国成为世界上第三个能够独立开展载人航天活动的国家。

在太空飞行 21 个小时，绕地球飞行 14 圈后，神舟五号飞船返回舱于 16 日 6 时 23 分，在内蒙古四子王旗阿木古郎主着陆场成功着陆，航天员杨利伟自主出舱，身体状态良好，神舟五号载人航天飞行取得圆满成功，我国载人航天技术实现了历史性跨越。

神舟五号飞船载人航天飞行的主要任务是：将航天员送入太空，执行首次载人航天飞行任务，完成预定任务程序后，安全返回。全面考核工程各系统的工作性能及可靠性安全性；全面考核工程各系统之间的协调性；全面考核工程载人环境，获取航天员在船上生活、工作环境以及于航天员安全有关的数据；进行各种太空应用实验。

在此次飞行中，神舟飞船为航天员提供了生活和工作条件，为有效载荷提供了相应的实验条件，保证了航天员完成飞行任务并安全返回。飞船具备了在轨自主人工控制返回地面的功能，表明我国已经掌握了载人航天飞行的基本技术。

前五艘神舟飞船特别是神舟五号飞船的发射成功，使我国载人航天全系统工作协调、匹配，工程各系统的工作性能、可靠性和安全性以及飞行试验组织指挥程序经受了严格的考核，突破了载人航天技术，证明了飞船总体方案正确，与各系统接口匹配、工作协调验证了载人飞行程序及航天员操作安排的正确性和合理性，表明我国载人航天工程各系统建设已取得了突破性进展，载人航天技术乃至系统工程管理模式达到了新的水平，还表明我国载人航天工程总体方案和各系统设计方案是完全正确的。这些成果，为我国实施载人航天第二步的发展战略，打下了坚实的基础。

神舟六号多人多天上太空

2005年10月12日上午9时,航天员费俊龙和聂海胜乘坐神舟六号飞船进入了太空,在太空飞行5天后,于10月17日4时33分,在内蒙古四子王旗阿木古郎主着陆场成功着陆。

神舟六号飞船载人航天飞行的主要任务是:1.完成2人5天载人太空飞行任务;2.在整个飞行期间为航天员提供必要的生活与工作条件;3.为搭载有效载荷提供相应的实验条件;4.确保航天员在完成飞行任务后,安全返回地面;5.在飞行过程中,一旦发生重大故障,在其他系统的支持下和(或)航天员的参与下,能自主或人工控制返回地面,并保证航天员的生命安全;6.飞船轨道舱留轨进行空间应用实验;7.完成空间科学实验装置搭载试验。

在轨飞行期间,航天员费俊龙和聂海胜脱掉了舱内航天服进入了轨道舱,进行了大量功效学评价试验和在轨科学实验,为后续载人航天飞行提供了重要经验。此外,航天员还开展了空间细胞生命科学实验等一系列空间主要科学实验活动,获取了大量空间科学实验数据。

神舟六号此次飞行,突破了多人多天载人航天基本技术;进行了有人参与条件下的一系列空间科学实验;考核和完善了工程各系统的性能。

神舟六号飞船太空飞行是我国载人航天工程实施过程中的承上启下的重要飞行,与神舟五号首次太空飞行相比,神舟六号实现了太空飞行由1人1天到2人5天;由只在返回舱内活动到首次由返回舱进入轨道舱。突破了长时间太空飞行环境控制技术;多人多天条件下的生命保障技术;长时间的医学监督医务保障技术和人、船运动的相互协调技术等关键技术,神舟六号太空飞行表明,我国已掌握了多人多天的太空飞行技术。实现了飞船研制技术的新跨越,为实现我国载人航天第二步发展战略,奠定了坚实的基础。

神舟六号飞船与神舟五号飞船相比有 6 个不同：

首先是承担的飞行任务不同。神舟五号首次载人航天飞行任务是乘一名航天员，进行一天的太空飞行，而神舟六号飞船的任务是乘 2 名航天员进行 5 天的太空飞行。乘员人数和飞行时间的增加，必然带来神舟六号飞船各方面的变化：要求神舟六号飞船必须在充分继承神舟五号飞船成熟技术的前提下，满足 2 人 5 天飞行，且具备 2 人 7 天自主飞行的能力；飞船的生命、环境保障能力几乎达到满负荷工作；航天员进入轨道舱全面启用各项功能，更全面考核飞船设计和操作程序，将给飞船带来更多的影响；搭载试验装置加剧了重量和功耗的矛盾等。飞船研制工作必须针对这些特点，对飞船的相关系统进行改进，在技术上满足此次飞行任务的需要；同时，确保飞船的可靠性、安全性。

其次是部分舱段结构不同。神舟五号飞船由轨道舱、返回舱、推进舱和附加段"三舱一段"组成，神舟六号飞船与神舟五号相比，取消了附加段；为了方便安装搭载设备和航天员的饮用水的放置，对轨道船舱内布局设计进行了调整；在舱外新增了有关天线；轨道舱内配置水、食品、食品加热装置、睡袋、大小便收集装置等航天员生活品和消耗品；神舟五号返回舱内只安装了一个航天员座椅，而神舟六号返回舱内中间和右侧放置了两个座椅，发射段和返回段指令长兼驾驶员坐中间座椅，副驾驶员坐右侧座椅；在轨道舱内，按 2 人 7 天配置食品饮用水（含 2 人 2 天的应急食品和饮用水）；神舟五号飞船在轨道舱内安装了航天员用品柜，而神舟六号轨道舱内则取消了航天员用品柜，物品改为软存放形式；神舟六号飞船装船设备比神舟五号略有增加。

三是飞行方案不同。神舟六号飞船航天员将首次进入轨道舱进行工作和生活。因此，神舟六号是我国首次实现真正有人参与的空间飞行试验活动。根据飞行任务的不同,有关部门对飞行方案进行了调整。神舟六号飞船在太空中将实施变轨,航天员开始打开返回舱舱门,进入轨道舱。在轨飞行期间,保持一名航天员在轨道舱内工作或休息,另一名航天员在返回舱值班。为补偿飞船运行段大气阻力衰减,消除轨道偏差,保持轨道精度,并满足飞船返回制动点位置的要求,神舟六号飞船将进行多次轨道维持。

四是应急返回落区调整。神舟六号飞船自主应急返回落区相对神舟五号飞船做了相应调整。取消了地理条件较差的地区,调整了部分落区的范围,以减少最大可救生间隔。自主应急返回仿真结果表明,神舟六号飞船飞行中共有160多次救生机会,相邻救生点最大间隔不到2小时,比神舟五号飞船设计缩短了近2小时,最长返回等待时间与以往相比大大缩短。

五是应急救生故障模式变化。神舟六号飞船确定了140多种故障模式和对策,其中航天员可以参与的有近50种。与神舟五号相比,由于参与航天员人数和太空飞行天数都发生了变化,因此神舟六号调整了故障模式与对策,主要包括增加返回舱舱门开启条件下失去压力和失火故障模式,运载发射轨道过高故障对策,神舟六号搭载设备故障模式与对策。

六是7项技术状态变化。神舟六号飞船是在充分继承神舟五号技术状态的前提下,根据飞行任务的需要,按照"论证充分、各方认可、试验验证、审批完备、落实到位"的五项原则进行了100多项技术状态改进,涉及硬件改进130多台,涉及软件改进近20个。更改后的产品在装船前都进行了充分的试验验证,进行了大系统间相互匹配、环境试验、测试,以及整船级功效学评价等试验,验证了更改的正确性和接口的匹配性。每一项技术状态更改均形成了闭环控制,并进一步提高了可靠性。

神舟七号出舱活动更精彩

2008 年 9 月 25 日 21 时 10 分,神舟七号飞船把翟志刚、刘伯明、景海鹏 3 名航天员送入太空,飞船历时 2 天 20 小时 27 分,在太空预定轨道绕地球飞行 45 圈后,于 28 日 17 时 37 分,成功在内蒙古四子王旗阿木古郎主着陆场成功着陆,神舟七号飞船实现了准确入轨、正常运行、出舱活动圆满、航天员安全返回的目标。

神舟七号此次太空飞行主要执行了四大任务。

一是实施我国航天员首次太空出舱活动;二是神舟七号飞船首次满载 3 名航天员,进行 3 人 3 天的空间飞行,满负荷、全方位的考核载人航天工程总体及各系统;三是在飞行期间,释放一颗质量为 40 千克的伴飞小卫星;四是进行卫星通信链路的新技术试验。

神舟七号飞船具有技术跨度大、技术风险大、任务规模大和航天员自主性比较强等特点。神舟七号飞船在充分继承了我国前 6 艘神舟飞船的成熟技术的同时,进行了大量的技术创新。飞船在仍然由轨道舱、返回舱和推进舱组成的同时,为适应任务的需要,对轨道舱进行了全新的设计, 使其同时具备出舱活动的气闸舱和航天员生活舱的双重功能,取消了留轨功能。为完成任务,神舟七号飞船按照 3 人代谢指标设计供氧、气体净化和温度控制能力,并按照 3 人 5 天飞行的指标进行了相应的配置。

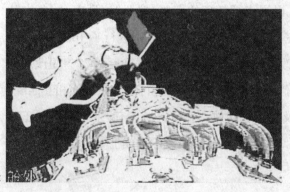

航天员太空行走

神舟七号飞船在完成了航天员出舱活动的同时,还完成了 3 项空间科学研究与试验。一是首次释放了一颗伴飞小卫星；二是开展了固体润滑材料和太阳电池基板材料太空暴露试验，以研究太空环境引起材料特性衰变、改性的机理，探索用于提高航天飞行产品机械运动部件固体润滑材料性能的技术途经；三是搭载了多种生物样品，比以往历次搭载的品质更多、设计学科领域更广、研究课题规格更高，潜在的产业化经济价值更大。

通过神舟七号飞船的成功飞行，我国载人航天工程又取得了丰硕的成果，这些成果主要有：掌握了舱外航天服研制技术。拥有了国际先进的舱外航天服系统设计、工艺、关键材料、测试与评价方法，突破了舱外航天服关键技术。经过太空出舱活动飞行验证，我国研制的飞天航天服功效性能良好，服内环境舒适，安全性、可靠性措施有效，主要性能与国际上主流的舱外航天服接近，达到了国际先进水平；突破了气闸舱研制技术。为完成航天员舱外活动和兼顾我国载人航天二期、三期工程和以后的活动，神舟七号飞船对轨道舱进行了气闸舱和生活舱一体化设计，研制出既能满足航天员出舱活动要求，又能兼作航天员生活舱的气闸舱。在此过程中突破并掌握的主要技术有出舱活动空间支持技术、舱外航天服安装技术、出舱舱门技术、气闸舱热控技术、泄复压控制技术、出舱活动无线通信技术、舱外活动照明与摄像技术以及舱载支持技术、航天员出舱活动训练技术。通过多种手段在对神舟七号航天员进行的训练中，航天员出色完成了预定的创新活动任务，突破了模拟水槽和低压环境出舱活动训练关键技术，掌握了出舱活动航天员训练方法、程序、标准和技术，掌握了出舱活动程序设计与验证技术，实现了创新活动关键操作节点的精确可控。此外，还掌握了大型地面设备研制与试验技术。研制出一批配套的大型地面设备和设施，掌握了出舱活动关键医学问题防护技术，为出舱活动的顺利实施提供了重要保障；掌握了空间伴飞技术，突破了在轨释放技术;突破了对无源非合作目标伴随飞行的地面控制技术,为后续交会对接任务地面远距离引导进行了尝试;成功开展了有航天员参与的各项空间科学实验活动,获取了一批有价值的研究数据;首次验证了我国中继卫星系统在载人航天任务中应用的正确性,开辟了天基测控应用新领域。

神舟七号任务的圆满成功,创造了中国载人航天飞行中的多个第一。

神舟七号航天员翟志刚完成了中国航天员第一次太空出舱活动,成为中国航天员出舱活动第一人。在翟志刚手中舞动的中华人民共和国国旗也第一次在太空中飘扬。

为神舟七号飞船执行航天员出舱任务而研制的气闸舱第一次在太空应用并获得了成功,验证了气闸舱技术,为我国载人航天后续任务奠定了基础。

我国自行研制的第一件飞天出舱航天服经受了太空环境的考验。

神舟七号航天员在太空中顺利取回固体润滑材料太空暴露试验样品,完成了第一次可回收固体润滑材料太空暴露试验。

神舟七号飞船成功释放一颗伴飞小卫星,这是中国研制的第一颗在太空释放的小卫星,表明我国掌握了太空释放技术,成为世界上第三个掌握空间释放和绕飞技术的国家。

神舟七号与我国第一颗数据中继卫星天链一号进行了第一次数据中继试验。

神舟飞船第一次搭载 3 名航天员太空飞行,神舟飞船第一次满载飞行。

神舟七号载人航天任务的圆满成功,标志着我国已成为世界上第三个独立掌握空间出舱技术的国家,也标志着我国载人航天工程三步走战略第一步目标的实现，为实现我国载人航天工程三步走的发展战略中，建立有人照料的空间实验室、开展一定规模的空间应用,也为建设我国的空间站奠定了基础。

空间科学实验领域宽硕果丰

促进载人航天的应用,提高工程综合效益,推动创新型国家建设和国民经济的发展，是我国高层决策者们在载人航天工程之初就确立的一个重要指导思想。在这个指导思想下,我国利用神舟飞船,开展一系列空间科学及技术试验。

设备繁多的"太空实验室"。从神舟一号到神舟七号飞船里,安装了几十种实验设备和科学仪器,神舟飞船被誉为翱翔太空的科研"神舟"。

神舟飞船上安装的空间材料科学和生命科学实验设备有：多工位晶体生长炉、空间晶体生长装置、空间蛋白质结晶装置、空间生物细胞反应器、空间细胞融合装置、空间连续自由流电泳仪、通用生物培养箱。

飞船上安装的环境监测的仪器有:高能质子与重离子探测器、高能电子探测器、低能粒子探测器、固体径迹探测器、单粒子事件探测器、电位探测器、超软 X 射线探测器、X 射线探测器、大气成分探测器和大气密度探测器等。

飞船上安装的空间天文探测仪器有:太阳常数监视器、太阳紫外光谱监视器、地球辐射收支仪等,以定量测量太阳常数、太阳紫外辐照度和地气系统红外可见光辐射，监测大气臭氧总浓度分布等地球环境重要参数。

神舟飞船上还安装了对地探测仪器——中分辨率成像光谱仪、微波遥感器。中分辨率成像光谱仪是目前公认的监测地球环境最有效的空间遥感器之一，神舟飞船携带的这台仪器是世界上第二台进入空间的中分辨率成像光谱仪，它可以接收地球目标的不同光谱，探测海洋、大气利陆地，用于农业估产、自然灾害监测等。而微波遥感器则以海洋、大气和陆地为目标，利用不同的模态进行探测，如降水、水汽含量、积雪、土壤水分、海面温度、海面高度、有效波高、大洋环流、海面风速与风向。

这些设备各有各的用途。有进行空间材料科学试验的多工位空间晶体生长炉；有空间晶体生长观察装置；有进行空间生命科学试验的空间蛋白质结晶装置和空间通用生物培养箱；有进行空间天文观测的太阳和宇宙天体高能辐射监测仪，包括超软 X 射线探测器和 γ 射线探测器；有进行空间环境探测的大气成分探测器、大气密度探测器和固体径迹探测器；有有效载荷公用系统，还有微重力测量仪等。

科学家试图通过这些设备进行材料科学、生命科学、空间天文、环境监测等试验任务。这些任务由中国科学院为主，全国几十个科研院所和大学承担。

总之，利用神舟飞船，科学家开展了很多实验和科学研究，为相关学科的科学研究提供了大量的数据。

"太空高炉"中的材料生长试验。"神舟"飞船中，安装了一个可以进行多种晶体材料生长的"百宝箱"——多工位空间晶体生长炉。

作为人类文明进步的标志，材料是现代工业与高新技术领域的重要支柱之一。材料的进步，推动了科学技术的不断发展并一直在其中扮演了重要的角色。进行材料科学研究，是神舟飞船的使命之一。为此，科学家们在飞船上安装了空间材料科学通用装置——多工位空间晶体生长炉。在这个"高炉"中，科学家将制备半导体、氧化物和金属合金等多种晶体材料，研究太空微重力、超净和超高真空环境对晶体材料生长过程的影响规律。

　　我国在太空材料科学试验上，利用神舟飞船搭载的多工位晶体生长炉进行了二元及三元半导体材料、氧化物晶体、金属合金和非晶合金等的晶体生长试验；利用太空晶体生长观察装置，实时观测了微重力条件下透明氧化物晶体生长过程。地面的晶体生长过程可以通过肉眼直接观察，那么，在空间微重力环境下的晶体生长过程又是什么样的呢？我国科学家还设计了一种特殊的安装在飞船上的空间晶体生长观察装置，利用摄像机全过程拍摄空间微重力条件下氧化物单晶的生长历程，通过对空间晶体熔化和生长结晶过程的分析，研究晶体生长动力学和重力对流消失后各种次级效应对晶体生长的影响。通过在空间对晶体材料生长机理和生长工艺的深入研究，可以指导地面晶体材料生产过程，改进工艺，提高晶体质量，推进材料科学及工程的发展，造福全人类。

　　在微重力流体物理试验方面，进行了半浮区液桥热毛细对流、液滴热毛细迁移、两层流体对流、气液两相对流实验和液滴动力学研究等。

　　太空生物实验揭示生命奥秘。空间环境的微重力、高能辐射、节律变化等特殊的极端条件，给生命科学、生物技术实验提供了地面不能或不能完全模拟的条件。利用这种独特环境，进行生物组织培养，可以避免地面重力作用所造成的对流和积淀作用，获得比地面更好的效果。因此，进行空间生命科学研究，不仅有助于揭示生命科学中不可能在地面环境下获知的一些本质特征，而且在应用上可望获取空间生物工程方法，生产高质量单晶、高效生物制品等。

　　科学家发现，在空间失重的条件下，蛋白质晶体可以比在地球上生长的个儿大，并且更为纯净。通过对这些晶体进行分析，能更深入地揭开蛋白质、酶和一些病毒的秘密，并由此研制出新的药物。

　　生命体的一切活动都是通过它的基本构成物质，特别是蛋白质和核酸的功能来实现的，而这些生物大分子的功能又直接取决于它们的结构。因此,测定这些生物大分子的结构,并研究其结构与功能的关系,对于揭示生命奥秘和理解疾病十分重要,而且也是发展蛋白质工程及理性药物设计等生物高技术所必需的基础。特别是在人类基因组计划完成之后,这类研究的意义将更加突出。

我国科学家利用神舟飞船上的蛋白质结晶装置,进行了天麻抗真菌蛋白、碱性磷脂酶 A2、细胞色素 B5 等蛋白质空间生长实验。这些实验对于抗农作物病害、治疗顽症、设计新型药物、揭示生命的奥秘具有重要意义。

在神舟飞船中进行的空间生物学研究,是我国航天领域首次多物种、多种生物综合性生物学研究。飞船上将携带石刁柏、圆红萝卜、蛋白核小球藻、鱼星藻、螺旋藻、果蝇、心肌组织小型动物龟、灵芝大肠杆菌,以及大鼠心肌细胞、胚胎、腿部肌肉等的空间通用生物培养箱,真可谓一个进军太空的"生物军团"。

因为重力的干扰对活细胞的体外生长会产生一定的影响,空间不受重力干扰更容易进行细胞的培养,所以进行这种实验,可使医生在不危害病人的条件下,精确地实验治疗癌症的新方法。同时,高质量的组织培养,也已用于生长胰腺细胞,使糖尿病人在不按常规使用胰岛素的情况下得到治疗。

同时,空间实验可望培养出优于地面的单晶体,获得具有优良性状和经济价值的生物品系。选取新颖生物材料,可以促进高效、高抗体、优质物种在相关生产领域的应用,可以产生利用空间特殊条件的新技术、新思路、新工艺,并通过建立生物反应器原理模型和生态管理模型,可以解决我国和世界当前面临的严峻的环境问题。

进行空间蛋白质晶体生长和细胞培养,是神舟飞船的一项重要试验任务,其目的是利用空间微重力环境,可以为细胞培养提供理想的途径和条件,进行各种有益的试验,比如,科技工作者选择了具有制药前景的四种细胞,研究微重力对细胞的生长。增殖、合成和分泌活性因子等方面的影响,以试图揭示空间环境对人类的影响,其中的成果可用于高效率的药物设计。为开发新型药物开拓新的途径。在飞船发射前8小时,科学家将装着样品的试验装置细胞生物反应器装入舱内。

乌鸡是一种营养价值很高的补品,又有极高的经济价值。随飞船上天的还有一盒乌鸡蛋,它的主人是中科院研究生院和中国农业大学。试验的目的是研究空间环境对胚胎生长发育遗传变异的影响,试图从中选出优良的新品种,这些在太空中处于休眠状态的鸡蛋,返回地面后再孵化,他们本来是准备空间孵化装置的,处于搭载重量的考虑,就没有实现,不然的话,飞船落地后,也许你就可以看到一群欢蹦乱跳的乌鸡从舱内爬出来。

天花粉蛋白,对治疗艾滋病有一定的疗效,还可以作为人工流产的药物。在神舟三号飞船上进行的细胞试验,能够产生抗天花粉蛋白抗体,这些抗体可用于天花粉蛋白的分离纯化,是有用的蛋白。通过进行的空间生命科学试验,还可以产生抗衣原体类性病的抗体,这些抗体已成为临床上特异性诊断试剂。

利用空间蛋白质结晶装置、空间细胞生物反应器、空间细胞电融合仪、空间连续自由电泳仪和通用生物培养箱,开展了大量植物、动物、水生生物、微生物、细胞和细胞组织等空间环境生物学效应实验,获得了一批重要的成果。

进行对地观察试验。进行了多项对地观测试验,主要试验设备有我国新研制的中分辨率成像光谱仪。中分辨率成像光谱仪,是20世纪80年代发展起来的新一代对地观测设备,目前只有美国在1999年送入太空一台。随神舟飞船一同飞天的由中科院上海技术物理所研制的这台成像光谱仪,与国际上同类设备相比,无论质量、体积还是功耗方面,都有自己的特点和先进性。它被安装在飞船的附加段上，在太空中工作的半年时间内，观测了大海、大气和大地，以及水色、水温、海冰和海岸带，经受了成像光谱技术、红外焦平面技术和机械制冷技术等方面的考核。通过试验，科学家可以获得 34 个波段，仅比美国少 2 个。

进行地球环境监测。利用太阳常数监测器、太阳紫外光谱监视器和地球辐射收支仪，对太阳常数和太阳紫外辐照度、地气系统红外可见光辐射进行了定量测量，监测了大气臭氧总浓度分布等地球环境重要参数，利用大气成分探测器、大气密度探测器、单粒子事件探测器、重粒子径迹探测器、高能质子与重离子探测器、高能电子探测器、低能粒子探测器、电位探测器等，获得了大量宝贵的太空环境数据。

探测宇宙深处的神秘景观。宇宙 γ 射线暴是宇宙中一种突发的巨大能量的爆发现象，其巨大能量的来源及其发射机制，无法用现有科学理论解释，至今还是一个谜，也是一个重要的国际前沿热点课题。我国科学家利用神舟飞船上携带的超软 X 射线探测器、X 射线探测器和 γ 射线探测器，进行空间天文观测，通过对 X 射线和 γ 射线的探测和分析，对研究宇宙 γ 射线暴的起源、产生机制、爆发的能谱及时变特征、内在性质等有重要的科学意义，取得了一批重要成果。

太阳耀斑中质子耀斑(质子事件)产生的高能质子辐射，对载人飞船有很大威胁，对短波通讯、洪涝灾害等也有直接影响。通过对太阳高能辐射变化的观测研究可以判断耀斑性质，可能提前几十小时对质子事件发出警报，在太阳活动高年期间对太阳高能电磁辐射进行监测，具有重要的科学意义和对载人航天器的安全保障作用。因此，我国天文学家以神舟飞船为平台，同样利用由上述设备组成的宽能区、高时间分辨率谱仪，在进行宇宙 γ 射线暴的探测研究的同时兼顾太阳耀斑高能辐射监测。这一项目是我国首次对 γ 射线暴和太阳耀斑进行空间探测。在观测的能谱段设置、时间分辨率及观测任务所处时间(太阳第 23 周活动高年)上均有我国自己的特色。

太阳紫外线过多地照射到人的脸上容易造成伤害。如今,保护地球不让更多的太阳紫外线辐射到地球的臭氧层,已经受到严重的破坏。而为了预测未来,则要从科学上建立一个地球系统定量模型,用来研究地球圈层的一系列变化。在神舟三号上安装的三套探测设备即地球辐射收支仪、太阳紫外线光谱监视器和太阳常数监视器,就是通过定量监测太阳常数与太阳紫外线光谱绝对辐照度,定量监测地球对太阳短波辐射的反辐射和地气系统自身的长波热辐射,以及定量监测大气臭氧总浓度分布及垂直结构变化等,为我国有关研究进入世界先进水平提供机会,并为我国政府更好地进行环境保护立法工作提供重要的决策依据。

此外,科学家还将用安装在神舟飞船上的大气成分探测器、大气密度探测器、径迹探测器,监视空间环境的变化,为空间环境预报和警报提供实时监测数据,即利用空间环境预报中心,收集、综合分析国内外卫星和地面观测数据,提供飞船运行轨道的有关大气参数及太阳活动和地磁活动参数,预报飞船发射、运行期间空间环境状况和可能出现的空间环境异常,并在出现危急情况时发布警报,在载人航天工程各阶段发布远期、中期、近期预报,为载人航天器运行的空间环境提供安全保障,同时,构成我国航天员出舱活动的"空间天气预报"系统。

此外,在航天医学研究和航天员食品的研究方面也取得了丰硕的成果。

尽管在我国实现载人航天初期的航天员中,还没有配备载荷专家,但随着载人航天的深入进行,相信以后的航天员中,将会出现载荷专家的身影。到那时,我国的空间实验将是另一番景象。而今天的一切活动,则是以后有载荷专家参与的大规模空间实验应用活动的前奏。

中国科学院的专家说,尽管目前在神舟飞船上配置的应用系统、实验项目、手段等都是初步的,效益也不可能在短时间内明显显现,但所选择的项目涉及空间材料科学、生命科学、空间天文学、流体物理等,几乎囊括了国际上空间实验的各个学科领域,带动了一大批高新技术,特别是促进了一批基础项目的巨大变化。同时,巩固和培养了一代勤奋苦干的我国空间科学研究队伍,牵引和带动了相关领域学科的发展和进步,其带动作用可能比项目本身意义更大。

第二节　揭开神舟八号飞船面纱

神舟八号飞船是我国自主研制的载人飞船,是专门为实施交会对接任务和载人航天后续任务量身打造的载人飞船,飞船安装了交会对接相关设备,能够与目标飞行器实现自动交会对接。同时,经过技术验证后,未来的神舟飞船还可作为货运飞船承担为空间站运送货物的任务。

1. 神舟八号载人飞船结构

神舟八号载人飞船采用三舱型结构,由轨道舱、返回舱、推进舱组成。整船全长 8984 毫米,底部最大直径 2800 毫米。船上设备共 628 件,起飞质量 8130 千克。与神舟七号相比,增加了交会对接功能,取消了气闸舱功能。飞船功率 1800W,具有上行 300 千克、下行 50 千克的运输能力,可以支持 3 人 5 天独立飞行,在目标飞行器或空间站上停靠飞行 6 个月。

轨道舱是航天员在轨道飞行期间的生活舱、试验舱和货舱,内部

神舟八号的神秘面纱

装有多种试验设备和实验仪器。轨道舱的前端安装了对接机构、交会对接测量设备,用于支持与天宫一号目标飞行器实现交会对接。轨道舱一端设有舱门,作为进出目标飞行器的通道,航天员通过这个舱门可以进出目标飞行器。

推进舱为飞船提供进行姿态控制、变轨和制动的动力,也为航天员提供氧气和水。推进舱外装有太阳能电池板,为飞船提供电能。推进舱作为飞船的动力舱段,配置了用于交会对接的平移和反推发动机。

返回舱。返回舱为钟形密封结构,是整个飞船的控制中心,也是航天员乘坐的舱段,航天员乘坐在返回舱里进入空间和返回地面。返回舱可搭载 3 名航天员,能承受飞船起飞上升段、轨道运行段及返回时再入大气层段的变速、过载和气动加热等考验。

为完成交会对接任务,神舟八号飞船配置了对接机构及各种交会对接测量设备。对接机构用于实现与目标飞行器的连接;由交会对接雷达、CCD 光学成像敏感器、电视摄像机等构成的交会对接船载测量设备,用于测量与目标飞行器的相对位置和相对姿态;飞船的控制系统和推进系统在原来飞船的基础上,增加了平移控制发动机,用于为飞船向目标飞行器靠拢和分离过程中提供动力。

为提高飞船的可靠性和安全性,神舟八号飞船在载人航天一期工程载人飞船的基础上,还进行了大量的技术改进和优化设计。比如,改进了降落伞系统,减少了可能的破损,增强了降落伞的可靠性;改进了座椅提升装置,座椅提升装置采用高压氧气进行提升,消除原来使用材料可能产生有害气体对航天员的影响;采用光电转换效率高的电池片,提高了整船的供电能力。此外,还采用了新的计算机芯片,提高了运算速度、运算能力和存储能力。

2. 系统组成

神舟八号载人飞船由 14 个分系统组成,即结构机构分系统、总体电路分系统、电源分系统、制导导航与控制分系统、推进分系统、数据管理分系统、测控与通信分系统、热控制分系统、环境控制与生命保障分系统、仪表照明分系统、乘员分系统、回收与着陆分系统、对接机构分系统、应急救生分系统。

与神舟七号载人飞船的分系统相比,为适应交会对接任务的需要,神舟八号载人飞船新增加了对接机构分系统。对接机构分系统的任务是,完成制导导航与控制创造的初始条件下,实现飞船与目标飞行器的对接、停靠与分离。具体功能是:在规定的初始条件范围内,实现两个航天器的捕获、缓冲、锁定和刚性连接,形成对接通道,形成两个航天器的电气连接;在组合体飞行期间,保持航天器的机构和电气安全连接状态,保证连接的刚度、强度及气密性;在联合飞行任务结束后,或在组合体出现故障的紧急状态下,迅速实现两个航天器的分离。

3. 装船设备和试验

神舟八号载人飞船装船设备共计 628 台(套),包括帆板、回收分系统正样降落伞组件等,共配置了 90 个各类软件,为实现飞船的各种功能提供支持。

围绕交会对接设计和目标飞行器长寿命设计,开展了试验验证覆盖性分析,进行了交会、对接、互换性、可靠性、安全性、寿命试验等 6 大类试验。正样研制阶段,共进行了 171 项试验。

为保证交会对接任务的圆满成功,研制队伍还进行了交会对接专项试验。针对交会对接设计验证,从三个方面进行了 13 项验证试验:一是以飞行方案为主线,通过仿真或半物理仿真试验对轨道设计、控制方案及误差分析进行验证;二是通过交会测量敏感器单机试验和系统级试验,验证敏感器的功能、性能及精度指标;三是针对CCD、激光雷达、TV 摄像机对光照条件及目标表面特性敏感,舱体多径效应对有关天线易产生干扰,不同敏感器之间存在光谱需错开等特点,进行了敏感器环境适应性验证试验。

通过对单机特性进行的分析,根据单机特点选择相应的条件,对神舟八号飞船进行了 106 台单机的拉偏试验。此外,还进行了 20 项其他专项试验。

第三节　神舟八号飞行任务安排

神舟八号载人飞船飞行的任务具体是:作为追踪飞行器,执行交会对接飞行任务,通过任务的实际考核,形成标准的天地往返运输系统;在整个飞行期间为航天员提供必要的生活与工作条件;为运输载荷提供相应的条件;确保航天员和回收的载荷在完成飞行任务后,安全地返回地面;在飞行过程中,一旦发生重大故障,在其他系统的支持,或者在航天员的参与下,能自主或人工控制返回地面,并保证航天员的生命安全。即,1.完成与目标飞行器的交会对接;2.验证改进型飞船的性能;3.出现故障的情况下,在其他系统的支持下,实施自主返回;4.获取、处理和分析飞行试验的有关数据;5.为通用生物培养实验提供条件;6.进行太空辐射生物育种搭载实验。

神舟载人飞船任务目标和安排

神舟八号、神舟九号和神舟十号飞船作为追踪飞行器,通过3次与天宫一号目标飞行器交会对接飞行试验,掌握交会对接技术。

神舟八号、神舟九号和神舟十号飞船与天宫一号目标飞行器飞行任务的总目标为:突破并完整验证交会对接技术,包括全面验证交会和对接技术;验证组合体控制功能;进行至少一次有人飞行,实现人员及物品空间转移;开展其他在轨试验,最大限度地获取在轨试验数据。

具体任务安排是:天宫一号目标飞行器发射入轨后,神舟八号、神舟九号和神舟十号3艘飞船将采用逐步递进,先突破技术后充分验证的原则,安排交会对接飞行试验任务。每一次发射所执行的任务以主要验证项目为主优先安排,在资源允许的情况下再合理安排其他试验验证项目。

神舟八号是一艘不载人飞船,主要是用来进行交会对接试验和相关技术验证。神舟九号和神舟十号飞船则是完全按标准载人状态配置各种系统和设备,可以用作载人交会对接飞行。如果神舟八号飞船任务进展顺利,有关部门可能决定利用神舟九号和神舟十号飞船进行载人航天飞行。如果进行载人飞行，在确保航天员安全的前提下，将安排由航天员手动控制交会对接及载人项目试验。

在时间上，在 2011 年至 2012 年期间，天宫一号目标飞行器需要与神舟八号、神舟九号和神舟十号三艘载人飞船进行交会对接试验。在这段时间里，我国载人航天工程任务将进行包括天宫一号目标飞行器在内的四次发射。

通过对交会对接飞行发射窗口进行分析表明，神舟飞船每月都有发射窗口，夏季和冬季发射后满足连续光照条件的时间较长，交会对接飞行试验时间具有调整能力。由于选择交会对接任务时间具有较长的连续窗口，有利于任务组织实施，有关部门将尽量在天宫一号两年寿命前期安排 3 艘神舟飞船与其交会对接和进行各种试验验证，在时间上留有一定的余量。

神舟八号飞行任务和试验项目

在充分进行地面试验验证的基础上，发射神舟八号不载人飞船，主要目的是突破交会对接技术，部分验证组合体功能，同时充分安排利用空间真实环境验证交会对接相关基础技术，积累在轨试验数据。

神舟八号飞船飞行任务期间，将完成自动交会对接全过程飞行，验证自动交会方案设计；验证对接通道检漏和泄压与恢复压力的功能；验证组合体轨道与姿态控制功能；验证组合体数据与指令管理功能；验证组合体环境控制模式切换功能。同时，神舟八号载人飞船平台通过这次飞行将主要完成验证有关机组与电源平台性能和工作模式；验证整船任务变化对飞行环境的适

神舟8号

发射地点：酒泉卫星发射中心载人航天发射场
着陆地点：内蒙古四子王旗主着陆场

神舟八号：无人目标飞行器

神舟八号无人飞船，是中国"神舟"系列飞船的第八艘飞船，于 2011 年 11 月 1 日 5 时 58 分 10 秒由改进型"长征二号"F 遥八火箭顺利发射升空，升空后 2 天，"神八"与此前发射的"天宫一号"目标飞行器进行了空间交会对接。组合体运行 12 天后，神舟八号飞船脱离天宫一号并再次与之进行交会对接试验，这标志着我国已经成功突破了空间交会对接及组合体运行等一系列关键技术。2011 年 11 月 16 日 18 时 30 分，神舟八号飞船与天宫一号目标飞行器成功分离，返回舱于 11 月 17 日 19 时许返回地面。

应性;验证飞船返回工作模式改进的有效性;提供载人环境的保证等验证项目。与此同时,为各大系统验证项目提供支持,主要有:为运载火箭系统运载入轨精度验证提供支持;为测控系统测定轨精度、多目标测控、中继测控验证提供支持;为飞行控制任务协同程序提供支持;为着陆场系统着陆区扩大回收能力验证提供支持。

在完成上述任务的同时,在推进剂还有余量和飞行试验时间允许的条件下,将利用神舟八号开展验证二次对接;验证组合体并网供电能力;进行敏感器在轨测试,充分验证敏感器真实空间环境适应性;为空间应用系统搭载生命试验提供支持;验证向地面发送辅助CCD、TV 图像,从而为后续任务积累在轨试验数据。

第四节　六大难题考验神舟八号

浪漫崇高的爱情注定是来之不易的,神舟八号飞船风尘仆仆奔向太空,与天宫一号相会,在众目睽睽下的"浪漫之吻",极具挑战性,极具高科技含量,整个过程充满着艰辛、风险和考验。

神舟八号飞船的研制技术难度之大,工程研制要求之高,研制队伍人员少,时间紧,工作量之大是空前的,同时,神舟八号、神舟九号和神舟十号 3 艘飞船同时研制,并行工作的情况,也是前所未有的。

在几百千米外的空间,完全在依靠航天器上的设备,地面指挥控制的情况下,实现两个航天器在空中交会,是载人航天工程中一项非常复杂的技术。航天器的交会对接,就好像是远距离瞄准和射击。实现在太空中交会对接,对我国来说面临着很多考验。

第一,交会对接考验飞船的轨道控制精度

交会对接对轨道控制精度的要求非常高,要求误差要保持在非常小的范围内,比如说,在两个航天器之间距离相差 50 千米的时候,轨道控制的精度误差必须在 1~2 千米之内,这样的精度,轨道倾角、轨道参数都必须控制在非常精确的程度。有航天员参与情况下的对接相对来说容易一些,因为航天员可以适时地观察和控制,而无人状态下的交会对接比有人情况下的交会对接要更难。

怎样保证交会对接成功实施呢? 科技人员把影响航天器交会对接的有关要素归结为包括位置、速度、姿态、角速度等在内的 12 个方面,只有将这 12 个变量都控制得非常精确了,误差在允许和要求的范围里面,才能保证两个飞行器能对接上。如果歪了的话就对不上,如果速度大了的话非但对不上,还可能发生两个航天器相撞的事故。

第二,考验执行敏感器的能力

几十年中国航天研制和使用的敏感器,一般就是像陀螺、红外敏感器、太阳敏感器、星敏感敏等四五种。而此次为了实现交会对接,新研制了 5 种敏感器,因此,神舟八号飞船上安装的敏感器具有技术新、种类多、首次使用、成熟度低等特点。怎样确保这些新研制的敏感器技术指标满足要求,确保控制系统可靠有效的使用,是对科技人员的又一个考验。

第三,太空环境带来巨大影响

我们知道,太空环境和地面环境存在着巨大的差异,在地面上研制的设备能否适应太空环境的考验,存在很多不确定的因素。神舟八号飞船上有许多设备,比如,很多光学设备,在地面验证时是在大气

环境下进行的。大气对这些设备的性能影响很大，而这些设备又是在没有大气的太空中使用的，仅仅依靠数学计算来推算，确定这些设备的能力究竟有多少，这本身就是有难度的。另外在轨道上，太阳的反射光，对光学敏感设备也会产生干扰；无线电反射也会有影响；飞船上安装的用于交会对接控制的数台平移发动机在工作的时候，也会产生羽流，这些羽流到底对姿态控制有多大影响，很难得出准确的结论，都是空间环境对交会对接带来的新问题，这些对交会对接整个控制方案的影响是很大的。

第四，交会对接方案验证非常复杂

因为在地面，人类至今还没有办法造一个和太空一模一样的环境，这就给交会对接任务方案的试验验证带来很大的困难。科技人员只能通过数学仿真、半物理仿真和很多外场试验，来验证这些系统方案是否准确。但是，由于航天器在太空中运动的速度很快，动态变化也很快，再加上地面的阳光和天上的阳光相比，完全是两回事。比如，在天气良好的情况下，北京的太阳的亮度只有轨道上太阳亮度的60%；不好的情况下，则只有30%～40%，所以，在地面没有办法模拟天上的太阳。还有各种杂光的反射，对光学设备的试验都有影响，而对于杂光的模拟就更困难了。交会对接到最后的一瞬间的精度要求是以毫米计算的，这么高的精度，尤其是在动态大气里进行标定，国内目前还没有满足这种要求的标定设备。还有，飞船从距离目标飞行器100多千米到准确地对接连上，过程控制也是难度非常大的事情。

第五，优化设计，提高飞船运输能力和可靠性挑战巨大

在载人运输飞船总重量指标与一期工程中的飞船相当的同时，神舟八号飞船既要新增加交会对接机构、交会对接测量敏感器等设

经受住了考验

神舟八号和天宫一号互看

备,以实现交会对接功能要求,为验证货运飞船,还要使运输能力增加300千克。在这种情况下,一方面需要对飞船进行全面的功能和配置优化;另一方面需要采取新技术以减轻平台重量。还有,不仅飞船的功能和任务要求提高了,在轨运行时间也由神舟一号至神舟七号的5～7天,延长到在目标飞行器上停靠180天。在轨时间的延长,给确保系统的可靠性提出了很高的要求,这给技术人员带来了严峻的挑战,需要进行充分的系统优化和可靠性设计,还要充分利用各种手段进行大量的可靠性验证工作。

第六,标准运输飞船的研制体系的建立

我国将利用神舟八号飞船验证运输飞船研制技术,从而建立天地往返系统。这就需要实现神舟运输飞船的批产化。研制标准运输飞船,需要在批生产、总装与测试、测试与发射流程和飞行控制体制等方面进行大幅度的优化和更新,以适应任务的需要;同时,为了对将来我国空间站的任务提供支持,在一旦发生重大事故情况下对航天员的应急救生,还需要进行在轨救生飞行模式的设计。

我们再来看看对接机构。

　　对接机构是非常复杂的。神舟八号采用的是异体同构式周边对接机构，这个对接机构的好处就是两个相同的对接机构可以相互对接，承载能力也比较高，这是它的优点。但这种对接机构特别复杂，零部件要好几万个，光轴承就 500～600 个，齿轮也有 400～500 个，轴承和齿轮之间的相互配合都是很难的，对精度要求也挺高，可靠性、工艺都非常复杂，该机构可能是我国最复杂的空间机构了，具有零部件多，相互配合要求很高的特点。两个航天器对接靠这个机构，对接的一瞬间，要消除误差，撞击产生的速度的能量要靠它来吸收；两个飞行器死死地连在一起，要靠它；两个航天器之间的密封，要靠它；实现两个航天器之间的电源、通信等各种连接还要靠它。对接机构能否承担如此的重任，是对设计人员的极大考验。

　　同时，对对接机构的试验验证也是一件非常困难的事情。无人参与状态下的航天器对接与有人参与下的对接要求是不一样的。无人情况下只要两个航天器能够对接上就行，而有航天员参与的情况下，交会对接完成了，还要形成一个从飞船到进入目标飞行器里面的通道，让航天员沿着通道进入到目标飞行器里面。所以就得实现飞船与目标飞行器之间的刚性连接，最终形成一个密封的通道，然后航天员才能从飞船到目标飞行器里去工作和生活。能否达到这样的条件，在地面条件下进行验证是一件非常困难的事情。

　　综上所述，我们不难看出，神舟八号载人飞船的研制，不仅承担着突破交会对接技术的重要任务，还承担着为我国载人航天工程后续任务验证运输飞船的重任。

第五节　神舟八号在太空怎样飞行

神舟八号飞船在酒泉卫星发射场通过长征二号 F 火箭发射入轨，自主飞行 5 天，飞行轨道高度 350 千米的近圆轨道。返回落点与神舟七号飞船相同，为内蒙古四子王旗地区。

载人飞船与目标飞行器的交会对接飞行过程可分为等待发段、发射段、交会对接飞行段、组合体飞行段、撤离段、返回段和回收着陆段。

等待发段：飞船在船箭联合体上，船箭状态正常，准备发射。

发射段：运载火箭将飞船送入预定的近地空间大椭圆初始轨道。

交会对接段飞行段：飞船与运载火箭分离后，在地面的控制下，通过对飞船实施多次变轨，使之从初始轨道转移到距目标飞行器规

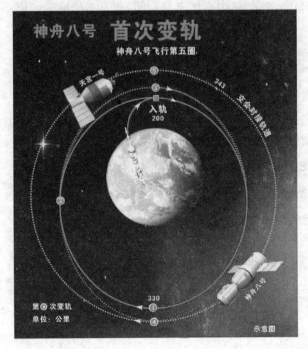

神舟八号首次
变轨示意图

定距离的区域内；然后，由飞船自主相对导航，寻找目标，利用有关设备进行视线制导，采用飞船上安装的正推发动机、反推发动机、平移发动机实施变轨机动，对飞船进行精确控制，在两个航天器相距一定距离时，飞船在停泊点做短时间悬停，此时两飞行器相对速度为零，完成有关设备状态检查，继续沿对接走廊逼近目标飞行器，最终实现两飞行器交会，并建立刚性连接。

组合体飞行段：神舟八号载人飞船与天宫一号目标飞行器对接形成组合体后，就处于停靠状态，对神舟八号飞船的控制任务就转交给目标飞行器了。由目标飞行器完成组合体的姿态、轨道、大气环境与温度控制，并统一进行数据传输控制和管理。此时，神舟八号载人飞船上，除了热控制飞分系统继续工作，保证有特殊温度要求的仪器设备的热环境，测控分系统继续工作，提供对组合体必要的状态监视外，大部分仪器设备都不工作，以延长寿命和降低功耗。

在有航天员参与的情况下，组合体飞行期间，载人飞船携带的停靠消耗品、有效载荷仪器设备等由航天员通过对接通道向目标飞行器转运。组合体飞行任务结束时，目标飞行器产生的废物、垃圾等由航天员向载人运输飞船轨道舱转移，需带回地面的有效载荷向返回舱转移。

撤离段：撤离段飞行主要任务是将两飞行器撤离到安全距离外。

返回段：载人飞船分离撤离后，根据着陆场要求进行轨道调整，瞄准预定着陆场开始返回。

着陆段：返回舱成功在预定着陆场着陆。

第六节　神舟八号验证了哪些项目

2011 年 11 月 1 日至 17 日，神舟八号飞船与天宫一号目标飞行器完成了首次交会对接试验。举世瞩目"太空之吻"的圆满成功，实现了我国载人航天技术的新跨越，为建设我国载人航天空间站奠定了重要的基础。神舟八号与天宫一号交会对接飞行验证了哪些项目？

第一，验证了交会对接飞行方案

我们知道，神舟八号在奔赴交会对接轨道与天宫一号交会对接过程中，分为远程导引轨道控制段、寻的段、接近段、平移靠拢段。

在远程导引轨道控制段，神舟八号共进行了 5 次变轨，到达与天宫一号交会对接轨道的迹向方向，比设计的指标低了两个数量级。这种情况表明，交会对接轨道控制方法设计和使用的轨道控制规划软件是正确的，用于轨道控制的发动机的工作也非常精确，轨道控制的精度完全满足设计要求。

在寻找天宫一号的寻的段，神舟八号飞船共进行了 4 次轨道机动，到达停泊点时相对位置满足进入设计上 5000 米停泊点要求；停泊时位置误差满足设计上 5000 米停泊要求。

在接近天宫一号的接近段，先后完成了 400 米接近、400 米停泊和 140 米接近，进入停泊点和停泊点保持精度满足指标要求。

在平移靠拢段，准确控制了飞船完成 30 米接近、30 米停泊和最后靠拢，并与天宫一号目标飞行器接触，两次对接的初始条件满足指标要求，同时获取了辅助 CCD 图像信息和人控 TV 遥测图像。两次对接过程，飞船自主控制精确，所有指标均优于设计要求近一个数量级。

通过首次交会对接验证证明：载人飞船交会对接自主控制方案设计正确，测量导航设备的相对测量导航准确，发动机使用策略合理,控制精度满足对接初始条件的要求。分离和撤离控制精度高,分离过程平稳,分离速度和相对角速度满足指标要求。

第二,验证了改进后载人飞船的功能

我们知道,飞船的功能大体上由姿态与轨道控制、能源系统、信息系统、热管理系统、载人环境、返回着陆等组成。神舟八号是专门为建设空间站运送航天员和货物而进行改进量身打造的载人货运飞船。通过神舟八号首次交会对接飞行,这些功能都得到了验证。

在姿态与轨道控制功能上，神舟八号飞船正常在轨运行时,俯仰、偏航、滚动姿态角控制,都完全满足了工程总体的控制精度要求。

在能源系统的功能上，神舟八号飞船入轨后太阳帆板供电阵发电能力满足指标要求。电池温度稳定在指标要求以内,在轨飞行全过程能为飞船提供稳定的能源,可以保证飞船在轨正常运行。

在信息系统的功能上,神舟八号飞船上下行链路的数据、图像、话音传输正常,程控、遥控指令及数据注入执行正确。

在热管理系统的功能上，神舟八号飞船在飞行过程中内外流体回路工作正常,满足密封舱的指标要求。推进船舱内设备的温度也完全满足指标要求。

在载人环境控制上，神舟八号环境控制和生命保障方案与此前的飞船相同,飞行过程中座舱大气压力和成分均控制在指标范围内。座舱空气温、湿度控制,返回舱空气温、湿度均满足指标要求。在有害气体和微生物控制上,经着陆后采样结果分析,满足指标要求;舱内的菌落数满足医学指标要求。正常飞行过程中的冲击、噪声、过载和旋转等力学环境满足航天员医学要求。改进后飞船载人环境设计得

从天宫一号看神舟八号 | 验证项目

到了飞行验证,但由于无人飞行,因此,对载人环境的验证还不完全,不充分,需要通过神舟九号载人飞行继续验证。

在返回着陆系统的功能上,神舟八号返回控制方案基本上继承了从神舟一号到神舟七号的设计,通过神舟八号的飞行试验验证,舱段分离调姿、返回制动、再入升力控制过程平稳,推进剂消耗正常,返回过载等指标满足要求,落点精度、航向都在正常范围之内。

返回舱防热设计在继承从神舟一号到神舟七号方案的基础上,进行了减少重量的改进和可靠性等设计,神舟八号返回舱返回地面后,经过科技人员仔细地检查发现,返回舱防热结构完好,没有出现变形,烧蚀情况与预计结果完全相符。

回收着陆分系统在继承一期方案的基础上,完善了降落伞设计,增加了一些设备。为减低航天员着陆过程中的冲击和载荷,科技人员优化了减速伞工作时间。经过记录数据判读,回收程序执行正常,最大开伞过载满足指标要求,着陆后主伞自动顺利脱伞,这种情况表明,经历了17天空间环境的考验,飞船回收系统工作正常。

在停靠功能上,神舟八号飞船新增停靠功能,经过两次对接分离,以及组合体飞行验证,信息、供电并网设计方案正确,飞行模式转换正常,对接通道检漏和泄复压正常,证明载人飞船的组合体停靠状态设计满足要求。

第三,验证了交会对接关键设备

科技人员经过对飞行数据的分析和比对显示,神舟八号飞船船载交会对接测量设备的定位精度和测速精度等数据均优于指标要求。微波雷达及时捕获目标并稳定跟踪,最小相对有效测量距离满足指标要求。激光雷达能够及时捕获目标,并稳定跟踪合作目标直至对接结束。CCD 光学成像敏感器在两次交会对接过程中,均捕获成功、切换正常,能够连续提供有效的测量数据。另外,通过神舟八号安装的辅助 CCD 相机,获取了不同光照条件下的 CCD 图像信息,积累了真实的目标特性数据,为改进设计和后续其他 CCD 光学敏感器设计提供了基础。

通过对两次对接过程 TV 摄像机的下行图像进行分析,TV 摄像机在轨运行稳定,宽窄视场切换正确;阴影区和阳照区靶标图像都清晰可见,完全满足神舟九号航天员手控交会对接的要求。

在两次对接过程中,对接机构都能够按照预先设置的自动流程完成神舟八号与天宫一号的接触、捕获、缓冲、校正、拉近、刚性锁紧密封等全部功能。对接机构两次分离功能均执行正常,满足总体设计中对船器分离时间的要求,试验验证结果表明,对接机构在轨工作一致性好,满足设计要求。

第四,验证了抗空间环境设计

空间的各种干扰和发动机羽流等影响,对航天器交会对接将造成很大干扰,这种干扰到底有多大,在此前我们也不得而知。天地的差异又将导致地面不能真实地对交会对接设备进行验证,交会对接就是攻关的主要难点之一。尽管科技人员为神舟八号成功完成与天宫一号的交会对接进行了许多设计,研制了许多设备,在地面也进行了大量试验验证,但是,飞船在空间环境下能否依靠这些设备成功与天宫一号交会对接,还需要实际验证。神舟八号在首次交会对接中,初步验证了交会对接空间环境设计,积累了数据。

通过对首次交会对接飞行数据分析评估,设计采取的各种设计措施有效,各种相关设备光学兼容性好,能准确地提取光点,并输出正确数据。通过微波雷达数据分析评估,测量输出数据稳定,设计采取的降低干扰的措施有效。通过对目标飞行器的姿态数据分析和仿真,飞船发动机羽流对天宫一号姿态控制有影响,由于采取了正确的策略,即使在羽流影响的环境下,天宫一号的姿态控制也十分稳定。

第五,验证了飞行控制故障处置能力和紧急撤离预案

通过验证,表明飞船紧急撤离故障预案有效,同时,还验证了飞控故障应急处置能力。

神舟八号首次交会对接飞行,试验验证了交会对接方案和改进后飞船的功能,但是,由于是不载人飞行,加上又是首次交会对接,在这次飞行中,只是验证了部分功能,仍有部分与人有关系的功能未进行验证,具体包括:

第一,载人环境控制没有得到充分验证

由于航天员未参与神舟八号在轨飞行,因此,飞船舱内载人环境控制中的氧气压力控制、二氧化碳及有害气体净化能力、密封舱空气温湿度控制、轨道舱和返回舱两舱之间的空气流场控制无法进行全面验证。同时,飞船上航天员食品、饮水及废物收集的功能也没有进行验证。

第二,交会对接技术还没有全面验证

一是人工手控交会是自控交会的重要备份手段,神舟八号飞船

在设计的时候,具备人工手控交会对接能力,由于首次交会对接没有航天员参与。因此,在神舟八号飞行中,只验证了自动交会对接技术,手控交会对接技术没有得到实际验证。

二是前向对接是空间站的主要交会模式之一,神舟八号飞船在设计的时候,具备前向对接能力,在首次交会对接飞行中没有安排飞行试验验证。

三是撤退和重新进入自主交会控制是交会对接自主控制的重要故障对策,在首次交会对接飞行中,没有进行飞行验证。

四是为组合体驻留提供的支持没有经过飞行验证。

由于神舟八号没有航天员参与,因此,连接飞船和天宫一号之间的飞船轨道舱舱门和目标飞行器实验舱前舱门没有打开。实际上飞船和目标飞行器的密封舱之间的环境没有连通,因此,神舟八号和天宫一号组合体密封舱内的压力控制情况怎样,航天员和物品能否正常转移,以及其他为航天员驻留支持等功能没有得到验证。

科技人员通过对首次交会对接任务综合分析评估表明,飞船系统与各大系统间接口验证协调匹配,运载入轨精度、地面测控精度均高于接口指标;交会对接飞行方案正确,远距离导引轨道规划技术、自主控制段相对轨道和姿态控制技术、高精度相对测量技术、对接与分离技术满足指标要求;组合体姿态轨道控制技术、组合体信息管理等交会对接技术经过飞行考核和验证,性能指标满足要求;改进后飞船的独立飞行功能和回收着陆功能经过了飞行考核验证,性能指标满足要求;手控交会对接、前向对接和撤退重新进入等交会对接备份功能,以及组合体驻留支持功能还没有经过飞行验证;对部分改进需要进一步验证。

第七章 "太空之吻"经典瞬间

——有人开飞船

2012 年 6 月 16 日神舟九号飞船搭载 3 名航天员飞向了广袤的太空,中国载人航天交会对接的大幕正式拉开。

第一节　神舟九号飞船交会对接承载七大任务

神舟九号飞船研制团队在总结神舟八号飞行经验,研究神舟八号飞行验证和获取的相关数据的基础上,按照标准的载人飞船设计技术状态对神舟九号飞船进行进一步的改进和完善,通过载人交会对接在轨飞行试验,将再次充分考核验证交会对接设计状态,进一步验证目标飞行器和飞船组合体的功能。

那么,神舟九号上天到底要干什么呢?

神舟九号载人交会对接的任务是:按照我国载人航天工程总体的要求,神舟九号飞船将执行载人交会对接任务,载 3 名航天员,共在轨飞行 13 天。其中飞船入轨后自主飞行 2 天,与目标飞行器自动交会对接,形成神舟九号飞船和天宫一号目标飞行器的组合体,航天员通过神舟九号飞船舱门穿过,进入目标飞行器;船器组合体联合飞行 10 天,其中,在飞行第 6 天的时候,进行二次交会对接,自动撤离后由航天员手控交会对接;组合体飞行结束后,飞船由航天员手控撤离。

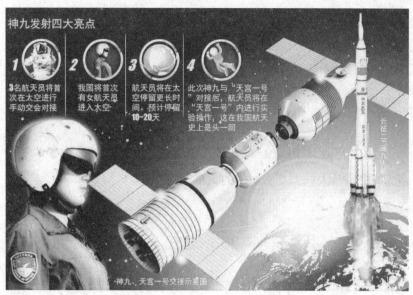

神九发射四大亮点

具体说来,神舟九号飞船此次太空之行将肩负七大任务:

1. 作为追踪飞行器,在天宫一号目标飞行器的配合下,完成交会对接飞行任务;

2. 进一步验证改进型神舟飞船的性能;

3. 在飞行期间,为航天员提供生活和工作条件;

4. 为有效载荷提供上行、下行运输条件;

5. 与目标飞行器对接后,支持航天员和物品的舱间转移;

6. 确保航天员在完成飞行任务后,安全返回地面;

7. 在飞行过程中,一旦发生重大故障,在其他系统的支持和(或)航天员的参与下,能自主或人工控制返回地面,并保证航天员的生命安全。

神舟九号飞船载人交会对接任务将验证四大项目:

1. 进行自动交会对接技术的全面验证;

2. 进行航天员人工手动控制交会对接技术验证；

3. 进行组合体载人环境支持验证；

4. 进行组合体驻留能力和在轨试验验证。

第二节　神舟九号方案与神舟八号的十个不同

由于神舟八号不载人，神舟九号飞船实施载人交会对接任务，根据任务的不同，两艘飞船在方案上就相应的不同。神舟九号飞船的方案与神舟八号相比，主要有以下十个不同：

第一，由无人参与到有人参与

由神舟八号不载人到神舟九号载 3 名航天员的全乘员组飞行，是神舟八号与神舟九号最大的不同。因此，与神舟八号飞船相比，为了实现载人的需要，神舟九号取消了与载人无关的设备；返回舱座椅恢复为标准 3 人状态，女航天员坐在座舱的左侧位置；考虑到女航天员的生理特点，增加了女航天员专用的舱内服装备件包和女性专用卫生用品包，将 1 套舱内压力服和大小便收集装置更改为女航天员专用产品。

第二，组合体飞行方案不同

神舟九号与天宫一号将进行载 3 名航天员，进行组合体停靠 30 人 / 天的最长飞行任务验证。神舟九号独立飞行时间与神舟八号相同，正常 3 天，具备应急情况下独立飞行 5 天的能力；神舟九号组合体停靠时间由神舟八号的 14 天变为 10 天，目的是验证组合体 30 人/天的最大飞行支持能力。神舟九号搭载了一个食品包，包内装有 84 公斤真实饮用水和 30 袋食品，这些水和食品能够支持组合体里 30 人/天；还携带了 30 人/天的航天员内衣、备件包和废物收集袋。这些都是神舟八号所没有的。

第三，交会对接进入方向不同

神舟八号两次对接全部采用后向对接，也就是说飞船在后，向前追赶天宫一号，与天宫一号对接，同时，第二次对接采用飞船撤退至 140 米的地方进行对接的方案。神舟九号飞船将进行前向前对接，也就是说，飞船在前，由天宫一号追赶神舟九号进行对接，在第二次对接中，采用飞船自动撤离、撤退至 400 米的地方进行前向对接的方案。

第四，交会对接环境不同

根据设计的安排，神舟八号飞船在阳照区开始自动交会对接，待对接完成的时候，已经处在阴影区，而神舟九号载人交会对接则全部在全阳照区间进行自动交会对接。由于太空各种光波对交会对接测量设备会造成干扰，神舟九号在这样的环境下交会对接难度要远比神舟八号大得多。

第五，交会对接方法不同

神舟八号与天宫一号交会对接采用的是自动控制交会对接，而神舟九号与天宫一号交会对接将采用自动和人工手动控制两种方法进行，以验证航天员人工手动控制交会对接技术。实际上，航天员对飞船的手动运动控制功能从神舟一号到神舟八号都具备，但在此前我国进行的载人航天飞行中,航天员还没有实际进行操作,这也就是说,只是坐在座舱里,还没有亲自驾驶飞船。神舟九号飞船的航天员将第一次进行手动控制飞船,并进行手控交会对接,充分体会驾驶飞船的感觉,姿态控制手柄和推进发动机等设备将首次在轨道上协同工作,从而实现交会对接技术由神舟八号的部分验证到全面验证。

第六,由自成一体到联成一体

神舟八号与天宫一号交会对接只是完成了舱门和设备的刚性连接,舱门没有打开,因此,并没有成为真正意义上的一个整体。由于神舟九号的航天员要进入天宫一号目标飞行器里,进行组合体载人环境支持全面验证。因此,神舟九号飞船将首次实现与天宫一号的空间连通,成为一体,航天员将打开两飞行器的舱门,从神舟九号飞船舱

神九航天员乘组

内进入天宫一号轨道舱,进行相关物品转移;天宫一号内的二氧化碳净化装置、微生物控制装置等环境控制和生命保障设备将首次对航天员进行支持和保障。

第七,飞船内搭载设备不同

由于在神舟八号飞船飞行任务中,已完成了在轨力学环境参数的测量,因此在神舟九号飞船上取消了相应传感器和设备,还取消了神舟八号专用于图像记录和下传的辅助CCD光学成像敏感器相机存储单元,取消了用于拍摄帆板展开的推进舱外的摄像机。返回舱配备了乘坐3人的座椅。

第八,紧急故障情况下处置预案不同

为应对目标飞行器和飞船发射、空间交会对接、分离返回等过程中的突发事件,神舟八号飞船系统在继承载人航天一期工程185项故障预案的基础上,针对交会对接任务,新增加交会对接过程的对接机构、交会对接敏感器、制导导航与控制系统自主控制等67项,共252项故障预案。比如,设计了大气层内和大气层外的逃逸救生、第二圈应急返回、弹道式返回、自主应急返回、返回调姿不正常、发动机返回制动、远距离导引和自主控制段应急程序、组合体故障情况下快速撤离和紧急撤离等10类应急飞行程

中国第一位进入太空的女航天员刘洋

序。这些预案覆盖了交会对接飞行任务全过程、全阶段。同时,技术人员还设置了在运载火箭故障情况下,导致飞船/目标飞行器入轨高度过高、过低情况下的故障预案。

载人航天人命关天。为保证载人交会对接任务的完成和航天员的安全,在神舟九号研制期间,研制团队设计了305种故障模式与对策。与此同时,结合载人交会对接任务特点以及神舟八号飞船飞控工作经验,进一步完善了其中与航天员操作相关的103种故障模式,主要包括:结构机构舱门检漏/开关故障处置、环控供气调压故障处置、仪表显示故障处置、手控交会对接故障处置、对接机构对接/解锁超时手控指令处置、应急飞行程序故障、舱内发生火灾、舱内失去压力等。此外,根据出厂前载人安全性复核、手控对接安全性复核复算结果,新增加了手动控制禁止指令无法正常发出等3种故障预案。

在神舟八号的基础上,为神舟九号载人飞船增加完善了46种故障模式的对策略,主要变化为:增加了17种手控交会对接故障模式与对策;组合体紧急撤离和快速撤离处置程序完善;新增加了环境控制、对接机构等手控指令处置对策;完善了自动控制实效情况下切换手控对接的处置对策;调整了能源及环境热控制故障下,确保航天员安全的策略。

第九,控制方案进行了局部改进和优化

神舟九号载人飞船制导导航控制系统在总结神舟八号交会对接经验的同时,针对神舟九号的任务,对自动交会对接与撤离、人工手动控制交会对接与撤离、返回控制等进行了局部改进和优化,并进行了大量的试验验证。

第十,返回方案变化

与神舟八号飞船相比,神舟九号飞船返回控制方案中增加了人工半自动控制模式,对打开回收主开关关键指令相应增加了手动控制指令作为备份,返回的可靠性和安全性大为提高。

第三节　一切为载人,全力控风险

神舟九号飞船研制团队此次任务的特点,在深入研讨分析神舟八号飞行试验结果,进行综合评估的基础上,找出影响神舟九号载人安全和没有经过飞行验证的新技术等方面的风险和薄弱环节,采取了对现有的设计进行复核、开展专项试验验证和对飞船上的产品质量全过程控制等方面的措施,确保飞船的质量。

进行载人安全性风险识别与控制

保证航天员安全性是载人航天永恒的主题。飞船的载人环境直接影响航天员生命安全,而发生灾难故障最大的风险阶段是发射和返回阶段。对这两个阶段安全性的评估,薄弱环节的分析,是载人飞船安全性控制的关键,这也是科技人员进行载人安全风险识别的重点。

在对飞船载人环境分析方面,科技人员根据任务要求,开展了载人环境专项复核工作,对与航天员安全直接相关的密封舱大气环境、力学环境和辐射环境的设计,以及地面和飞行验证情况进行复核,重点针对各种正常或故障运行模式下,以及可能出现的极限条件下的

神九航天员出舱

神九航天员舱内
工作风采

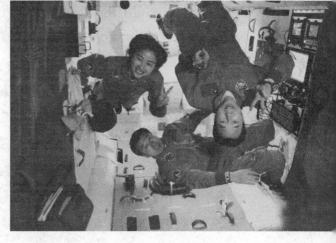

载人环境保障能力进行复核。同时，由于飞船在载人的情况下，舱壁上将结露；有人在舱内活动，会造成飞船质心偏移；航天员在舱内锻炼也会带来飞船姿态的扰动；舱内各种仪器设备开机，会造成电磁环境，等等。这些情况会对飞船产生什么影响，科技人员都重新进行了一系列的复核。

在飞船发射和返回关键时段方面，发射段重点对逃逸救生设计进行了重新复核，返回段重点从返回控制、防热和回收三个方面进行复核和控制。

发射段逃逸救生：针对发射段运载故障逃逸可能带来的风险，安排了专门的逃逸设计和相关准则的复核工作，并与运载火箭系统重新进行了数学仿真，重点是吃透原有设计方案和意图，评估是否存在安全隐患。

在返回段返回控制、防热和回收方面,在返回舱返回控制上,神舟九号返回控制和标准弹道继承了神舟七号、神舟八号的设计和参数,经过飞行试验验证返回过程控制稳定,返回控制所使用的推进剂消耗仍有较大余量,过载和落点控制满足设计要求。

在防热结构设计上,针对神舟八号飞船返回的实际情况,开展了防热结构的复核和确认工作,通过气动仿真对外热流分布进行了复核复算,确认整体防热设计满足要求;进行了神舟九号批次的防热材料烧蚀试验,表明材料密度、强度、导热系数和烧蚀性能关键参数满足要求;复查了防热结构实施工艺,胶接面积经探伤满足设计要求。通过上述工作表明,神舟九号返回舱防热结构设计合理,产品过程控制符合要求,归零措施已落实到位,风险都在可以控制的范围内。

在回收着陆可靠性上,神舟九号进一步开展了回收仿真和单机复查工作,并重点对神舟九号飞船用产品的研制过程进行严格控制;为进一步分析和评估神舟九号飞船回收着陆分系统的动力学特性和工作时序设计的合理性,并对整个系统进行了专项仿真试验验证。仿真试验表明,减速伞和主伞的开伞高度、速度等,都与神舟八号时的仿真结果相近,所有这些参数都在飞行和空投试验验证范围之内。

神舟九号装船设备共计 711 台,包括上行物品 69 台。飞船软件配置 88 项。如此多的设备和软件,保证全部正常,难度极大。研制团队对这些设备和软件出现单点故障的模式进行了分析,识别出 20 台设备出现单点故障的模式,全部采取了可靠性设计措施,作为分系统或系统级关键项目进行控制,并进行了充分的试验验证,确保单点故障所涉及的产品或组件在设计上有足够可靠度,将风险降至最低。

进行首次手控交会对接风险识别与控制

由于神舟八号交会对接飞行均采用自动运动控制,没有人工手动控制的经验,而神舟九号将进行航天员手控交会对接和撤离,因此存在着新技术的风险。同时,神舟九号手动控制是作为自控系统的备份而

医监医保进入返回舱

组合体状态正常

设计的,在此次任务中,作为主任务来使用,存在着单点故障的风险。科技人员对如何控制这些风险采取了对策和大量的试验验证。

我们知道,在人工手动控制交会对接中,制导导航与控制分系统将唱"主角戏"。为了消除风险,研制团队针对手控交会对接设计,在开展制导导航与控制分系统测试试验的基础上,专门安排了模拟舱和人工手控交会、撤离试验,选拔了从未参与人控试验的 2 组人员作为试验人员。在两组人员的试验中,全部参试人员控制精度、时间和推进剂消耗都完全能够满足要求,试验结果表明人控系统设计合理,便捷灵活,飞行品质良好,即使是从未触摸过交会对接设备的人,在专业人员的指导下,也可以很快地学会操作设备,进行目标寻找、瞄准、修正,直至与目标交会对接。

与此同时,科技人员还针对神舟九号人工手控交会对接进行了专项复核,针对复核中识别出的仪表显示、激光雷达和轨道舱综合线路等可能出现的故障模式,技术人员设计了备份切换或利用自控系统测量数据备份的故障预案,通过执行预案,一旦发生类似的故障,可以确保交会对接继续进行。同时,在人工手动控制过程中,如果姿态平移控制手柄、仪表手控面板等设备发生故障,技术人员专门设计了终止手控交会,启动人控正常撤离等措施,保证飞船切回到自动控制系统,以保证航天员的安全。

在航天员手动控制交会对接过程中,地面将通过各种测量数据,实时判断航天员的一举一动。如果航天员在规定的时间里没有成功对接,地面人员将及时指导航天员操作,或者指挥他们终止操作,撤离到安全距离,从而为人工手动交会对接加上了"保险"。

进行自主交会对接新模式的风险识别与控制

神舟八号与天宫一号采用的是后向交会对接的方式，也就是说，飞船从后边在追赶天宫一号的过程中实施交会对接。神舟九号将实施的前向前对接、各段撤退和140米近距离长时间停泊等交会预案和备份措施的飞行验证，都是此次飞行将实施的新模式。针对神舟九号将实施的新模式，研制团队在神舟八号仿真试验的基础上，根据神舟九号任务进行了新的一轮交会对接联合仿真。结果表明，所采取的控制策略和控制参数合理，控制精度满足要求，控制结果与神舟八号结果基本一致。此外，还进行了光干扰试验、对接时序等多项试验。

进行组合体驻留支持风险的识别与控制

由于执行神舟九号任务的航天员将首次进入天宫一号目标飞行器，所以舱内载人环境的保证和航天员的操作就存在着风险。针对组合体载人环境的风险，研制团队反复进行相关技术指标的复核。针对航天员在目标飞行器操作方面的风险，安排了对天宫一号飞行状态评估、组织以航天员操作推演方式完成了航天员操作程序的复核、安排了航天员撤离专项试验。复核结果表明航天员操作设计合理可行。

同时，对航天员进入目标飞行器后呼吸产生的湿气结露的影响进行了复核，结果表明科技人员对目标飞行器舱内可能结露的舱壁面采取的加热措施，可以保证不因结露而对舱壁结构造成腐蚀和损伤。航天员锻炼引起的姿态扰动在姿态控制允许范围内。

此外，围绕自动和人工控制交会对接方案验证、可靠性和安全性设计验证等3个方面，在神舟九号出厂前，技术人员安排了15项专项试验,主要有:在交会对接方案验证项目方面,进行了 CCD 目标特性试验、交会对接联合仿真试验、人控近距离闭环试验、九自由度试验、载人飞行在轨紧急撤离船器联合试验、EMC 专项试验、中继外场试验、组合体 EMC 试验、整船 EMC 试验、可靠性和安全性验证试验、电源拉偏试验、对接时序拉偏试验、环控液路试验、单机电压拉偏试验、回收时序仿真试验、推进液路密闭管路压力爬升特性验证试验、返回舱滚动发动机喷流回流影响验证试验、上下行物品复核等试验。

第八章　太空上演的"鹊桥相会"

——航天器的交会对接技术

　　建设地球外的村庄,远比在地球上盖房子要复杂得多。它不像地面盖房子那样要用石头砖瓦来盖,也不能用钢筋水泥来浇注,而是要事先在地面上把各个房间(舱段)组装好,再用货运飞船或航天飞机送到太空,一个一个对接起来,这就需要掌握航天器交会对接技术。

　　交会与对接是载人航天最基本的关键技术之一。交会对接对于组建空间站、大型太空设施、在太空中维修航天器和进行科学实验等都非常重要。如果没有交会对接,载人航天技术就不能发展,航天员长期在太空中生活和工作就无法进行,太阳系其他星球的探索就将受到影响。

第一节　航天器交会对接技术

什么是航天器交会对接技术？航天器交会对接就是空间运行的两个航天器通过轨道参数的协调，在同一时刻以同样的速度到达同一个地点的轨道控制过程及结果称作轨道交会。在空间通过专门的对接机构将两个航天器对接起来，形成一个组合航天器的事件称作空间对接。所谓空间交会对接是轨道交会和空间对接的总称。交会，就好比周末一对情侣相约要到郊外去旅游，约好在什么时间、地方见面会合，他们见面的那一刻就成为交会。对接，就是他们见面后，两只手紧紧地握在一起，就像一个人一样在郊外的林荫小道上游玩。

交会对接技术十分复杂，包括空间交会对接轨道设计技术、轨道交会控制技术、对接机构设计技术、空间交会对接测控技术等。

空间交会对接分为无人参与的交会对接和有人参与的交会对接。我们知道，载人航天必须把航天员的安全放在第一位，实施载人航天交会对接飞行的条件也是十分苛刻的。通过对国外开展交会对接情况分析得知，一般而言，开展载人交会对接必须在交会对接技术和组合体控制技术已经突破，安全避免目标飞行器和飞船空间撞击和应急安全设计已得到有效验证；也就是说，验证交会对接技术的步骤是先进行无人参与的交会对接试验，而后才能进行有航天员参与的交会对接飞行试验。

开展载人交会对接飞行试验必须达到下列条件：突破自动交会对接技术，交会对接标准配置全过程飞行考核合格；对接通道检漏和泄压复压功能、组合体轨道与姿态控制功能、组合体数据与指令管理功能经飞行考核合格;组合体环境和热控制模式切换功能考核合格;载人飞船平台经飞行考核满足载人安全要求;交会对接安全措施经考核合格;载人飞船状态得到确定;无人飞行问题完成归零或有不影响载人飞行的结论;前一次无人飞行取得圆满成功;运载火箭的入轨精度经过验证满足要求;地面测轨定轨精度、中继测控、多目标测控满足要求;着陆区扩大回收能力经过考核验证满足要求;飞行控制任务协同程序满足任务要求;紧急撤离安全性措施经过验证。只有达到上述条件,才能实施载人交会对接飞行。

第二节 航天器交会对接过程

实现飞船与飞船、飞船与空间站、航天飞机与空间站之间的交会对接,是一个充满艰辛和浪漫色彩的太空景观。打个比方,交会对接过程就好像是一对恋人经过了漫长的恋爱过程,两颗心越走越近,终于相拥在一起,实现了温馨之吻。像爱情的果实要靠辛勤的耕耘才能得来一样,实现两个航天器的太空之吻同样是非常不容易的,苏联和美国都经过了大量的试验才掌握了交会对接的技术。

交会对接一般是发射一个航天器,与已经在轨道上等待的另一个航天器或空间站进行交会对接。两个航天器在太空进行交会对接飞行有明确的分工,一个是被动的,基本不做机动飞行,称为目标飞行器,比如天宫一号;另一个是主动的,要不断调整飞行轨道,主动接近目标飞行器,称为追踪飞行器,比如神舟八号载人飞船。

要实现两个航天器在几百千米的太空轨道上交会,首先对追踪飞行器的发射时间提出了严格苛刻的要求。为什么呢？

这是因为一个航天器或空间站已经在太空运行，它有固定的轨道和轨道周期，在它围绕地球运行的同时，地球也在不停地转动，而要与它进行交会的追踪飞行器是从地球上发射的，当它竖立在发射架上的时候，就与地球一起转动，发射后，它要追赶在轨道上运行的航天器或空间站。那么，它们什么时候发射，发射后要按照什么轨道飞行才能在规定的时间地点会合，这就不是随意的了，需要进行周密精确的计算。因此，什么时间发射飞船就有了严格的限制，发射后它们之间的位置关系或称相位关系就确定了。比如必须从上午 11 点 29 分到 12 点 30 分这一段时间内发射，才能保证追踪飞行器到规定的空间位置刚好目标飞行器或空间站也飞到这一位置，这之间只有 5 分钟的时间间隔。这个允许的发射时间间隔还有一个名字，科学家称为"发射窗口"，只有在这个窗口内发射，追踪飞行器才能与目标飞行器或空间站会合。这个窗口的大小，不同的航天器、不同的发射位置是不同的，但都是非常严格的。可能有人问，如果飞船的发射没准备好，错过了这个时间怎么办？那就对不起再等下一次吧，只有在目标

联盟号飞船对接 ｜ 天宫一号与神舟九号对接环接触

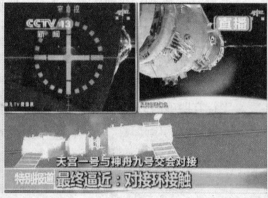

飞行器或空间站下一次再飞到同一个位置时再发射飞船。

概括起来说,交会对接过程可以分为地面导引、自动寻的段、接近停靠、对接合拢几个阶段。

在地面导引阶段,追踪飞行器在地面控制中心的控制下,经过若干次变轨机动,进入到追踪飞行器上的敏感器能捕获到目标飞行器的范围,这个范围一般为 15 ~ 100 千米。

在自动寻的阶段,追踪飞行器根据自身携带的微波和激光敏感器测得的与目标飞行器的相对运动参数,自动引导追踪飞行器到目标飞行器附近的初始瞄准点,这个瞄准点一般距目标飞行器 0.5 ~ 1 千米。

在接近停靠阶段,追踪飞行器首先要捕获目标飞行器的对接轴,当对接轴线不沿轨道飞行方向时,要求追踪飞行器在轨道平面外进行绕飞机动,以进入对接走廊,此时两个飞行器之间的距离约 100 米,相对速度约 1 ~ 3 米 / 秒。追踪飞行器利用由摄像敏感器和接近敏感器组成的测量系统精确测量两个飞行器之间的距离、相对速度和姿态,同时启动小发动机进行机动,使之沿对接走廊向目标最后逼近。

在对接合拢前阶段,追踪飞行器关闭发动机,以 0.15 ~ 0.18 米 / 秒的停靠速度与目标相撞,最后利用对接装置使两个航天器在结构上紧紧连在一起,完成信息传输总线、电源线和流体管线的连接,这个时候,两个飞行器组成一个组合体联合飞行,再进行对接面的各项检查,特别是密封情况的检查,确认密封没有问题后,交会对接过程就完成了。此时,航天员就可以打开舱内,进入主航天器里面,进行换班交接和货物的转运。

飞船和航天飞机与目标飞行器(主航天器)完成组合体飞行期间的各项任务后,就要分离返回,现在,让我们再来看看它们是怎样分离。

当组合体联合飞行,完成预定的各项任务后,追踪航天器就要实施与目标飞行器(主航天器)的分离。分离后,目标飞行器(主航天器)继续在轨道上飞行,追踪航天器如果需要返回地面,就将按预定的程序进入返回轨道返回,不回收的飞船就将进入大气层烧毁。

组合体分离的第一道程序是关闭舱门,断绝返回航天器与主航天器之间的舱内空气联系,并保证分离后主航天器对接口和返回航天器舱门的密封性,使舱内的气体不发生泄漏,保持完全密封的环境。

在检查密封性,确认完全满足要求后,开始对接机构的解锁程序,使返回航天器与主航天器之间的连接锁定机构脱离,实现两个航天器之间的机械连接完全解脱。

确认对接机构已经完成正常解锁后,开始返回航天器脱离主航天器的过程。返回航天器上的平移发动机开机工作,依靠发动机的推力,使返回航天器逐渐脱离主航天器,渐渐远离到相距主航天器大约500米的地方,这个过程大约需要2个小时。为了不污染主航天器,一般情况下返回航天器的平移发动机的燃料使用高压氮气。为了防止两个航天器在轨道运行中相撞,返回航天器脱离主航天器后,在预定的位置按照每秒约减慢1~2米的速度进行减速运动,逐渐使它与主航天器的距离越来越远,最后进入近地点200~450千米、远地点470~500千米之间的等待轨道。飞船在等待期间选定返回时机,对准星下点轨迹通过预定着陆场时,在运行最后一圈再次减速,进入返回轨道。返回舱在经过真空段的飞行后,进入距离地球120千米高度的再入大气层,最后在着陆场着陆,此时就完成了交会对接全部飞行任务。

现在,让我们假定和平号空间站已经在轨道上,现在要发射一艘联盟号飞船与之交会对接,来解释一下复杂的交会对接过程。

联盟号飞船入轨后,与空间站在太空的相对位置就确定了,而这个时候它们之间的相对位置相距很远,而且不在同一个轨道平面上。因此,第一个工作就是对联盟号飞船实施远距离引导,远距离引导的任务主要靠地面测控站与联盟号飞船上的测控系统配合来完成。首先要在地面的控制下,修正由于火箭的制导精度给飞船入轨带来的各种误差,使飞船在一定的位置加速使之从发射时的椭圆轨道,进入一个更高的圆形轨道;在地面的引导下,飞船通过不断地加速变轨,使自己和空间站之间的运行轨道逐渐进入同一个平面上,相对位置满足交会的要求,并且使联盟号飞船不断向空间站靠拢,使两者之间的距离在 100 千米的范围内。

由于空间站和联盟号飞船上都装有各种无线电交会雷达设备及光学设备,并且在相互的作用范围内,依靠这些交会设备使联盟号飞船发现交会目标——空间站,跟踪并逐渐接近它,使它们之间的距离缩小到 500 米的范围内。

这个时候,联盟号飞船继续向前追赶,当它和空间站的距离逐渐接近到 100 ~ 300 米的时候,开始缓缓地向空间站靠拢。在这个过程中,联盟号飞船相对于空间站而言,可能有位置和角度的偏差,必须将沿对接口的轴线调整到一条直线和相同的高度上。此时,联盟号飞船要使用自己携带的小推力发动机进行上下左右的平移控制和角度的调整,完成调整后,联盟号飞船又开始慢慢地向空间站靠拢。此时,如果没有航天员参与就依靠飞船上的测量识别自动引导,如果有航天员参与的情况下,装在舱外的摄像机摄取信号会显示在舱内的监视器上,航天员还可以通过观察监视器以及目视的办法来多重控制。这是一项极其细致的工作,在整个靠拢阶段中,空间站始终犹如一个高傲的公主,站在那里不动,等待着联盟号飞船这个白马王子的到来。

两个航天器越来越接近了,当它们相距大约 100 米的时候,联盟号飞船停止前进,此时两个航天器的相对速度为零,一起在轨道上飞行,通过各种仪器和设备,进行联盟号飞船和空间站所处位置的再一次确认工作,以验证交会对接是否可以进行。在这个过程中,联盟号飞船和和平号空间站上的测量及雷达设备进行识别,有航天员参与的情况下,航天员开始检查仪器设备的工作状态,此时两个航天器就完成了空间交会。

各项设备和检查工作完成后,此时的联盟号飞船开始缓缓接近和平号空间站,两个航天器之间的距离近在咫尺,最后的关键时刻到了:两个航天器在交会对接雷达和瞄准器等设备的作用下,慢慢地靠近,靠近,再靠近,终于,在轻轻地接触的一瞬间,它们相遇并实现了太空之吻。在"亲吻"的一刹那,两个航天器的对接机构接触把它们拉住并逐渐的收拢锁紧,达到完全密封的程度,此时,一对"情人"紧紧地"拥抱"在一起了。

整个对接过程是相当复杂和必须十分精确小心的,要知道,在飞船和空间站的对接面上,有很多电缆的插头、插座,而每一个插头上有几十个插针、插孔;还有很多气体、液体的连接管路,这些都要一个不错的连接好,稍有偏差,轻者会造成组合体某个功能丧失,重者会造成组合体不能正常飞行。

联盟号飞船和空间站联成一体形成了船站组合体后,共同在轨道上飞行。然后航天员检查密封情况,确认无误后,打开舱门,进入空间站;空间站上的航天员进入飞船,转运科学实验装置、结果和生活垃圾等,进行交班和换班。

为了掌握交会对接技术,俄罗斯利用自己的飞船与空间站之间进行了多次试验,美国同样如此。为了进行国际空间站的建设,俄罗斯和美国还联合进行过多次联合飞行,完成交会对接任务。尽管如此,稍不注意仍然会出问题,轻则对接失败,重则出现险情。在和平号空间站的建设过程中,就曾经发生过相撞、无法交会等多次事故。

交会对接关键在于实施对追踪航天的控制,如果没有可靠的控制技术,两个航天器就不可能实现在轨道上交会,实现了轨道交会也不可能实现成功的对接,因此,这里再说一下交会对接的控制。

在交会飞行的前阶段,由于两个航天器相距较远,相互间没法建立正常的联系,因此,对追踪航天器的飞行控制一般由地面控制中心完成,由地面控制中心对追踪航天器领航。地面控制中心根据遥测数据,获取两个航天器的飞行轨道、所在位置、飞行速度、飞行姿态等各种参数,依此确定追踪航天器的飞行数据,引导追踪航天器调整飞行轨道,逐渐飞向目标航天器。在追踪航天器上的测量设备直接捕获到目标航天器后,由地面控制中心或追踪航天器自主导引继续调整飞行轨道,逐渐向目标航天器靠近,直至开始对接飞行段。

对接飞行阶段要完成两个航天器由较近距离至对接面锁定的飞行过程,包括两个航天器相互接触、拉紧、锁定,成为一个整体。对接飞行阶段的控制由于两个航天器距离过近,不能由地面控制中心实施,而是由航天器或航天员进行,共有三种方式:追踪航天器自动控制、追踪航天器上的航天员人工控制、目标航天器上的航天员遥控。

国外载人飞船和航天飞机以及我国神舟八号载人飞船上,均设置有自动对接控制和航天员人工对接控制功能。

一般说来,自动控制交会对接可靠性高,因为它不需要考虑人员的安全和求生问题。用人工控制来完成太空交会对接可以提高交会对接的成功率,因为人总是主动的,能及时发现情况,及时修正交会系统中的错误和进行故障排除,而且人工控制比自动控制更节省燃料和时间。航天器的交会对接技术发展趋势是人工控制和自动控制相结合,以提高交会对接的灵活性、可靠性和成功率。

现在,让我们看看人类在"太空村庄"里留下的辉煌足迹:

苏联女航天员捷列什科娃乘坐东方 6 号飞船,于 1963 年 6 月 16 日从拜科努尔发射场起飞,在太空飞行了近 3 天,环绕地球 48 周,6 月 19 日飞船返回大气层,着陆于哈萨克斯坦的着陆场。捷列什科娃成为世界第一位进入太空飞行的妇女。

1965 年 3 月 18 日,苏联航天员列昂诺夫少校和别列亚耶夫中校乘坐上升 2 号飞船绕地球飞行 17 圈,飞行历时 26 小时 2 分钟,列昂诺夫进行了世界上第一次出舱活动,在舱外停留了 24 分钟,其中自由漂浮 12 分钟,离开飞船距离达 5 米。

1965 年 6 月 3 日至 7 日,美国航天员怀特随指令长麦克迪维特乘坐双子星座 4 号飞船进入太空,执行美国航天员第一次舱外活动任务,在舱外停留 21 分钟,在舱外活动期间怀特使用喷气枪进行了移动试验。

1965 年 12 月 15 日,美国双子星座 6 号和双子星座 7 号飞船在航天员参与下,实现了世界上第一次有人参与条件下的太空交会。1968 年 10 月 26 日,苏联联盟 2 号和前 3 号飞船实现了太空的自动交会。1975 年 7 月 17 日,美国阿波罗号和苏联联盟号飞船完成了联合飞行,实现了从两个不同发射场发射的航天器的交会对接。1987 年 2 月 8 日,苏联联盟 TM-2 号飞船,与在轨道上运行的和平号空间站实现了自动对接。1995 年 6 月 29 日,美国航天飞机阿特兰蒂斯号顺利地与太空运行的俄罗斯和平号航天站对接成功。这次对接与 20 年前美国和苏联飞船对接相比,规模大、时间长,而且合作的项目多。显然,这次成功的对接活动促进了国际航天站的建立,推动了航天技术的发展。

1966 年 3 月 16 日,美国航天员阿姆斯特朗(后来成为登月第一人)和斯科特上尉乘坐双子星座 8 号飞船,在太空实现了与另一个不载人航天器——双子星座阿金纳靶标飞行器的对接,突破了航天器太空交会对接技术。

1969年1月16日,苏联的联盟4号和联盟5号飞船在太空首次实现交会对接,对接持续了4小时35分钟。对接后,联盟5号飞船上的沃林诺夫和赫鲁诺夫两名航天员经过1小时的舱外活动,转移到联盟4号飞船上。

1969年7月16日,美国发射第一艘载人登月飞船阿波罗11号,航天员是阿姆斯特朗、柯林斯和奥尔德林。阿波罗飞船到达月球并环绕月球飞行后,阿姆斯特朗和奥尔德林乘坐登月舱,于7月20日16点17分43秒(美国东部标准时间)降落在月球的静海区域。阿姆斯特朗第一个出舱踏上月球,成为世界登月第一人,奥尔德林也随之踏

空间站在工作中

上月面,人类终于实现了千万年的登月梦想。

1975 年 7 月 17 日,苏联航天员列昂诺夫和库巴索夫乘坐联盟 19 号飞船,与美国航天员斯特福德、布兰德、斯莱顿乘坐的阿波罗 18 号飞船在太空成功地实现了对接,两艘飞船在一起飞行了 2 天,并进行了航天员互访。这是世界上第一次不同国家的飞船在轨道上实现交会对接。

1984 年 2 月 7 日,挑战者号航天飞机执行航天飞机第 10 次飞行任务时,航天员冈达雷斯使用机动装置,第一次完全脱离航天飞机轨道器,成为独自环绕地球飞行的人体卫星,在距轨道器 98 米处进行出舱活动一个半小时。

1984 年 4 月 10 日,挑战者号航天飞机在太空将出现故障的太阳峰年观测卫星收回到航天飞机货舱,进行成功维修后又释放到太空,实现了在太空的第一次航天器维修。此后,又对哈勃太空望远镜(五次大规模维修,极为有效地延长了其工作寿命)等在轨运行的卫星进行了多次成功维修,或将故障卫星回收,在地面维修后再返回太空。建立能够长期载人航天方向的空间站,成为必然选择。

1984 年 7 月 25 日,苏联女航天员萨维茨卡娅离开礼炮 7 号太空站,在舱外活动 3 小时 35 分钟,成为世界第一位在舱外活动的女宇航员。

1985 年 2 月 20 日,苏联发射了在载人航天史上具有重大意义的长期载人和平号太空站核心舱,该核心舱具有 6 个对接口,可以再对接 4 个舱体并同时接纳 2 艘飞船。至 1996 年 4 月 26 日第 5 个舱段对接成功,和平号太空站成为由 6 个舱段组成的组合式大型太空站。

1994 年 1 月 8 日,俄罗斯航天员波利亚科夫乘坐联盟 TM-18 号飞船起飞进入太空,10 日飞船与和平号太空站对接,波利亚科夫进入太空站。原计划创造在太空飞行 425 天的新纪录,实际上他一直工作到 1995 年 3 月 22 日，才乘坐联盟 TM-20 号飞船返回地面，创造了太空连续飞行 438 天的最新纪录。

1995 年 3 月 14 日至 18 日，和平号太空站上有 6 名航天员，正在太空飞行的美国奋进号航天飞机上有 7 名航天员，共有 13 名航天员同时在太空飞行。

1995 年 6 月 29 日至 7 月 4 日，美国亚特兰蒂斯号航天飞机停靠在和平号太空站上，共有包括航天飞机 5 名航天员和和平号太空站 5 名航天员的 10 名航天员同时在和平号太空站一个航天器上飞行。这次对接飞行用电视向世界转播，让人类目睹了这一太空相会惊心动魄的壮观场面。这是人类历史上第一次由质量为 100 吨的航天飞机和质量为 123 吨的空间站组成的最大的人造天体。

1992 年 7 月至 1999 年 8 月，俄罗斯航天员谢尔盖·瓦西里耶维奇·阿夫杰耶夫共进行过 3 次太空飞行，累计飞行时间 746 天。

另一位俄罗斯航天员谢尔盖·克里卡列夫一共进行过 6 次太空飞行，累计飞行时间达 803 天。其中，1988 年 11 月 26 日至 1989 年 4 月 27 日、1991 年 5 月 18 日至 1992 年 3 月 25 日，两次执行和平号太空站任务；1994 年 2 月 3 日至 2 月 11 日、1998 年 12 月 4 日至 12 月 15 日，两次乘坐美国航天飞机进入太空；2000 年 10 月 31 日至 2001 年 3 月 20 日、2005 年 4 月 15 日至 10 月 11 日，两次执行国际太空站任务。

2001 年 3 月 11 日，美国航天员苏珊·赫尔姆斯和詹姆斯·沃斯在国际太空站上，用 8 小时 56 分的舱外活动时间，改变了国际太空站一个舱位的位置，成为迄今一次出舱活动持续时间最长的人。

2001 年 3 月 23 日，和平号太空站由地面控制返回大气层坠毁在南太平洋，成为迄今为止工作寿命最长的太空站。和平号太空站共接纳 106 名各国航天员，进行了多学科大量科学技术试验。

2009 年 7 月 18 日至 28 日，美国奋进号航天飞机停靠在国际空间站上，6 名国际太空站长期考察组成员和 7 名航天飞机成员共 13 名航天员齐聚国际空间站。

从第一座空间站建设以来，飞船、航天飞机、各种实验舱与空间站已有 100 多次成功进行了载人或不载人的对接飞行，也留下了多次对接不成功的记录。目前，交会对接技术已经非常成熟，为建设更大规模的"太空村庄"奠定了基础。

第三节　交会对接系统和设备

1. 交会对接系统

实现两个航天器在轨道上成功交会对接，需要在航天器上安装一个专门的系统，技术人员把这个系统称为交会对接系统。交会对接

国际空间站寻找对接目标

系统通常包括跟踪测量系统、姿态与轨道控制系统、对接机构系统等。

实现两个航天器在太空中成功对接,初始条件一是两者要保持对接机构的同轴接近方式和确定的纵向速度, 以及在其他线坐标和角坐标上的速度为零,也就是说,既要一个方向,又要上下左右都保持不动。但是,实际过程中,两个航天器之间的相对运动参数总是会有偏差的。一般情况下,两个航天器之间的相对位置及其水平运动速度通常是靠主动航天器轨道控制系统和两个航天器的姿态控制系统来维持的,前者适用于控制质心的水平运动,后者适用于控制绕质心的转动运动。

2. 交会对接设备

执行交会对接飞行任务的航天器具有许多用于交会对接的特殊设备,其中最为重要的是交会对接机构和交会对接测量设备。

交会对接机构研制技术俄罗斯走在了前面。目前为止,交会对接机构主要有杆－锥式对接机构和异体同构周边式对接机构, 这两种对接机构都是由苏联科学家发明的。

杆－锥式对接机构。杆－锥式对接机构由"杆"组件和"锥"组件两部分构成,并且有主动和被动之分。"杆"组件是主动部分,安装在追踪航天器上,"锥"组件是被动部分,安装在目标航天器上。安装在追踪航天器和目标航天器上的对接机构构造是不一样的。追踪航天器上安装的主动对接机构,内有一个挂形的推拉杆装置,拉杆装置具有伸缩功能,杆的端头上有一个帽,帽上带有卡锁;目标航天器上安装的被动对接机构内部,有一个接收锥,锥的尽头凹腔里有一个带锁的插座。杆－锥式对接机构都是安装在追踪航天器和目标航天器的舱体内部,其接触部分安装在对接面的中间。

当杆进入到锥内时,沿着锥面进入锥的顶部,锥顶内的锁将杆的前端锁定。这时,可伸缩的杆逐渐缩短,将两个航天器拉紧。接着,安装在对接面上的锁迅速将两个对接面锁定,此时两个航天器就完成了对接。

具体对接过程是:当接到开始对接的指令后,追踪航天器上的对接机构中的杆伸出,杆端头伸出对接框约 1 米长,对接机构上的杆头进入安装在目标航天器上的"锥"组件对接机构的锥内,此时,两个航天器以不大于 2 毫米 / 秒的速度靠近,杆头沿着锥面逐渐进入锥内部,当杆头进入锥底部的凹腔时,安装在凹腔里的锁将杆头锁住。然后,追踪航天器对接结构上的杆开始收缩,并将两个对接框上锁、拉紧并完成舱体的密封。

杆 – 锥式对接机构是苏联在建设空间站初期使用的对接机构,它的优点是结构比较简单,质量也较轻,但也有两个缺点,一是由于对接机构全部安装在航天器壳体的里边,两个航天器对接后占据的内部空间比较大,舱体内可供航天员活动的空间就相对狭小了;二是承载能力也比较低,不适宜于质量更大的航天器之间的对接。

俄罗斯联盟号系列载人飞船、进步号货运飞船及俄罗斯空间站舱段均采用杆 – 锥式对接机构。

异体同构周边式对接机构。随着交会对接技术的发展,从 1989 年联盟TM-2 号飞船与和平号空间站对接开始,苏联采用了异体同构周边对接式新

国外航天员操作设备准备对接
飞船的对接设备

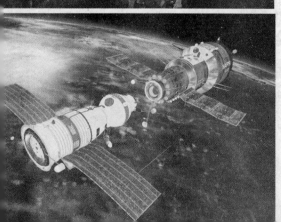

型对接机构。

异体同构周边式对接机构,简单说就是在两个航天器的对接面上,安装了导向器,导向器在航天器接触的过程中扣定,然后,导向器上的锁定装置将两个航天器抓住锁紧。这种对接机构构成非常复杂,仅各类元器件就由数万种之多,可以说是最复杂的航天设备了。

异体同构周边式对接机构全部对接机构安装在航天器的对接面上,类别上大体分为导向器外翻和导向器内翻两类。导向器外翻的异体同构周边式对接机构只在 1975 年阿波罗号飞船与联盟号飞船太空对接飞行时使用过,不知道什么原因,以后再也没有使用。目前联盟号飞船和航天飞机上使用的异体同构周边式对接机构都是导向器内翻式的。

航天员与飞船—通信系统
交会对接测量

"异体同构"是指追踪航天器和目标航天器上的对接机构构造是一样的,只不过是安装的角度不一样,因而,没有主动、被动之分,只不过是安装在两个航天器上。"周边式"是指对接机构不设置在中间,而是设置在两个航天器对接面的周边。

异体同构周边式对接机构的使用过程是这样的:对接时,追踪航天器上的对接机构伸出,安装在周边的三个板状导向器完成导向作用,使两个对接机构准确地接触,上锁锁定,此后,对接机构回缩,将两个航天器的对接框形成的对接面拉紧,通过对接面上的锁将对接面锁定,完成对接。在对对接面的密封性能进行检查,确认密封良好后,打开两个航天器的对接舱门,航天员即可通行。

异体同构周边式对接机构的设计理念较好地克服了杆－锥式对接机构的不足,其最大优点是对接机构安装在对接面上,不占用航天器内部的空间,又确保了两个航天器对接后,有一个飞船畅通的通道,同时,其承载能力也大大提高,可以用作实施对更大质量航天器间的对接。其缺点是结构比较复杂,质量较大。

3. 交会对接测量设备

我们知道,两个航天器在交会飞行阶段,主要依靠地面测控系统来测量它们的飞行轨道、所在位置及相互间距离,根据测量结果生成指令发往追踪航天器,引导追踪航天器逐渐向目标航天器靠拢。当两个航天器靠拢到一定距离后,地面测控站就完成了使命,对两个航天器的测量任务就转交给追踪航天器上的测量系统,依靠追踪航天器上的测量系统,完成对两个航天器相对位置、速度和姿态等交会对接所需要的各种参数的测量,以保证交会对接任务的进行。

航天器交会对接测量设备主要是微波雷达、激光雷达和光学成像设备和敏感器等,通过安装在航天器上的微波雷达系统完成对两个航天器间的相对距离和姿态进行测量。在没有航天员参与的情况下,通过航天器上测量设备所测到的数据,掌握和调整航天器的状态,从而完成自动交会和对接。

随着电子、光学等技术的发展,特别是经过国际空间站的建设,近几年交会对接测量系统有了很大发展。为了确保雷达提供的数据精确、可靠,在现代航天器交会对接中,按照交会对接的不同阶段,使用了多种雷达测量手段和光学测量手段，从而形成了多种手段的交会对接测量系统。这些手段主要是：远距离使用微波雷达，中距离使用激光雷达，近距离使用光学成像设备，接近段使用敏感器。利用这些设备相互交叉进行，从而获得了极其准确的数据，交会对接的可靠性和成功率大大提高。

在有航天员参与，由实施航天员人工控制交会对接时，除了远距离依靠微波雷达判定航天器的姿态和各种状态外，到了近距离的时候，则借助目视光学设备或闭路电视系统来进行，航天员可以通过屏幕或目视舱窗上看到的目标航天器图像进行交会对接操作。如果交会对接是在黑暗的太空实施，由于没有参照物可供参照，仅凭航天员用眼睛看，是无法准确判断出两个航天器之间的距离和航天器正在以什么样的相对状态和速度在接近，所以，目前在交会对接控制中仍然主要的是借助雷达的测量数据，来进行状态的判断和实施交会对接的。

4. 国外交会对接测量系统

俄罗斯的交会对接测量系统，系统是一种自动测量系统，主要采用微波雷达。这种无线电交会对接测量系统包括追踪航天器上的微波雷达、速度陀螺仪以及目标航天器上的应答机等。

为了捕获目标航天器并测量追踪航天器与目标航天器之间的相对姿态，在两个航天器上装有多部天线。追踪航天器利用从目标航天器上的应答机返回的信号的时间延迟确定相对距离，利用返回信号的多普勒平移确定接近速率，从对接天线得到的信号还可以得到相对姿态。在两个航天器相距20米左右时，不能再从对接天线的信号中导出相对姿态，这时姿态信息依赖于速度陀螺仪的积分输出。这种测量系统可以作为交会对接全过程的测量手段。在实现航天员手动交会对接时，远距离采用微波雷达，近距离采用目视光学设备或闭路电视系统，航天员通过在屏幕或目视窗口上看到的目标航天器的图像确定其大致距离与方位。苏联多次航天器空间交会对接实践证明,这套测量系统工作可靠,性能可以满足要求,但是设备比较复杂,重量和体积较大,功耗比较高。在这个基础上,随着技术的发展,苏联还研制了激光交会雷达,使自主自动交会对接测量系统更完善,且具有更高的技术性能。

美国的交会对接测量系统。美国在 20 世纪 60 年代初在双子星座计划中主要使用的是微波交会雷达。微波雷达是一个干涉测量型系统,在追踪航天器与目标航天器相距 450 千米 ~ 150 米范围内估计目标航天器的距离和方位,然后将该信息输送给计算机,并显示给航天员;两个航天器在 90 千米 ~ 6 米范围内,还显示接近速率。在距离较近时,如 60 米以内,由于目标太近,交会雷达不再能给出距离的准确估计, 这时主要依靠航天员的视觉观测来确定两个航天器之间的相对距离和相对姿态。

美国实施阿波罗计划的交会对接系统与双子星座计划类似,交会雷达采用单脉冲比幅式连续波雷达,作用距离为 740 千米 ~ 24 米。在 300 米以内的近距离时,为增强航天员捕获目标的能力并能粗略估计相对姿态,在飞船上安装了不同颜色的条纹或十字标记。

在航天飞机与目标航天器的交会对接中,交会雷达为 Ku 波段脉冲多普勒雷达,可以采用主动和被动模式工作。在主动模式,目标航天器上必须有应答机, 对从轨道器交会雷达发射的雷达信号提供反馈信号。在该模式下,交会雷达的作用距离为 555 千米 ~ 30 米。在被动模式,追踪航天器接收目标航天器的发射信号。在这种模式下,交会雷达作用距离为 22 千米 ~ 30 米。除了交会雷达外,轨道器上还有两个附加设备。一个是轨道控制敏感器(TCS)。它是一个安装在轨道器有效载荷舱内的激光测距仪, 在 1.5 千米 ~ 1.5 米范围内提供两个航天器之间的距离、接近速率和方位并显示给航天员。另一个是固定在轨道器对接机构中心的摄像机。它的图像在大约90米以内为航天员对接提供可视化帮助。此外,航天员还有一个手持激光测距仪,在两个航天器接近期间可用于补充其他导航设备测量的接近距离和接近速率。

近年来,美国航宇局马歇尔航天飞行中心和约翰逊航天中心一直在进行自动测量系统的研究,其传感器包括全球定位系统(GPS)和视频制导传感器(VGS)。GPS用于粗导航阶段的绝对定位和相对定位。当两个航天器相距1000米时,采用GPS绝对定位;相距50~1000米时,采用GPS相对定位。当两个航天器之间的距离小于50米时,采用VGS来确定两个航天器之间的距离、方位和姿态。VGS由安装在追踪航天器上的CCD摄像机和安装在目标航天器上的合作目标构成。约翰逊中心设计的由若干个发光二极管构成的合作目标按固定的模式闪烁,CCD摄像机分别在目标亮与不亮时摄取图像,然后相减以去除背景和噪声干扰。去除背景和噪声干扰后,可以利用图像中剩余的目标信息完成精导航阶段的测量任务。

采用被动标志——角反射器作为合作目标,需要在追踪航天器上安装照射光源。由于双倍光程、立体角内的扩散以及传输和反射的损耗,要求激光器的功率很大,增大了追踪航天器的功率负荷。采用两幅图像相减来消除背景和噪声干扰时,由于相减的两幅图像之间存在时间差,若在此时间差内因相对姿态变化使两幅图像的背景和干扰发生变化,则相减将不能全部消除背景和干扰,从而影响合作目标识别和参数测量的正确进行。

欧空局的交会对接测量系统。欧空局从20世纪80年代初期就开始研究自主交会对接测量技术及敏感器,并计划用于航天飞机与哥伦布空间站的自主自动交会对接。其测量系统采用分段式,各个阶段采用不同的敏感器,并且具有一定的交义。每个阶段同时使用两种敏感器,互为备份。一般分为四个阶段:在50千米左右到100米的距离,采用微波交会雷达,在 5 千米到 10 米的距离,采用激光雷达,在 200 米到几米的距离,采用光学成像敏感器;最后在 10 米到 0 米的接近阶段,采用位置敏感器,这种敏感器的最适宜作用距离在 2 米以内。欧空局的测量系统的优点是冗余度大,测量精度高,系统可靠性好,燃料消耗少;缺点是所用测量敏感器种类多,技术复杂,增加了追踪航天器的有效载荷,实施比较困难。

第四节 交会对接难点多

实施空间交会对接对我国而言,毕竟是第一次,交会对接方案的制定、交会对接机构的研制、交会对接测量设备的研制、交会对接控制技术等等,都是对中国航天的一个巨大的挑战。科技人员总结出我国实施交会对接任务概括起来有六大难点。

交会对接方案要求复杂。交会对接技术是航天技术中最复杂、相关变量参数最多的技术之一,存在五大特点和难点,主要是:

一是交会对接系统方案技术复杂,涉及大系统和分系统接口多,设计约束多,具体技术难度表现在:多种交会测量敏感器配置及使用方案复杂;自主控制算法复杂,验证难度大;交会对接过程中可靠性和安全性要求高,故障模式与对策复杂;飞行阶段和环节多,各阶段紧密衔接,轨道方案及交会对接飞行程序的匹配性要求高,各阶段程序合理安排难度大;飞行任务受测控条件约束,飞行器与地面和天基测控系统的接口匹配性要求高;空间环境、光照条件对交会对接敏感器影响大。针对上述问题,飞船系统和空间实验室系统联合组成专题组进行方案联合设计,开展了交会对接方案复核、仿真等工作,并根据试验覆盖性分析完成了半物理仿真和飞行产品的确认试验。二是飞行器数目多,交会对接所涉及的飞行器包括追踪飞行器、目标飞行器、中继卫星等,这种情况带来在飞行任务安排上,在相互之间动作的协同上非常复杂。三是运输飞船和目标飞行器参与工作的分系统多,在轨的自动和人控操作项目非常复杂,对在空间中两个运动的飞行器之间的匹配性、协调性要求很高。四是所设计的飞行阶段和环节多,各阶段紧密衔接,并受测控条件约束,各阶段程序合理安排难度很大。五是飞行试验可靠性和安全性要求高,必须制定一套周密的安全策略和各种故障预案及安全性措施。

对接机构没有经过太空实际考验。对接机构是交会对接任务的关键设备,为首次上天产品,对接机构机械组件属极其复杂的机电类产品。主、被动对接机构包含 3500 多个部组件,零部件配合尺寸、润滑、传感器测量精度等指标要求高,工艺和技术状态控制难度大。对

主、被动对接机构的 3500 多个部组件

接初始条件参数多,对捕获成功率影响规律十分复杂,两个航天器在轨道上的工作状况也非常复杂。第一次执行交会对接任务的对接机构存在着很大的风险。

交会对接验证技术复杂。为了在有限的几次飞行试验中突破并掌握交会对接技术,必须有充分的地面试验验证。地面试验需要解决交会测量设备作用距离范围大、测量和控制精度要求高、航天器动力学过程和空间环境的真实模拟等难题。因此,需要进行系统的试验覆盖性分析,确保对交会对接全过程的设计状态及性能指标参数进行全面验证;在试验方法设计上,采用实物试验、半物理仿真试验及数学仿真试验相结合的方法达到有效考核与验证的目的。由于在空间环境、激光能量衰减、光照强度以及高速飞行等方面存在天地差异性,地面不能完全模拟验证,导致试验验证充分性存在风险。

关键单机研制技术复杂、要求高,关键单机状态新。交会对接任务关键单机如微波雷达、CCD光学成像敏感器、对接机构等均为新研产品。飞船系统和空间实验室系统的关键单机包括:差分兼容接收机、激光雷达、微波雷达、CCD光学成像敏感器、对接机构、大型控制力矩陀螺、大型壁板结构、半刚性帆板和金属膜盒贮箱。这些关键单机技术复杂,功能与性能的可靠性要求极高。

第五节 神舟飞船与天宫一号怎样交会对接

神舟八号载人飞船与天宫一号目标飞行器整个交会对接过程分

为交会对接准备段、交会段、对接段、组合体飞行段和撤离段。

交会对接准备段：载人飞船发射前，天宫一号目标飞行器降低轨道并调整朝向，完成交会对接准备。

交会段：飞船发射入轨后，首先在地面测控的导引下，经过数次变轨转移到目标飞行器后下方，与目标飞行器建立稳定的空空通信链路；然后，飞船开始自主导航，导引至距天宫一号适当距离停泊点。最后，飞船切换为CCD光学成像敏感器导航。在有航天员参与的情况下，航天员也可通过手控摄像机和控制手柄手动控制，引导飞船继续向天宫一号目标飞行器靠拢，直到这两个航天器上的对接机构开始接触。

对接段：对接机构接触后，通过捕获、缓冲、拉近和锁紧四个过程，最终实现两航天器刚性连接，形成组合体。

组合体飞行段：无人参与的情况下，检查舱内密封情况后，两个航天器开始组合体飞行。在载人航天交会对接任务中，此时，开始检查舱内密封情况，确认没有问题后，航天员打开舱门，通过对接通道，进入天宫一号中，同时将随身物资也搬运到天宫一号中。航天员在天宫一号中工作、休息和锻炼，在飞船上就餐。任务完成后，返回到飞船中，关闭舱门，进行撤离准备。

撤离段：对接机构解锁，两个飞行器分离，撤离到安全距离。

此后载人飞船返回，天宫一号继续自主飞行，等待下一次任务。

我国载人航天二期工程的又一个战役——交会对接已经开始了，随着交会对接任务的成功实施，我国在近地轨道上，打下了空间实验室建的第一块基石，当然，有了空间实验室，离我国的空间站也已经不远了，在2020年左右，我们就将看到中国的空间站日夜不停地遨游在地球外层空间的近地轨道上。

那是怎样的一幅壮美的画面啊：2020年前后的某一天，神舟N号飞船载着3名航天员、必需的生活用品和科学试验仪器，在长征火箭

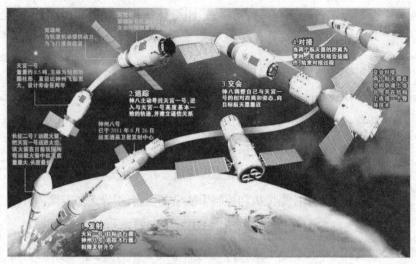

天宫一号对接
神舟八号图示

的举托下,从甘肃酒泉卫星发射中心冉冉升空,开始了前往中国空间站的航程。在经过了数小时的太空旅行后,在地面的指挥下,飞船精确地实现了与空间站的对接。飞船中的航天员进入空间站,卸下了货物,与早已等候在那里的 3 名航天员进行短暂的交接后,带上实验结果,乘神舟 N 号飞船返回地面。飞船上的 3 名航天员开始了他们在站里的工作。

让我们期待这一天的早日到来!

第九章　中国航天员的"好声音"

——太空授课

太空授课,是指在太空中进行科普教育活动,通过天地互动的形式展示一些奇特的物理现象。授课目的是让广大青少年一起去感知、探索神奇而美妙的太空,获取知识和快乐。2013 年 6 月中旬,中国女航天员王亚平在中国首个目标飞行器天宫一号上为中小学生授课,成为中国首位"太空教师"。

"在太空,我们都是功夫大师。""我们看到的天空不是蓝色的,而是深邃的黑色。每天,我们看到太阳升起 16 次。"

2013 年 6 月 20 日,中国宇航员的"好声音"从遥远的宇宙破空而来,中国成为世界上第二个成功进行太空授课的国家。作为天地间的双向音视频太空授课,需要强大的航天测控能力,太空课堂——天宫一号的视频信号就来自我国去年完成的第一代"天链一号"数据中继卫星体系,这是当今技术含量最高的通信卫星。

天宫一号运行在预定的交会对接轨道上,状态稳定,设备工作正常,推进剂等消耗性资源充足,满足交会对接任务要求和航天员进驻条件。

第一节　太空授课内容

王亚平太空授课内容主要是使中小学生了解微重力环境下物体

太空授课:教具

运动的特点。

在实验开始,神舟十号指令长聂海胜首先做了一个"太空打坐",原因:由于处于失重环境,重力全部用于提供向心力,因而可以定于空中不动。(牛顿第一定律)

太空授课实验一

质量测量

在失重的太空,地面的测重不再奏效。"那么,航天员想知道自己是胖了还是瘦了? 怎么称重呢?""太空教师"王亚平问。

在神舟十号,有一样专门的"质量测量仪"。太空授课的助教聂海胜将自己固定在支架一端,王亚平将连接运动机构的弹簧拉到指定位置。松手后,拉力使弹簧回到初始位置。这样,就测出了聂海胜的重量——74千克。

揭秘:牛顿第二定律

对于这个问题,王亚平就有解释,"其实,就是牛顿第二定律 $F=ma$。"也就是,物体受到的力 = 质量 × 加速度。如果知道力和加速度,就可算出质量,"弹簧凸轮机构,产生恒定的力。也就是,刚才将助教拉回至初始位置的力。此外,还设计一个光栅测速系统,可测出身体运动的加速度。"

特级教师骆兴高:用光栅测速装置测量出支架复位的速度 v 和时间 t,计算出加速度($a=v/t$),就能够计算出物体的质量($m=F/a$)。牛顿第二定律是一个在一切惯性空间内普遍适用的基本物理定律,不因物体的引力环境、运动速度而改变,因此在太空和地面都是成立的。

太空授课实验二

单摆运动

T形支架上,细绳拴着一颗小球。这是物理课上常见的实验装置——单摆。王亚平将小球拉升至一定高度后放掉,小球像着了魔似的,用很慢的速度摆动。随后,王亚平用手指轻推小球,小球开始绕着支架的轴心不停地做圆周运动。

揭秘:太空失重

浙大航空航天学院专家:在地面,单摆的运动周期与摆的长度、重力加速度有关。但在失重的状态,没有了回复力,钢球就静止在原始位置。这时,细绳并没有给球拉力。

手推小球,相当于给了小球一个初始速度,同时细绳又给小球提供了拉力,细绳拉力平衡离心力,小球便绕着支架的轴心做圆周运动。如果没有细绳的拉力,小球就做匀速直线运动。

而在地面,空气的阻力使物体的速度越来越慢,重力则使物体向下掉。

太空授课实验三

陀螺运动

王亚平取出一个陀螺,用手轻推,陀螺竟然翻滚着向前,行进路线变幻莫测。随后,她又取出一个陀螺,抽动它后,再用手轻推,陀螺沿着固定的轴向向前飞去。

揭秘:角动量守恒

特级教师骆兴高:转动的陀螺具有定轴性。何为定轴性？就是当陀螺转子以高速旋转时,在没有任何外力矩作用在陀螺仪上时,陀螺仪的自转轴在惯性空间中的指向保持稳定不变的特性, 也称为稳定性。转子的转动惯量愈大,稳定性愈好;转子角速度愈大,稳定性愈好。定轴性遵守角动量守恒定律——在没有外力矩作用的情况下,物体的角动量会保持恒定。航天员瞬时施加的干扰力不能产生持续的力矩, 由于角动量守恒, 高速旋转陀螺的旋转轴就不会发生很大改变。而这一点在地面上之所以很难实现, 并不是因为角动量守恒定理不成立,而是因为陀螺与地面摩擦产生的干扰力矩等因素改变了陀螺的角动量, 使其旋转速度逐渐降低, 不能很好地保持旋转方向。

太空授课:
单摆运动

太空授课:
陀螺演示

太空授课实验四
制作水膜与水球

这是同学们最感兴趣,也是最神奇的实验。

一个金属圈插入饮

用水袋并抽出后,形成了一个水膜。这在地面难以实现,因为重力会将水膜四分五裂。那么,这个水膜结实吗?轻晃金属圈,水膜并未破裂,而是甩出了一个小水滴。再往水膜表面贴上一片画有中国结图案的塑料片,水膜依然完好。

更奇迹的时刻:在第二个水膜上,用饮水袋不断注水,水膜很快长成一个晶莹剔透的大水球。水球内有连串的气泡,用针筒取出,水球却不受任何破坏。

最后,王亚平注入红色液体,红色慢慢扩散,水球变成了一枚美丽的"红宝石"。

揭秘:液体表面张力

浙大航空航天学院的专家:液体表面层内分子间存在着的相互引力就是表面张力,它能使液面自动收缩。表面张力是由液体分子间很大的内聚力引起的,在太空与地面液滴产生表面张力的原理以及表面张力大小都是一样的。只是,在失重的状态下,表面张力表现更为明显。失重时,水珠之间没有了重力的挤压,液滴在表面张力的作用下,都形成了最完美的球形。

特级教师骆兴高:液体跟气体接触的表面存在一个薄层,叫作表面层,表面层里的分子比液体内部稀疏,分子间的距离比液体内部大一些,分子间的相互作用表现为引力,导致表面就像一张绷紧的橡皮膜,这种促使液体表面收缩的绷紧的力,就是表面张力。微观表现为分子引力,宏观体现即液体表面的张力。当针尖戳入水球时,水的表面张力依然存在,故水球不会被破坏。

老师学生"天地对话"

为配合此次太空授课活动,中国载人航天工程网在2013年5月24日至6月10日期间举办了"我问航天员"——太空授课大型问题征集活动,收集中小学生朋友对载人航天科技、航天飞行、空间科学及航天员太空工作、生活等领域的提问。

已经征集到数千个相关问题。这些问题,除了部分由参与过飞行任务的航天员或航天专家在活动后期以访谈、文字或"微访谈"的方式回答外,还在此次太空授课中提交给了神舟十号的三位航天员在太空予以解答。此外,还挑选了 2~3 名热心提问的中学生到太空授课的地面现场,与 340 千米之外的"太空老师"进行互动。

本次太空授课持续 45 分钟,课程内容为展示并讲解太空中的失重现象等。此次授课通过天链数据"中转站"传送双向实时授课画面,实现天地之间的视频提问和回答。

第二节　太空授课的意义

本次航天任务中的太空授课环节旨在激发广大中小学生对宇宙空间的向往、对学习科技知识的热情,使中小学生走近航天、了解航天、热爱航天。

作为继美国之后第二个完成太空授课的国家,此次太空授课不仅能提升全民对航天的兴趣,还会从应用上推动天地大容量信息处理产业的发展,而大数据时代的来临将成为天地大容量信息处理产业发展的契机。

北京时间 2013 年 6 月 20 日上午 10 点 04 分 0 秒到 10 点 55 分 0 秒共 51 分钟。同时这也意味着中国已经可以对地外航天器进行至少 40 分钟的实时监控,这意味中国已经拥有对洲际导弹进行全程的调整和监控能力。

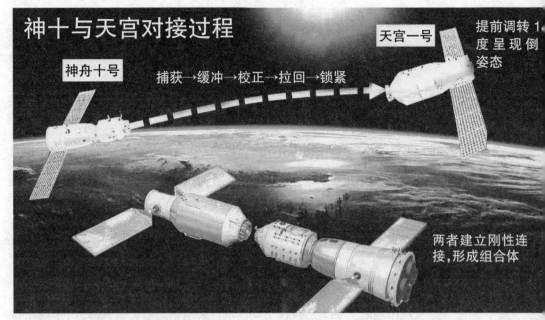

神十与天宫对接过程

神舟十号 捕获→缓冲→校正→拉回→锁紧 天宫一号

提前调转1度呈现倒姿态

两者建立刚性连接,形成组合体

神舟十号捕获天宫一号

1986 年,美国女教师麦考利夫就被选中,参与挑战者号航天飞机"教师在太空"计划,但不幸机毁人亡。此后美国颁布"普通民众不得再参与航天飞机任务"的禁令。

2007 年,当年一同参加选拔的另一名美国教师芭芭拉·摩根,终随奋进号飞上太空,肩负着航天员、教师和"麦考利夫的继承者"三重身份,弥补了 21 年前的遗憾。

太空中,55 岁的摩根给孩子上了一堂 25 分钟的"太空课",其他航天员成了她的"助教",18 名 4 至 8 年级的学生在地面听讲。除了负责完成部分专业任务外,摩根还开设"太空课堂",与地面上的学生"天地连线",通过视频向学生展示了在太空运动、喝水等情景,这成为那次任务的最大亮点。

第三节 神舟十号飞船任务进程

神舟十号飞船是中国"神舟"号系列飞船之一,它是中国第五艘搭载人的太空飞船。飞船由推进舱、返回舱、轨道舱和附加段组成。升空后再和目标飞行器天宫一号对接,并对其进行短暂的有人照管试验。对接完成之后的任务是打造太空实验室。神舟十号在酒泉卫星发射中心"921工位",于2013年6月11日17时38分,由长征二号改进型运载火箭(遥十)"神箭"成功发射。在轨飞行15天,并首次开展中国航天员太空授课活动。飞行乘组由男航天员聂海胜、张晓光和女航天员王亚平组成,聂海胜担任指令长;2013年6月26日,神舟十号载人飞船返回舱返回地面。为了做好本次科普教育活动,中国载人航天工程办公室联合教育部、中国科协和中央电视台等部门对活动进行了系统、周密的策划,完成了课件、教具制作和地面课堂的准备工作,航天员也进行了相关训练。本次活动在组合体运行期间择机进行,具体时间是综合考虑飞行任务安排、航天员作息情况和测控通信等保障条件来最终确定。

2013年3月,神舟十号飞船完成了出厂前的准备工作,顺利通过系统级评审。

2013年3月底,神舟十号飞船完成总装,进行出厂测试;长征二号F遥十运载火箭完成测试,进行出厂前准备;航天员训练正按计划进行;发射场、测控通信、着陆场等系统各项准备工作进展顺利;天宫一号目标飞行器在轨运行正常、状态良好。

2013年3月31日上午,搭载神舟十号飞船的大型运输机从北京启程,将神舟十号运往酒泉卫星发射中心。

2013年6月8日,承载着组合体的活动发射平台缓缓驶出载人航天发射场垂直总装测试厂房,沿着1500米的无缝钢轨,以每分钟不超过20米的速度,安全转运至发射塔架。

中国载人航天工程新闻发言人武平2013年6月10日在新闻发布会上宣布,经任务总指挥部研究决定,定于6月11日17时38分在酒泉卫星发射中心发射神舟十号载人飞船,飞行乘组由男航天员聂海胜、张晓光和女航天员王亚平组成,聂海胜担任指令长。

2013年6月10日下午,执行此次发射任务的长征二号F遥十火箭开始加注推进剂。

神舟十号飞船点火时间为2013年6月11日17时37分59秒。

神舟十号主要目的

神舟十号与天宫一号手动交会对接

神舟十号重大看点

2013年6月13日13时18分,天宫一号目标飞行器与神舟十号飞船成功实现自动交会对接。这是天宫一号自2011年9月发射入轨以来,第3次与神舟飞船成功实现交会对接。

神舟十号飞船于北京时间2013年6月26日9时41分许,飞行乘组3名航天员聂海胜、张晓光、王亚平,在内蒙古中部草原神舟十号任务主着陆场结束为期15天的太空之旅,从飞船返回舱健康出舱,由太空家园返回到地球家园。

神舟十号乘组向地面问好

神舟十号飞船参数

高度：约 9 米

重量：约 8 吨

直径：最大直径 2.9 米

组成：推进舱、返回舱和轨道舱

发射时间：2013 年 6 月 11 日 17 时 37 分 59 秒

返回时间：2013 年 6 月 26 日 8 时 7 分

飞行速度：约每秒 7.9 千米，每小时飞行 2.8 万千米，每 90 分钟绕地球一圈

飞行时间：在轨飞行 15 天，其中 12 天与天宫一号组成组合体在太空中飞行

发射初始轨道：近地点约 200 千米、远地点约 330 千米的椭圆轨道交会

对接轨道：距地约 343 千米的近圆轨道

第四节　神秘礼物迎接新战友

通过神舟九号任务，科学家获取了航天员在太空工作和生活的大量数据，也积累了一定的经验，同时，也发现了一些需要改进和完善的地方。为了进一步提高航天员在太空工作和生活的质量，采取了以下几方面的措施：

第一是完善了舱内生活垃圾处理。本次任务中增加了废物收集袋的品种规格和数量，方便航天员在轨对生活废弃物进行密封处理

和存放。

第二是丰富了航天食品，针对航天员进行了个性化的设计，增加了食品种类，而且通过改进工艺改进了食品的感官接受性。

第三是优化了航天员的工作程序和作息安排，增加了工作项目的时间余量。此外，经过为天宫一号更换地板还有一些限位装置，可以使航天员的天宫一号生活更加方便。

中国载人航天工程总设计师周建平介绍说，在承担的使命上，神舟九号主要是进行载人空间交会对接试验，实现载人交会对接技术的突破。而神舟十号虽然还要继续进行与天宫一号的自动和手动空间交会对接，但是其重点转向对这些技术的验证和应用。相当于载人飞船天地往返运输系统要进一步定型阶段，为以后进一步开展空间实验室的研究和空间站的建设奠定一个天地往返的运输系统。在具体实验内容上，神舟十号增加了绕飞，也就是神舟十号飞船绕着目标飞行器天宫一号进行绕飞。这一实验的成功对建造空间站同样非常重要，因为空间站上可能有多个对接口，飞行器要从多个方向与它对接，这就需要对飞行器绕飞进行进一步考核。

总结起来就是，在神舟九号标志中国突破和掌握了载人交会对接技术的基础上，神舟十号进行载人天地往返运输系统的首次应用性飞行。神舟十号发射并完成与天宫一号空间交会对接等任务后，中国载人航天第二步任务第一阶段已完美收工，全面进入空间实验室和空间站研制阶段。

那么神舟九号航天员留给神舟十号航天员的礼物是什么呢？

1. 刘洋亲手编的中国结以及手写的祝福语"祝愿战友们每次任务都安全、顺利、圆满成功"。

2. 刘旺亲手写的福字卡片以及祝福语"欢迎你们来到天宫一号"。

"神舟十号返回舱,开舱!"随着一声令下,一名工作人员用开舱"钥匙"打开返回舱,陆续取出搭载的物品,其中包括北京中小学生通过"太空邮局"向神舟十号航天员寄出的一封信。

此次移交的搭载物中,既有搭乘神舟十号飞船飞行15天的物品,也有跟随天宫一号飞行630多天后,由神舟十号航天员带回的物品。物品除了有医学实验生物样本、粮食和经济作物种子外,还有寄托航天员美好情怀的艺术作品,以及承载广大民众美好愿望的太空信件,如天宫一号装饰物中国结和《北京市中小学生致航天员的一封信》等。

开舱仪式在中国空间技术研究院举行。在开舱现场,搭载的物品被移交至相关部门。

《北京市中小学生致航天员的一封信》由北京市少年宫学员执笔,信中提出了10个"少年天宫猜想",如"宇宙是无边界的""我们的

神舟十号乘组向地面问好

宇宙只是另一个宇宙空间中的极微小部分""火星目前存在生命""存在完全由无机物构成的智能生物"等。搭载信件的信封设计、内容书写都是孩子们亲手完成的。

北京学生活动管理中心副主任史建华介绍,"少年天宫猜想"项目是 2013 年初启动的,此前,孩子们提出了 100 多个问题,最终,在多位专家的论证下精选出这十大猜想。"虽然这些猜想迄今为止尚无确定答案,但是,追寻答案过程本身就是一个很好的培养人的过程。"史建华解释,"孩子们在追寻答案的过程中,会认真学习航天等方面的科技知识,主动思考遇到的问题,充分发挥想象力和创造力,动手实践,这些将有助于他们实现心中的梦想。"《北京市中小学生致航天员的一封信》交至博物馆永久收藏。

神舟十号从落地到出舱需要数十分钟

第十章　真正意义上的空间实验室

——太空加油

"10、9、8……点火,起飞!"2016 年 9 月 15 日,中秋节,酒泉卫星发射中心,这熟悉的声音又在耳畔响起。这,是中国航天的经典画面。这熟悉的声音,让人心跳加速;这铿锵的节奏,让人激情奔涌。22 时 04 分,托举着天宫二号的长征二号 F T2 运载火箭拔地而起,橘红色的火焰点亮了夜空。这一刻,天宫宛如昨日。5 年前,天宫一号升空的场景让国人记忆犹新。那一天,第一个太空中国"家"落户苍穹!今天,我们又将拥有一个全新的太空家园。这一刻,天宫梦牵明天。天宫二号将发射到与国际空间站相同的轨道高度——中国航天即将迈入空间站时代!这是一个难忘的中秋——亿万中华儿女仰望星空,目睹又一个太空新"家"的诞生。这是一个美好的夜晚——天宫二号顺利升空,中国载人航天进入空间应用发展新阶段,空间站的梦想触手可及。难忘今宵,"家"是团圆。我们相信,这个太空新"家"会给祖国这个大"家"带来甜蜜和自豪!

第一节　天宫二号可圈可点之处

天宫二号上将开展地球观测和空间地球系统科学、空间应用新技术、空间技术和航天医学等领域的应用和试验,是中国第一个真正意义上的空间实验室,发射时释放伴飞小卫星,有飞船与之对接。

　　它所携带的各项实验设备在完成了加电的自我检查之后,将从9月22日起,全面进行在轨测试,预期将于24日左右获取第一批应用数据。

　　天宫二号不仅是航天员的"太空家园",还作为我国第一个完全意义上的空间实验室,肩负着许多航天新技术、新产品的验证工作。那么它,究竟有哪些可圈可点之处呢?

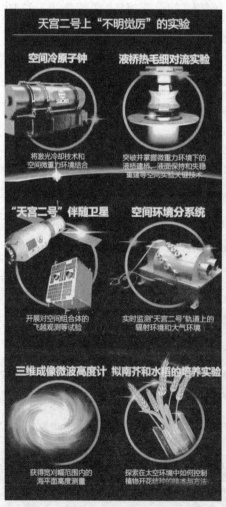

天宫二号上的实验

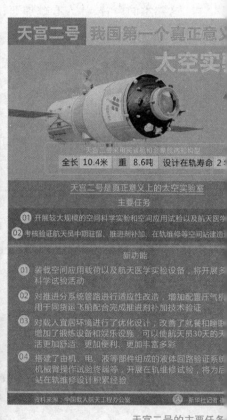

天宫二号的主要任务

1. 便捷维修

便捷维修,可像插拔 U 盘一样,是天宫二号的一大撒手锏。

科幻电影里,当一套大型设备发生故障时,技术人员可以像插拔 U 盘一样,便捷地拔下损坏部件,插上一个新部件,随后,设备恢复正常运转。如今,这样的场景将在天宫二号真实上演。

科研人员通过合并同类项的理念,对天宫二号的供配电、热控、数据管理等系统实现了高度集成化模块设计,打造出了可快速更换的模块单元。比如智能配电单元,就整合了产品长寿命、高可靠、操作方便等要求,在我国航天器上首次采用了"插拔式"的结构设计,在地面的模拟试验中,技术人员只需用几分钟就能完成一次维修更换。

众所周知,航天器电源系统的可靠性及安全性,一直是航天器系统重点关注的问题之一,而传统的航天器电源系统核心部件"开关",往往采用机械触点的继电器开关,一旦机械触点"开关"发生故障,将对航天器的性能及可靠性产生重大影响。

在普通民众住宅的墙上,都会有一个电源控制箱,当家里某个电器发生短路时,里面的开关就会自动跳闸进行保护。

电源控制箱的一个主要功能就是供电开关,而天宫二号的配电"管家"不仅能够像普通的供电开关那样供上电,还能在出现故障时切断电,在故障修好后又自动恢复供电。

当然,在试验室里,技术人员只用几分钟就能完成一次维修更换,但上了天,一切可能会显得不一样。

为了确保航天员在太空环境能够熟练地操作,科研人员还通过多次模拟试验,编制出一份量化到步、图文并茂的操作手册,为航天员开展在轨维修试验提供"看得见"的方便。

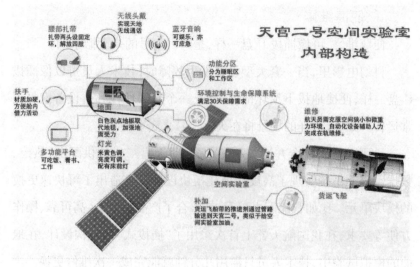

天宫二号的内部结构

2."固若金汤":打赢密封结构设计之役

天宫二号是一个外部真空、内部有 1 个大气压的结构。要评价它的安全性,其中一个重要指标就在于,在未来两年的在轨飞行过程中,"漏气量要非常小"。就如同再好的篮球早晚也会漏气,只是,好的产品和设计可以让漏气非常缓慢。

根据中国航天科技集团公司专家介绍,天宫二号的结构,从整体上来看是一个金属制成的结构,但由于其内部包括观察舱窗、开关舱门等容易漏气的部件,"密封"成了一个必须要解决的问题。

这其中最为关键的是密封圈,一般的密封圈都存在老化问题,更何况太空中温度变化更加激烈。

科研人员从配方开始研究,再到密封圈的结构形式、密封结构设计等等。最终,他们打赢了这一仗,这也让天宫一号在轨两年的安全运行,成为结构设计一张闪亮的"名片"。

不过,结构设计人员并未就此停止脚步——这个"太空实验室"自身安全还不够,空间碎片、太空垃圾随时都可能造成威胁。有没有可能在空间碎片撞击大开间的时候, 及时发现感知并定位其所在的位置?

灵感最终出自人类自己——人类本身就是很好的感知系统,通过神经系统来及时发现外部刺激。科研人员开始考虑,在传统结构上能否增加一套神经系统,来实现对撞击的感知。最终,他们完成了样机研制。

据专家透露,这套"神经系统"将有望在不远的未来得以应用,扩展结构功能,实现更为安全的太空居室。

3. 在轨补加:边飞行边"加油"

由于担负着验证未来我国空间站技术的重任,因此,在轨道设计上,天宫二号选择了距离地球 393 千米的轨道,这也是未来我国空间站运行的轨道高度。

相比之前载人航天任务的轨道, 这个轨道足足高出了 50 千米。不过,天宫二号和神舟十一号未来要组成的"太空之家",仍属于低轨道航天器,它运行在距离地球 400 千米不到的太空, 这一位置,仍会有稀薄的大气。

受大气阻力影响,航天器运行速度会不断下降,并导致轨道高度不断下降,为了维持相对稳定的轨道高度,需要航天器不断消耗所携带的推进剂。

于是, 天宫一号发射前,会把"油箱"加得满满的,携带的推进剂足足有一吨多。

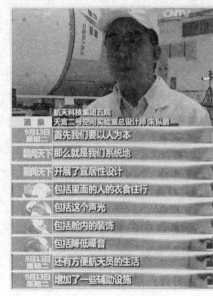

天宫二号宜居性设计

不过,如今的天宫二号,却只加了半箱"油"。这要多亏了科研人员所研制的在轨补加系统,它可以实现天宫二号在太空边飞行边"加油",这将极大地提高它的在轨运行时间。

天宫二号没有了"粮草不足"的后顾之忧,节省的重量还可以携带更多的载荷产品和航天员的生活物资。

事实上,用"研制不止、试验检验不停"来形容"太空之家"的诞生并不为过——在天宫二号和神舟十一号研制过程中,科研人员考虑到"太空之家"中长期在轨、在轨加注等任务的特点,专门推出了连续100小时模拟飞行试验、航天员中期驻留地面1:1试验等各种试验,在整船累计电测时间上,更是突破了1500小时,刷新了天宫一号创造的纪录。

第二节　天宫二号的"保护神"

天宫一号是空间实验室的特例,主要为了完成交会对接任务,而天宫二号则完全是小型空间实验室,科学家、航天员们在里面展开各种工作和试验。空间实验室天宫二号携带国际首个专用的高灵敏度伽马射线暴偏振测量仪器。这项中国与瑞士合作开展的"伽马暴偏振探测项目"(POLAR)是中国空间天文"黑洞探针"计划的组成部分,计划以黑洞等极端天体作为恒星和星系演化的探针,理解宇宙极端物理过程和规律,解答宇宙组成和演化。此外,中国空间天文界还提出了"天体号脉"和"天体肖像"计划。

天宫二号上的观测仪器是把大气层按照每3千米厚为一层进行

"切片式"观测就是工作的重要一环。

天宫二号上的空间科学与应用载荷经过近 7 天的待机准备,于 2016 年 9 月 22 日 18 时 41 分正式"开张",绝大部分有效载荷开始运行。

"预计未来 72 小时,空间环境基本平静,天宫二号的在轨运行是安全的……"9 月 22 日上午,中科院空间应用中心有效载荷运控中心大厅的实时监视屏幕显示。穿"蓝大褂"的工作人员时而凝视屏幕数据,时而在纸上记录,他们在为有效载荷第一批次的试验做最后的准备。很快,承担天宫二号空间科学与应用载荷运行控制任务的运控中心将迎来最繁忙的阶段。

"绝大部分载荷将在未来 30 多个小时内正式开始试验,我们确定了一些典型的观测区域与科学实验项目,形成了六个批次的载荷工作计划,2000 余条注入数据和指令,同时也对仪器设备参数调整进行了预案。"运控中心主任郭丽丽介绍。天宫二号科学与应用载荷的运行控制是由运控中心人员及科学家、应用用户、载荷研制人员、总体技术人员等多方配合完成,整个团队近百人。

"天宫二号上的空间冷原子钟作为首台在轨运行的高精度原子钟,对空间环境的敏感程度有许多未知因素,需要更多的天地信息交互来监测和控制设备运行,对地面运控系统有更高的要求。"空间冷原子钟分系统主任设计师刘亮说。

负责天宫二号上多波段紫外临边成像光谱仪遥感信息定量化工作的黄煜介绍,他负责的仪器主要用来观测大气垂直分布,能帮人们了解全球臭氧浓度分布、预报紫外线指数等。

与传统的从天到地垂直俯视大气层的观测方式不同,天宫二号上的观测仪器是把大气层按照每 3 千米厚为一层进行"切片式"观测,能大大提高观测精度。"可想而知,数据量也超大,有的忙!"黄煜说。

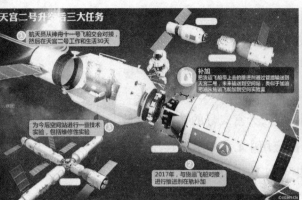

天宫二号的三大任务 | 天宫二号上的保护神(伴随卫星)

"从待机状态转入大批量的试验状态,我们也做了充分的应急预案。目前全部指令已经推演验证完成,还在进行最后的复核,确保万无一失。"郭丽丽说。

天宫二号的"保护神"

在天宫二号飞行期间,身边有一位"保护神"——伴随卫星,一直在保驾护航。

伴随卫星是如何保驾护航的呢?

由中科院微小卫星创新研究院研制的天宫二号伴随卫星是一颗微纳卫星,它是天宫二号试验任务的一部分。

该伴随卫星采用了小型化、轻量化、功能密度的设计,使得卫星结构小、重量轻,却实现了高功能密度的设计结果。此外,它搭载多个实验载荷,并具备较强的变轨能力,具备了开展空间任务的灵活性与机动性。

天宫二号伴随卫星在轨任务期间开展对空间组合体的伴飞、飞越观测以及多平台空间协同等试验,为主航天器的技术试验提供支持,并进行多项新技术的试验,拓展空间技术应用。

作为伴随主航天器飞行的航天器，伴随卫星具有处于相对主航天器距离近、实时跟随的位置优势，可以作为主航天器的安全辅助工具，对主航天器进行工作状态监测、安全防卫，可以为航天员出舱活动及空间飞行器交会对接等提供直接的技术支持。

伴随卫星具备全天候的空间观测能力，可监测空间碎片等对空间站造成潜在危险的空间目标。

第三节　三大黑科技

在我们头顶近 400 千米高的这个太空实验室里，将开展十多项科学实验和观测。能够拿到登上天宫二号"船票"的实验，无疑都属于当今世界最前沿的探索领域。

天宫二号上要进行的各类实验是载人航天历次任务中应用项目最多的一次。内容涉及微重力流体物理、空间材料科学、空间生命科学、空间天文探测、空间环境监测、对地观测及地球科学研究以及新技术试验等多个领域。

三个空间科学物理领域重点项目

天宫二号三个空间科学物理领域重点项目是：空间冷原子钟实验、

关于空间冷原子钟的想象图

空间冷原子钟｜太空实验大管家

空地量子密钥分配试验、伽玛暴偏振探测。这三个项目均属国际科学前沿,科学意义重大。

空间冷原子钟将成为国际上第一台空间运行的冷原子钟,可以使飞行器自主守时精度提高两个量级,在国防安全、高精度星钟等方面具有广泛的应用价值。

这只钟没有钟摆,也没有秒针运行的嘀嗒声,是一只"长相"完全不符合人们对钟的预期的黑色圆柱体。它对时间的测量基于原子物理,而又跟大部分的原子钟不同,这只钟应用的是更为先进的冷原子物理技术。

如果说机械表1天差不多有1秒误差,石英表10天大概有1秒误差,氢原子钟数百万年有1秒误差,那么冷原子钟则可以做到三千万年到三亿年误差1秒。

冷原子技术的发展使许多实验的精度大幅度地提高,使原来不可能进行的实验成为可能。例如,目前的卫星导航系统只能用于近地范围,未来有没有可能实现太阳系行星间的定位呢? 若是能在空间合适的位置放置高精度原子钟,就可以实现大尺度的高精度导航。

最合适的位置是太阳系中的各个拉格朗日点,因为这里是引力平衡点。若在这些点上各放置一台高精度原子钟,则至少可以在太阳系较大范围内实现准确定位。这一旦实现,就可以进行大尺度时空研究,例如可以验证广义相对论在大尺度情况下是否成立等。

利用空间冷原子钟还可以测量引力红移,探测引力波以及暗物质等。"实际上,很多研究都是基于我们对于时空

量子密钥分配,产生绝对安全的共有Key

捕获,对准,粗、精跟踪

天—地超远距离量子密钥传输

的测量。只要能探测到时空的变化,我们就能测出目前的方法感觉不到的东西。"他说。

由中国科学技术大学和中科院上海技物所共同研制的量子秘钥将实现"天机不可泄露"。空地量子密钥分配试验将开展天—地超远距离量子密钥传输,以及业务数据天地激光通信,将为未来建立不可破译的信息安全系统,在国际上率先建立实用化的保密通信网络奠定基础。

在地面光纤网络建设上,世界第一条量子保密通信主干线路"京沪干线"即将建成,这将大幅提高我国在军事、国防、银行、金融系统的信息安全。

为了能进行更远距离的量子保密通信,我们除了继续建设地面光纤网络以外,还需要借助天上的多个飞行器,实现覆盖光纤无法到达区域的量子密钥分配。

天宫二号上的载荷"量子密钥分配专项"就是以实现空地间实用化的量子密钥分配为目标，通过天上发射一个个单光子并在地面接收，生成"天机不可泄露"的量子密钥。

天宫二号的轨道飞行高度大约为 400 多千米，飞行速度约每秒8千米，地面站的接收口径约 1 米。用来生成量子密钥的光子需要精准地打在地面站的望远镜上。这精准程度就如同在一辆全速行驶的高铁上，把一枚枚硬币准确地投到 10 千米以外的一个固定的矿泉水瓶里，难度可想而知。

如果把光子比作硬币，那么光子的偏振方向就好比硬币的偏转角度。量子密钥的安全性就来自这些偏转角度。BB84 协议就好比一共选取"↑""→""↗""↘"四个偏转角度，并且都对应好二进制编码。密钥分配时，发射端和接收端都随机用"+"和"×"两种洞来让硬币通过。

发送的密钥比特	0	1	0	0	1	1	0	1
发送者选择的测量方式		×	×	+	+	×		×
发送的光子偏振	↑	→	↗	↗	→	→	↗	↘
接收者选择的测量方式	×	+		+	×	+		×
接收到的光子偏振	↗或↘	→		↗	↑或→	↗或↘	→	↑或→	↘
最终生成的量子密钥		1		0			1		1

BB84 量子密钥分配协议

扔一个硬币，双方就通过电话对比一下选的洞，留下洞一样时扔的硬币结果，就生成了二进制量子密钥。如果中间有人窃听，窃听者只能随机的选择"+"和"×"两种洞。测过硬币角度后，如果他不想被发现，需要把硬币再扔给接收方。但是这个硬币已经被他测过了，会有一半的概率改变了角度。

此时，接收方再测，最后就会发现硬币的测量结果和发送方有 1/4 的概率不同，就可以马上知道有窃听者的存在了。于是，发送方和接收方停止密钥分发，换个地方重新来，直到确认没有窃听为止。

"天极"伽玛暴偏振探测仪

因此，只要是成功分配的量子密钥，就一定是没有被窃听过的安全密钥，即"天知地知你知我知"的密钥，从而成功做到无法泄漏的天机。

伽玛暴偏振探测为揭示伽玛暴本质，宇宙结构、起源和演化等天体物理研究前沿热点取得突破，开辟新的途径，有望获得新的发现。

由中科院高能物理研究所研制的伽玛暴探测器，专门用于测量伽玛暴偏振。

什么是伽玛暴？伽玛暴的全称是宇宙伽玛射线暴。有些恒星在一生辉煌即将结束之际将发生剧烈爆炸，整个恒星解体，星体中心的物质将压缩形成黑洞，疯狂地吞噬周围的物质。然而，有部分物质会以近乎光速的速度喷发而出，形成"烟花"，"烟花"内就会产生极其强烈的伽玛射线辐射，辐射能量与太阳一生(百亿年)辐射的总能量相当。

4.4 亿年前的奥陶纪，地球上发生第一次生物大灭绝，致使 85% 的海洋生物灭绝，人们怀疑伽玛暴就是凶手之一。此外，人们猜测 6500 万年前恐龙灭绝也可能与伽玛暴有关。

据科学家预测，昵称为"小蜜蜂"的"天极"伽玛暴偏振探测仪(POLAR)(以下简称"天极"望远镜)，运行两年可以探测到大约 100 个伽玛暴。通过系统地测量伽玛暴的偏振，能够从观测上对伽玛暴的辐射机制等物理模型加以限制或约束，为更好地理解宇宙中极端天体物理环境下的、最剧烈的爆发现象产生的机制做出重要的贡献。至今，科学家努力了 40 多年仍未完全成功探测伽马暴的偏振，可见"小蜜蜂"的任务之重。

由于伽玛暴是不可预测、随机发生的天文事件，为了最大限度地捕捉伽玛暴，"小蜜蜂"将在允许的情况下尽量多地开机运行。

未来几年，"小蜜蜂"还将监测搜索引力波暴对应的伽玛暴。

引力波暴又是什么？如果将伽玛暴比作宇宙中的"闪电"，照耀长空、一时无两，引力波暴就是宇宙中的"雷鸣"，震荡寰宇。如果"小蜜蜂"能探测到与引力波事件关联的伽玛暴，将无疑有助于揭开这宇宙中最剧烈的"闪电"与"雷鸣"的起源之谜。

第四节　首次太空脑—机交互实验

首次太空脑—机交互实验可将航天员的思维活动转化为操作指令，并监测航天员的脑力负荷等状态，这项应用项目也达到国际先进水平，应用意义重大。

比如下面这个"动动脑子"就能"指挥"各种操作的太空脑—机交互实验。

航天员在太空中"动动脑子"就能"指挥"各种操作，这种科幻片

太空脑—机交互实验

中才能见到的情景或将成为现实。

"脑—机交互将是未来人—机通信交互的最高形态。",脑—机交互一直被列为美国最优先支持发展的颠覆性创新技术之一，首次太空脑—机交互实验可将航天员的思维活动转化为操作指令，并监测航天员的脑力负荷等状态。"这将是中国人领先欧美开启的一次太空脑—机交互实验征程"。

为何要在太空中率先开展脑—机交互研究？"从宏观来说，人类的大脑因其复杂神秘而被称为'三磅宇宙'，探索宇宙与探索大脑存在着天然的关联。"航天员在太空环境中，完成复杂作业任务受到极大的限制，脑—机交互可以不依赖外周神经和运动系统，将航天员的思维活动转化为操作指令，同时又能监测航天员的脑力负荷等神经功能状态，实现人机互适应，减轻作业负荷，是最为理想的人机交互方式。

通过脑力负荷与视功能测试系统，可以实时获取并解析航天员在作业任务时的感觉（视觉）和认知（脑力负荷）功能相关的生理信息变化。在轨脑—机交互系统针对太空飞行过程中的各类约束条件开发了适于在轨环境的高识别度、高稳定性的脑—机交互自适应检测设备与处理技术，构建了针对航天员个体的高度个性化定制的脑—机接口判别模型，设计了脑电特征强化诱导训练策略，优化了脑电特征与系统模型的耦合效率，大幅提升了脑—机在线操作的工作。此外，天宫二号空间实验室还有天宫神舟自拍神器。

伴随卫星还搭载了高分辨率全画幅可见光相机，将在空间绕飞试验过程中对天宫二号与神舟十一号组合体进行高分辨率成像，可谓是天宫和神舟飞船的自拍神器。

利用其实时跟随的位置优势，提供空间试验的在轨任务高清图像记录，伴随卫星可为主航天器的工作状态、空间活动等提供直接的影像技术支持。

未来将搭载 VR 相机

科技人员畅想，在这次任务后的未来伴随卫星，将是航天员可以操纵的机器人，搭载 VR 相机，可以实现更加复杂的空间操作任务。

伴随卫星结构小、质量轻，任务配置比较灵活，在运行的主航天器上发射容易实现，节约发射成本，成为一种新的航天器发射模式，可适应特殊任务需要。

未来卫星甚至可以个人化，将社交网络搬到太空。伴随卫星灵活机动，可以发挥个人太空创想，实现各种太空创意创新。

第十一章 舟游天宫

前面是天宫，

后面是神舟。

她们，是今晚夜空中最亮的星。

据说他们很"厉害"，

"厉害"在何处？

本章为你揭秘。

第一节　神舟十一号技术创新再提升

细节一：飞得更高——393千米轨道高度的对接与运行

神舟十一号充分继承了神舟十号的技术状态，同时为了适应本次任务要求而进行了多项技术改进。

为满足本次任务要求，调整了轨道控制策略和飞行程序，使神舟十一号飞船能够适应本次任务交会对接轨道和返回轨道高度由343千米提高到393千米的要求。

神舟十号与天宫一号对接时，轨道高度是343千米。神舟十一号和天宫二号对接时的轨道高度是393千米，比过去高了50千米，为何要高出50千米？主要是为了我国载人航天"三步走"发展战略的第三步——建造空间站做准备，因为这与未来空间站的轨道高度基本相同，飞行也更加接近未来空间站的要求。

细节二：时间更长——33 天的太空旅程

神舟十一号入轨后经过两天独立飞行，完成与天宫二号自动对接形成组合体，完成组合体 30 天中期驻留任务后，与天宫二号分离，在一天内返回内蒙古主着陆场，神舟十一号任务结束。在太空时间长，如何保障航天员太空工作生活和执行任务的能力，怎样提高飞船的可靠性？

神舟十一号的技术改进，很重要的一个创新亮点，是新配备了宽波束中继通信终端设备。

为进一步提高安全性和可靠性，新配备了宽波束中继通信终端设备，显著扩大了测控覆盖范围，提升了飞船姿态快速变化时的天地通信保障能力，从而提高了航天员的安全性和飞船的可靠性。

细节三：升级光学成像敏感器——完成高难度"太空之吻"

为验证未来航天技术，满足未来空间站交会测量设备长寿命的使用要求，对神舟十一号的交会测量设备进行了升级换代。

天宫二号和神舟十一号的交会对接，是搭建太空之家的重要一步，尤其是两者从相距 120 米到最终完成对接的阶段，难度最大、风险最高。为了让它们能在以 8 倍于子弹的速度下毫厘不差地对接在一起，技术人员对光学成像敏感器实现了升级。

太空中阳光照射强度是地球上的三到五倍，很容易"亮瞎"飞行器的"双眼"，就像开车时被对面来车晃了大灯，需要一段时间才能恢复视力，因此，以往交会对接要选择光线合适的时机进行。

与天宫一号上运用的产品相比，升级版敏感器的太阳杂光抑制能力、识别目标敏感度均大幅提升，即使被晃了眼，视力恢复时间也能从原来的十秒缩短到几百毫秒。因此，神舟十一号和天宫二号可以实现准全天候实时对接，可保障航天器突发维修补给或航天员应急救生。

细节四：首次考核航天员中期驻留能力

此次任务目的是进一步对改进型载人飞船功能进行全面验证，为后续载人任务提供重要的技术支撑。此外，通过多项在轨试验，将进一步验证飞船设计功能，获取和积累载人环境相关的飞行试验数据。

在此次空间实验室任务中，对接轨道和返回轨道高度比以前增加了 50 千米，神舟十一号任务将首次考核验证空间站阶段的交会对接和载人飞船返回技术，还将首次考核航天员中期驻留能力，通过验证航天员驻留能力，为航天员空间站阶段长期在轨考核奠定基础。

细节五：照明设备点亮"飞天之路"

神舟十一号在浩瀚的宇宙遨游的过程中，会周期性地经过地球阴影区，此时会经历很长时间的黑暗，影响在轨任务的顺利完成。飞船舱内照明设备和交会对接照明设备，不仅为航天员提供了舱内工作、生活照明，还为载人飞船与空间实验室在阴影区的交会对接提供了摄像辅助照明。

在太空，如果直接采用生活中常用的白炽灯、节能灯，估计在飞船上还没用几天就熄灭了。飞船上究竟采用了什么光源？神舟十一号飞船舱内照明设备(近距离泛光照明)和交会对接照明设备(远距离投光照明)使用 LED 光源，也就是固态照明光源。

载人飞船有了舱内照明设备和交会对接照明设备后，当飞船进入地球阴影区时，航天员在舱内仍然可以正确判读仪表，手动操作各种开关，再也不会误打误撞了，飞船与空间实验室交会对接也多了一份成功的保障。

细节六：热控系统为"太空之家"保驾护航

神舟十一号在太空中飞行，最关键的是航天员的安危。确保航天员在太空中的生活舒适安全，须为航天员营造一个类似于地面一样的"家"——有适宜人类生存生活的温度、氧气等，而这要靠热控分系统和环控生保系统来提供：热控分系统的作用是使飞船内保持一定的温度和湿度，环控生保系统为航天员创造合适的舱内生存条件，保障航天员在空间飞行的特殊环境下安全生活和正常工作，为航天员营造一个温暖如春的居住环境。

热控分系统和环控生保系统分别位于载人飞船的推进舱和轨道舱的舱壁内。环控、热控分系统主要采用流体换热技术进行温度控制，通过流体流动将船上产生的热量传递给外部辐射器，再通过辐射器将热量辐射到太空中。

细节七：舱门快速检漏仪——载人飞船的"小门神"

航天员在太空飞行多天，期间要经历多次穿舱活动，需要打开和关闭舱门；航天员在舱内时，维持其正常生活的气体不能泄漏，舱门是否密封良好具有决定性作用，因此精准快速检测舱门的密封性至关重要。

早期的飞船采用整舱加压，通过监测舱压的变化来检测舱门的密封性，这种方法准确、可靠，但耗时较长，对载人飞船的航天员来说影响较大，会浪费大量时间，因此需改进检测手段，缩短检测时间。

航天科技集团公司五院研发的舱门快速检漏仪，实现对舱门和对接面的快速、准确检漏。舱门在关闭后，门体上的两道密封圈与门框之间会形成一个小空间。检漏仪利用舱门的特有结构，在工作时向小空间内充入一定量的检测气体，通过监测小空间内压力的变化来判断舱门的密封情况。如果发生泄漏，舱门快速检漏仪会立刻发出报警指示。航天员对舱门进行处理，经过再次检漏合格后，才能顺利入住舱内。

舱门快速检漏仪能够做到在 8 分钟内快速给出测试结果，堪称载人飞船的"小门神"。

细节八：仪表板减振器——飞船仪表的"救生衣"

飞船上仪表类器件通过液晶屏和航天员完成人机交互工作，作为高新科技代表的仪表类器件往往比较脆弱，而发射过程中火箭的瞬时快速加速会引起飞船舱内设备的剧烈振动，如果无法很好地隔离、衰减发射时的冲击振动，很可能导致飞船仪表损坏、飞行任务失败。

此时，神舟系列飞船仪表板减振器肩负起了为整个飞船仪表减震的重任，安装在仪表板四个安装点上的金属橡胶减振器将仪表和船体隔离开来，并通过振动过程中金属丝之间不断互相摩擦消耗了大量能量，这部分能量最终变成热能消失在了周围介质中。

金属橡胶减振器完美扮演了神舟飞船仪表类器件"救生衣"的角色，确保了历次飞行任务的圆满成功。

细节九：载人飞船的神奇"外衣"

神舟十一号运行在距离地球表面约 400 千米高度的轨道上，在那里会受到太阳的辐射、地球—大气的辐射和反照，还会受到许多游离在空间的高能粒子影响。在这样的环境中，飞船该怎样更好地保护自己呢?

航天人为飞船设计的神奇"外衣"。

就像人类的衣服一样,天冷时能保暖,太阳照射时能防晒,同时衣服还能隔离灰尘、雾霾等有害因素对皮肤的伤害。

航天科技集团五院的研究人员为轨道舱设计了一套厚度约2厘米的外衣,能高效隔离空间环境与轨道舱舱壁之间的换热,外衣表面还有一层华丽的复合膜,来提高飞船对轨道原子氧等粒子的防护能力;在返回舱外表面,喷涂了特殊设计的有机热控涂层,为保证在轨期间的返回舱温度条件提供有力支持。

在推进舱的底部,为有效抑制发动机点火后的高温对推进舱内的影响,这一重点区域运用了多层隔热材料,能够隔离的最高温度达900摄氏度。

夏常服

常服大衣 作训大衣

秋冬常服

细节十:逃逸发动机——航天员巡天的"定心丸"

看过神舟飞船发射的人们会注意到,火箭顶端有个类似避雷针的尖塔状装置,这就是由航天科技集团四院自主研制,被称为航天员"生命之塔"的逃逸救生系统。

逃逸系统承担着航天员安全救生使命,是我国载人航天工程必须突破的三大技术难关之一。航天人克服困难成功研制的逃逸救生系统,为航天员放心巡天提供了安全保障。

逃逸塔性能特殊,技术复杂,国际上只有美国和俄罗斯掌握了这项技术。

细节十一:飞船安全返航的法宝

回收着陆是载人航天活动的最后步骤,也是决定航天员能否安全回家的最后一棒。

航天科技集团公司五院肩负神舟飞船回收着陆系统研制的任务,先后攻克了特大型降落伞、着陆缓冲、静压开伞高度控制、多模式回收程序控制、非电传爆弹盖开伞等关键技术,研制了目前国内回收质量最大、着陆速度最低、可靠性安全性最高、系统最复杂的一套航天器回收着陆系统。

神舟十一号回收着陆的亮点明显。一是全国首创特大型降落伞。降落伞系统是飞船返回阶段的重要气动力减速装置,它可以将进入大气层的飞船返回舱从高铁速度降到普通人慢跑的速度。系统由7000多个零部件组成,是目前我国航天器回收降落伞中结构最庞大和最复杂的系统。其中主伞有1200平方米,能铺满一个足球场。二是着陆缓冲技术提升乘坐舒适度。经过与空气的"软"摩擦之后,飞船返回舱进入着陆缓冲环节,这最后一步是硬碰硬的撞击。为了让飞船在"落脚"的一瞬依然保持航天员良好的乘坐体验,研究人员将着陆缓冲技术应用于神舟飞船返回舱的着陆缓冲系统，从而实现返回舱"软着陆"。

第二节　太平洋上，远望接力牵"神舟"

太平洋某海域狂风呼啸、巨浪翻滚。

执行神舟十一号海上测控任务的远望 7 号船以 12 节航速匀速行驶。全体参试人员紧张而有序地忙碌着。驾驶室里，仪表盘荧光闪烁，航行信息动态显示，驾驶员时刻注意瞭望周边海况。通信部门参试人员仔细检查通信链路，确保通信畅通无阻。机电部门参试人员在 50 摄氏度高温、80Hz 高噪音的恶劣环境中定时巡查动力设备情况，确保水、电、空调及动力系统运行正常。

10 月 17 日凌晨，灯火辉煌的中国卫星海上测控部指挥大厅里，大家目不转睛地盯着显示屏上不断变动的 3 艘远望号船各种数据，静待神舟十一号发射时刻的来临。

自 9 月下旬起，远望 5 号、远望 6 号、远望 7 号 3 艘船陆续出航，克服台风、气旋等恶劣海况，按时抵达太平洋预定海域，为的就是飞船飞天那一刻。

3 艘远望号船所在海域涌浪达 3 米左右，它们均放下"秘密武器"——减摇鳍，船体两侧伸展出两对"大翅膀"如同鲲鹏展翅支撑在洋面上。

"嘀铃铃……一级测量部署，人员按部署就位。"长达 30 秒的部署警铃再次划破大洋上的宁静。

远望 7 号船是飞船入轨首圈海上测控的第一站。今年 7 月刚刚入列,参与执行的第二次海上测控任务就是举国关注的神舟号任务,压力不言而喻。

甲板上,USB 测控天线"注视"西北方地平线、火箭升起的方向……

"一分钟准备!"人们的心跳开始加快,精神高度紧张。"5、4、3、2、1""点火!""起飞!"……

远望 7 号船指挥大厅里传来酒泉卫星发射中心的指挥调度声,中国西北沙漠的酒泉发射中心,巨型运载火箭托举神舟十一号飞船拔地而起,直刺苍穹,渐渐变成一个小小的亮点,最后隐匿在天际间。

火箭在上升,风驰电掣般一路向东朝着太平洋方向飞来。

最紧张的要数船主操作手杨国,他将测量到神舟十一号飞船飞入大洋上空的第一组数据,拉开 3 艘测量船海上测控接力的序幕。首次在神舟号任务中担当主操作手的他,身穿蓝色工作服,全神贯注地端坐在主控台前,神情严肃,右手习惯性地动动眼镜。

突然,杨国眼前的电脑屏幕上闪现一个亮点……"长江七号发现目标!"他及时发现目标,双手稳健地操控着天线方位、俯仰手轮,将亮点拉入示波器中心位置牢牢锁住。

神舟,我们牵住你了!

与此同时,船指挥所的显示屏上出现历史性的一幕:两名航天员

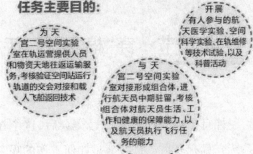

一图读懂
神舟十一号载人飞船

发射时间: 10月17日7时30分

发射地点: 酒泉卫星发射中心

任务安排:
- 两天内完成与天宫二号的自动交会对接,形成组合体
- 航天员进驻天宫二号,组合体在轨飞行30天
- 神舟十一号撤离天宫二号,并于1天内返回至着陆场

任务主要目的:
- 为天宫二号空间实验室在轨运营提供人员和物资天地往返运输服务,考核验证空间站运行轨道的交会对接和载人飞船返回技术
- 与天宫二号空间实验室对接形成组合体,进行航天员中期驻留,考核组合体对航天员生活、工作和健康的保障能力,以及航天员执行飞行任务的能力
- 开展有人参与的航天医学实验、空间科学实验、在轨维修等技术试验,以及科普活动

镇定地坐在机位上,飞船上的各种仪器仪表清晰可见。

"长江七号双捕完成!"

随后,远望 7 号船成功将北京航天指控中心传来的"太阳帆板展开"指令注入飞船。这是远望号船向飞船发出的第一个极其关键的指令。

接到指令后的飞船缓缓打开帆板。北京航天指控中心根据远望 7 号船的数据做出判断:太阳帆板展开正常!

这意味着神舟十一号载人飞船开始了它在太空长达 33 天的探索之旅。

完成飞船"入海第一棒"跟踪测控任务的远望 7 号船,又急速奔赴下一个测量点。

张开宽大的太阳帆板的神舟十一号飞船,如同一只雄鹰,朝着远望 5 号船上空飞来。

北京时间 8 时 5 分,远望 5 号船。测控机房内,所有人的目光不约而同地投向了主操作手王新荣。

"长江五号发现目标!""长江五号双捕完成!"刹那间,船上的测控通信设备与飞船建立了桥梁。

"长江五号跟踪正常,遥外测信号正常!"

…………

一场梦想与现实的接力赛,一场波澜壮阔的海天接力赛仍在继续。

第三节　穿"棉衣""打手机"遨游太空

神舟十一号和天宫二号交会后,这个在太空中的"大块头"各个系统究竟有多牛?它们都是如何工作的呢?权威专家这样解读。

大脑：智能控制系统

高智能是"太空之家"的一个突出特点。为了让航天员在太空集中精力开展空间科学试验等飞行任务，航天科技集团公司五院技术人员为"太空之家"配备了智能化的"大脑"——控制计算机系统和自主研发的 SpaceOS2 操作系统，它可以对航天器飞行轨道、姿态调整、运行状态进行智能化诊断，以及执行遥测下传、地面遥控指令。不得不提的是，SpaceOS2 系统可以实现"一心多用"，能同时管理运行几十个任务，并具备从 3 台互为备份的计算机中发现错误、下达正确指令的"三机容错"功能，这真正意义上实现了多台计算机在故障时的无缝切换。此外，航天科技集团公司五院技术人员运用数字化手段，研制出可视化的仪表控制器应用系统，它整合了航天器 10 多个分系统数据，把专业数据浓缩成为 52 组画面，实现了海量信息智能化处理与显示，为航天员提供清晰、直观的显示界面，降低了操作负担。

便捷维修是"太空之家"的新亮点。科幻电影中，技术人员像插拔 U 盘一样，快捷地更换损坏部件的场景将在"太空之家"真实上演。五院技术人员通过合并同类项的理念，对"太空之家"的供配电、热控、数据管理等系统实现了高度集成化模块设计，打造出了"插拔式"的结构设计，在地面的模拟试验中，技术人员只需用几分钟就能完成一次维修更换。

减负：实现太空加油

由天宫二号和神舟十一号组成的"太空之家"属于低轨道航天器，它运行在距离地球 393 千米的太空，这一位置有稀薄的大气。受大气阻力影响，航天器运行速度会不断下降并导致轨道高度的下降，为了维持相对稳定的轨道高度就要消耗大量的燃料。为了避免天宫二号出现"粮草不足"的问题,航天科技集团公司五院技术人员为它研制了在轨补加系统,它可以实现在太空边飞行边"加油",这将极大地提高它在轨运行时间,并且在起飞前也不用像天宫一号一样把"油箱"加满、携带一吨多的推进剂,而是只加了半箱"油",节省的重量可以携带更多的载荷产品和航天员的生活物资。

眼睛:光学成像敏感器

天宫二号和神舟十一号的空间交会对接是搭建"太空之家"的重要一步,而其间,两者从相距150米到靠近、联成一体,最终完成对接,难度最大、风险最高。这一过程犹如"太空穿针"。为了在比子弹速度快8倍的高速下实现两者毫厘不差地对接在一起,航天科技集团公司五院技术人员设计了光学成像敏感器(CRDS),它由位于运输飞船上的相机和位于目标飞行器上的目标标志器组成。

此外,为了避免太阳的强光干扰这双"眼睛",航天科技集团公司五院技术人员将该敏感器首次捕获时间提高了一个数量级——由原来的约十秒提高至不到几百毫秒。"这个时间就好比司机在开车时被强光晃到眼睛之后恢复正常视力的时间,'眼睛'从看到目标到做出判断的响应时间也大大缩短。"航天科技集团公司五院敏感器设计师刘启海说。

方向盘:控制力矩陀螺

天宫二号空间实验室还有一个"定海神针",那就是控制力矩陀螺(简称CMG),作为空间飞行器姿态机动与姿态稳定的控制部件,它用于长寿命的三轴稳定卫星或空间站,实现对卫星或空间站姿态的控制。此次,由航天科技集团公司五院502所自主研发用于天宫二号上面的 200NmsCMG 输出力矩平稳、力矩分辨率高,在天宫一号任务时首次亮相,在服役期间姿态控制精度均优于设计指标,在轨工作稳定、表现优异。CMG 的成功应用使中国成为世界上第三个掌握该技术的国家,也是我国空间机电执行部件发展的一个里程碑。

"智能手机":中继终端

天宫二号空间实验室成功发射后,要确保与地面通信的实时畅通,就需要中继终端,通过与中继卫星天链一号实现"太空握手",搭建起天地信息传输的通道,就好像为天宫一号配备了一部"智能手机"。

当天宫二号空间实验室进入预定飞行轨道时,中继用户终端将根据其飞行程序的指令链要求,计算出中继终端天线的指向数据。之后,中继终端中的转动设备将天线指向中继卫星,这样就完成了中继终端对中继卫星天链一号的捕获跟踪,并向中继卫星发送数据,从而建立了从天宫二号空间实验室到中继卫星再到地面站的数据传输链路,这样就可以进行数据传输与通信。

"棉袄":多层隔热组件

多层隔热组件就像人穿的棉衣一样,给天宫二号起到内部保温、外部隔热的作用,尺寸太大或太小都会影响天宫二号的温度,有了多层隔热组件保护,在未来两年,天宫二号就要靠这个来抵御复杂的太空环境了。怎样才能保证这些衣裳大小合身呢?这就需要"裁缝"们拿着尺子,精准地测量出天宫二号上的每个尺寸,然后在多层隔热组件上制作出像豆子一样大小的孔,使孔位和星上的销钉位置一致,大小合适后再用压扣固定在星上,多层组件大致铺设好,还要严格依照设计要求对多层组件的开口尺寸进行修剪,不能遮挡过多的型号设备,特别是不能遮挡敏感器的光路。

这些细腻、微小的动作都出自那些总装钳工师傅,他们很多都是年近六旬的老技工。不过,为天宫二号缝制"嫁衣"可是门细活儿。由于工作要求高,同时操作空间受限,有的时候整整一天下来,一个总装工作人员也只能包覆 2 个推力器。

第四节 太空"仙外"生活

在太空中生活是建设太空家园的主要任务之一,那么航天员们在自己的家园的吃穿住行与在地球上一样吗? 本节与大家分享太空"仙外"生活。

1. 航天员主要采用周工作制和天地同步作息制度

首次 30 天驻留飞行任务,对航天员的身心素质、工作能力提出了更高的要求,也给航天员的健康保障、生活保障带来了更大挑战。越到后面,出情况的可能性越大。这对于航天员和地面支持团队应急处置能力是一个大的挑战。

随着空间飞行时间的增加,太空失重环境对人体带来的不利影响会越来越大,特别是心血管系统功能减退的问题会变得更加突出,还将出现一定程度的肌肉萎缩和骨钙丢失问题。此外,航天员返回地面时的重力再适应反应症状会较为明显,再适应时间也会相应延长。这对保障航天员的身心健康提出了新的挑战。

太空生活保障是重中之重。作息制度安排的合理性、食谱食品的

感官接受性、卫生清洁尤其是运动后的清洁问题等,都需要加强系统
设计。

生活作息方面也有很大不同。以往十几天甚至几十天的飞行,时间十分宝贵,航天员在太空的任务很多,作息往往按小时甚至分钟来设计。但这次属于中期飞行,要向空间站任务的长期飞行过渡,航天员系统为航天员设计了日计划和周计划相结合的方式,主要采用周工作制和天地同步作息制度的模式,给航天员更大的自主安排和调整的权利。

因此,组合体内30天生活按照"6+1"模式,6天工作,1天休整。但头尾会根据进驻天宫的情况进行适当调整。比如刚进驻天宫时,就像进入新家一样,首先要收拾整理,安放物品。返回地球前,航天员也要整理收拾需要带回来的物品,打扫天宫。

从神舟九号、神舟十号任务,航天员就开始实行天地同步作息制度,按照地球上的时间早起工作,晚上睡觉。神舟十一号的任务,航天员自主调整的权利更大。对地面支持团队来说,尽管不像早期飞行时那样需要全天24小时值班,但工作量并不能简单地用更轻松来评价。为了给将来的空间站飞行积累经验,这次地面团队将对航天员在轨生活进行大量的统计、观察、记录并用于评估。

科学与艺术的结合:航天人不木讷

2. 在太空如何保障健康

建立起天地远程医疗支持系统和心理舒缓系统，以保障健康。

失重是航天员遭遇到的最大考验。在空间轨道的失重环境，血液往头部、上肢转移，人体体液的调节会发生变化。紧接着是心血管可能会出问题。在太空，航天员行走不是靠双脚，而是用胳膊用力飘浮过去。这会导致肌肉的萎缩，也会造成骨质疏松。

在飞行过程中，地面支持团队将综合利用医学询问、基本生理指标检查、尿常规检测等手段，定期实施健康状态评估；注重加强舱内微生物控制，并配置了预防治疗药品和有关医疗器械。此外，本次任务首次建立起天地远程医疗支持系统，通过天地协同会诊，解决航天员在轨"看病"问题。

同时，专门为航天员打造了一个"太空健身房"，配备了防护装备和锻炼设备，尽可能降低失重带来的不利影响。比如使用套带，防护飞行初期出现的头胀、鼻塞等不适反应；通过使用拉力器和自行车功量计锻炼、穿着企鹅服工作，对心肺功能下降、肌肉萎缩和骨钙丢失等情况进行综合防护。

所谓"企鹅服"，其实也是一种锻炼工具。在太空失重状态下，人的肌肉会失去重力的刺激，发生萎缩。穿上"企鹅服"，可以给人一个对抗的力，维持对肌肉力量的持续刺激，防止失重引起的肌肉松弛和骨钙丢失。拉力器增加了下肢和腰背肌群的锻炼。航天员系统专家说，一般来说，航天员在太空每天会花一个小时进行锻炼。

地面支持团队也会在飞行中观察和评估两名航天员的心理状态，并提供心理支持。尤其是中后期，对航天员的情绪、疲劳程度、人机互动、天地互动和两人彼此的互动，都会重点观察和记录。

在这次飞行任务中，地面团队为航天员提供了一个基于虚拟现实技术的心理舒缓系统,通过这个系统,航天员可以看到家人、家里场景、熟悉的环境等。改进了天地信息交流系统,航天员可以随时和地面沟通信息、传递邮件,与亲朋好友进行音视频交流。

航天员自己也随身带了感兴趣的歌曲、视频等,包括家人的照片。一天忙碌之后,在晚上自主支配的大约 1 小时休闲时间里,可以拿出来听或者看看。这也是一种心理上的放松。

3. 在太空中吃什么食物

6 大类 100 多种食品,食谱 5 天一个周期。

太空飞行的营养保障,首先是能量的供给,和地球一样,还是早中晚一日三餐,合理配置能量和营养。同时根据飞行时段的不同和航天员的任务情况,合理安排食谱。

神舟十一号航天员的食谱是 5 天一个周期。飞行后期,会适当安排低膳食纤维的食谱,增加复合营养素的补充。地面人员记录航天员的进食情况,定期评估,必要时也会提醒该吃什么、吃多少。

准备的食品比以前的更加丰富,更符合航天员的饮食需求。譬如在自主飞行段也就是飞船单独飞行时,航天员会喝一些粥,吃一些清淡的食品,到了天宫二号和神舟飞船组合体阶段,航天员开始"正常"生活阶段,一日三餐就变得丰富些。根据飞行中的营养标准,组合体阶段每名航天员每天需要的热量"折合"成食物的分量,相当于一到两公斤。摄入热量的高低也不是随便定的,通常是根据航天员在轨的工作负荷来确定。

地面科研团队给航天员配置了主食、副食共 6 大类 100 多种食品,能吃到酱牛肉、鱼香肉丝等家常菜,以及类似甜点的烘焙食品。考虑到中期飞行中航天员的身体状况变化,有一部分食品还有食疗作用。为了使航天食品在太空中既能够安全存放,又能保持美味,科研

神舟十一航天员计划在轨飞行33天
四项措施保障航天员健康生活和有效工作

神十一的四项保障措施

人员需要运用食品工程的工艺技术，更好地保存和包装食品。航天员可以用舱内配置的专用食品加热器来加热。

由于航天食品算是一种工程产品，自然不会像日常餐馆里做出来的那样。首先要满足安全的要求，能够提供充足能量和营养素，同时也尽可能符合航天员的饮食习惯，做到美味可口。比如好多食物不是新鲜的而是脱干的。这次在太空中，航天员也能吃到冰激凌，但和地面带水分的冰激凌不同，他们吃到的是冻干冰激凌，就像平时看到的白色泡沫一样，比较干硬。但吃到嘴里，口感不错，它的能量也达到了航天员对食品的要求。

4. 在太空穿什么衣服

舱内压力服、工作服、企鹅服等配套使用。

航天服分为舱内航天服和舱外航天服，前者一般指乳白色的舱内压力服，是保护航天员在太空中遇到压力变化甚至真空状态时的装备，后者相当于一个迷你型的飞行器，让航天员能在太空裸露环境中漫步或维修航天器。天宫二号和神舟十一号任务期间,航天员没有出舱的任务,因此不需要带上舱外航天服。航天员在舱内穿的衣服则有好几种。

这次航天员驾驶神舟十一号飞船和天宫二号对接后,从飞船进天宫2号前就要换上舱内压力服,以免发生危险。在组合体内正常生活时,他们就脱下舱内压力服,换上蓝色的舱内工作服,按计划进行各项科学实验操作和安排各种活动。目前航天员在空间轨道中穿的衣服种类更多,穿着更加休闲舒适。运动服则是在组合体里进行锻炼时穿的衣服。航天员穿的内衣和舱内压力服、工作服、企鹅服等休闲服配套使用,具有一定的保暖、卫生和舒适性。

航天员在太空睡觉用睡袋,睡袋兜里配有眼罩和防噪声耳罩,并且有钩子和束缚带,用来把睡袋固定在舱壁上,防止失重情况下发生飘移。

景海鹏　　　　　　　　　陈冬

这次给两名神舟十一号航天员每人带了 8 套内衣,5 天左右换一套,以此来保障一个月太空生活的衣着卫生。

第五节 "红娘锁"

在太空飞行了 30 多天的天宫二号,终于在 10 月 19 日凌晨迎来"赴约"的神舟十一号载人飞船。

神舟十一号载人飞船与天宫二号空间实验室成功实现自动交会对接,二者"牵手"形成的组合体,将供两名中国航天员生活 30 天。被形容为"红娘锁"的对接机构的重要性,是此次"红娘锁"要维持 30 天的技术难度。

中国是继美、俄后,世界上第三个独立掌握交会对接技术的国家,对接技术是中国载人航天发展所必需的核心关键技术;中国"红娘锁",经过 16 年的自主研发,2011 年已首次应用于神舟八号与天宫一号的中国首次空间交会对接任务。

而此番"红娘锁"所面临的新挑战是:中国航天员迄今最长太空驻留期间,怎么验证其可靠性?

两个锁在一起长期保持的物体,通常如"用一根橡皮筋,将两本书绑起来,时间长了,橡皮筋的力就减小了,那我们的'红娘锁'会不会存在类似的退化机理? 怎样来杜绝这种现象? "

在这方面,对接机构研究室做了深入研究,目前"红娘锁"已通过模拟 2 年左右保持能力的验证,所以对于此次保持 30 天,研发人员还是颇有自信。而其未来的"大目标"是 15 年,以满足中国在 2020 年

神舟十一号主要任务

● 为天宫二号在轨运营提供人员和物资天地往返运输服务,进一步考核系统性能,特别是交会对接技术

● 与天宫二号对接后完成航天员中期驻留试验,考核组合体对航天员生活、工作和健康的保障能力

2名男航天员执飞

将开展航天医学、空间科学实验和空间应用技术、在轨维修技术、空间站技术试验以及科普活动

神舟十一号主要任务

前后建成空间站所需。

"红娘锁"有多重要?目前国际空间站里,主要是依靠对接机构来实现更大吨位的飞行器的组装。而这个组装过程其实就像"太空搭积木",运载一个飞行器上天,再运载另一个,在太空以"红娘锁"用搭积木的方式搭建在一起,逐渐扩展。

这不仅可以减轻每次运载的压力,并且可以保持各个飞行模块的独立性和完整性,根据实际需要,提供物资运送对接,人员天地往返等。

神舟十一号在"牵手"天宫二号时,上海的空间对接缓冲试验室处于待命状态,其作用是,根据在轨运行模拟验证的实际需要,利用

地面试验室内的"孪生"对接机构,进行先行验证模拟。

　　神舟十一号升空,升起中国航天梦,也升起了中国制造强国梦。中国能够掌握前沿航天技术,表明中国人有能力也有实力,在更多领域取得更大突破,逐步实现中国制造向中国创造转变。

第十二章　大步向"太空村庄"走去

——航天探索未来展望

在进入 21 世纪的今天,人类正满怀信心地向太空这一辽远的疆域走去。建设"太空村庄",大规模开发太空宝贵的资源,让太空资源造福人类,建设太空城市,在其他星球上建设基地,向更为广阔的深空走去,探索更为广阔的宇宙空间,寻找人类的知己,探索在地球以外的星球生存的可能性,等等,这一个个宏伟的目标,是壮心不已的人类永远不息的雄浑夯歌。

第一节　"太空村庄"建设提速

随着航天器技术以前所未有的速度发展,人类建设"太空村庄",大规模探索和开发利用太空资源的步伐将越来越快,呈现出以下趋势。

制定发展战略,加快行动步伐。纵观世界航天大国,纷纷启动了建设月球基地、火星基地等多个"太空村庄"建设方案,人们完全有理由期待着人类在外层空间上演的连台好戏。通过多个航天国家太空资源开发战略的分析,我们可以看到,各航天国家走向太空"矿场"的道路是不一样的。美国和俄罗斯是全面展开,研究内容涉及微重力实验的各个领域。以美国为例,据不完全统计,美国航空航天局在微重力科学试验研究投资上,以平均每年50%的速度递增。中国、西欧和日本更侧重于材料科学、生命科学及生物技术的研究,其他国家则是零星搭载试验,多属材料加工范畴。在这方面,美国和俄罗斯走在前面,目前已处于发展阶段,很快就会实现空间材料加工生产的产业化。西欧、日本虽然起步较晚,但势头很猛,预计将成为继美、俄后的空间产业化国家。

发展航天技术,增加经费投入。当今世界的发达国家都将航天器技术作为促进经济和社会发展、全面提升军事实力的重要支柱,纷纷加大对航天器技术的投入,一些发展中国家也加快了涉足航天器技术的步伐。纵观近十年来世界各主要航天国家空间技术投资的走向,我们可以发现,发展的方向和投资大都集中在应用卫星、载人航天和深空探测三个领域,其中,载人航天和深空探测领域约各占15%。

应用领域扩展,应用效益深化。未来,载人航天技术必将继续扩大其影响力和渗透力,其应用将进一步拓展和深化,将更为广泛地渗透社会生活的方方面面,社会和公众对载人航天所产生成果的依赖程度将大大增强。同时,随着太空科学研究的深入,太空资源的直接利用步伐将大大加快,太空制药、太空材料生产、太空旅游等新兴产业将大量涌现。

突破新的技术,实现高度综合。随着新技术、新材料的应用,未来"太空村庄"的建设速度更快,传统的航天器发射时质量的大部分都用于携带用于航天器运行姿态保持的肼燃料上。经过几十年的研究,电推进技术已用于对卫星轨道控制,使载人航天器的研制实现高性能、低成本。可以预见,随着推进技术的发展和推进剂的改进,不仅空间站的在轨运行寿命将大大延长,而且运载火箭的运载能力也将大大增强。预计21世纪空间站上,将可以只携带很少的肼燃料。空间站的平台将采用高度模块化、集成化和系列化技术,先进的推进系统、能源系统和新材料、新工艺的运用,将使卫星研制技术更加完美。

多个国家联合,实现优势互补。航天国家在突破和掌握关键技术的同时,在空间资源的开发利用技术领域,特别是在深空探测领域,将更多地出现诸如国际空间站那样多国联合研制的局面,将出现广泛的大规模的国家合作。

在这里,特别值得一提的是,在未来一段时间内,人类进入太空的主要工具仍然是飞船。据预测,未来的飞船将向四个方向发展。1. 功能多,造价低,可以用作商业旅游。2. 落点精确,安全性好。3. 可以重复使用,以降低成本。4. 开发可以用作星际飞行的飞船。

任何一次工业革命无不以科学技术的重大发现为先导,科学家预测,新的工业革命将发生在太空,大规模开发空间宝贵的资源,让太空资源造福人类,将成为世界上各航天国家航天活动的主旋律。

1. 太空工业终将出现

空间科学研究的丰硕成果,太空资源开发利用的强劲走势吸引了许多发达国家的目光,壮心不已的人类要在太空这片富饶的矿场上奋力开拓。随着载人航天技术的发展,大型空间站的建立,人类有望在开发和利用太空资源上取得突破性进展。一场开发利用太空资源的竞赛正在广阔无垠的太空展开,将形成一个潜力巨大的太空产业。

纵观今日的世界,增加基础投资,尽快形成经济和应用效益,已成为各航天大国不容忽视的动向。据报道,美国已经设立了计划发展太空采矿业的机构,进行太空采矿的前期勘探工程。美国新成立的太空发展组织曾表示,该机构计划个人投资发射一艘名为近地球行星勘察号的无人驾驶探测器,在环绕太阳运行的某一颗小行星上着陆,在最接近地球的小行星上遥控勘探矿藏,并通过仪器将探测到的照片和其他资料传回到地面控制中心,科学家们将利用这些资料分析小行星上的贵重稀有金属的分布情况,为大规模开采提供依据。

人类航天史上最雄伟的杰作——国际空间站,是迄今最大的"太空村庄",也是最大、最为先进的太空科学研究和实验的平台,由美国、日本、欧洲和俄罗斯等国提供的 6 个实验舱所组成的实验室,运用了当代最先进的科学技术和工具,将为观察地球及进行科学研究,提供一个前所未有的场地,预计到 21 世纪 20 年代,这里开展的一系列生物、化学、物理及其他相关学科的研究,将为生物、医药和工业的进步,改善地球人的生活条件和未来地外旅行开辟新的途径。同时,这里取得的一系列科学实验成果,将帮助人类在通往遥远深空的道路上走得更远,步伐更为矫健。

随着航天技术的发展,利用空间进行商业化活动,是人类文明发展的必然趋势。美国航天界曾预言,在不久的将来,人们将到其他星球去采矿,并在那里建立太空工厂,将在太空中采集的矿,就地冶炼成地球上需要的各种材料,再运回地球,为人类所用。到那个时候,利用太空资源的新型企业将大量涌现。空间商业化的前景不仅是人类的向往,而且是人类征服空间、利用空间为其服务的必然选择。

2. 在希望的田野上耕耘

地球养育着人类,千百年来,人类都是在地球上种田,也许你未曾料到,在未来,人类也许将到太空中去"种田"。

在和平号空间站里,科学家们已成功地种植了卷心菜、土豆等蔬菜。同时,航天员们在空间站还种植了只有 40 厘米高的小麦,在地球上,小麦从播种到收割需要 120 天左右,而在太空中种植的这种小麦只要 60 天,这是因为空间站里的小麦 24 小时都有电灯照明,小麦无法睡觉,只能不停地昼夜生长;另外,这种转基因小麦的产量是地球上普通小麦的 3 倍。

长时间在空间站里工作或进行星际飞行,航天员的食品是个大问题。现在,在空间站上航天员吃的食品都是由地面定期送上去的。这就出现一个矛盾:一次性从地面带得太多,将增加运载火箭的起飞重量,而带得少,维持不了多长时间,就又要发射飞船,加大了成本,这是一个困扰长期载人航天的大问题。现在,

到太空中采矿

科学试验表明,这个问题有望在太空中解决。未来,长时间进行太空飞行的航天员可以在宇宙飞船或空间站中就地取材,采用太空种植蔬菜、粮食等食品。这样,航天员在进行星际航行的时候,将可以吃上名副其实的太空粮、太空菜了。

长期以来,人们为解决吃饭问题,在改善农作物品种上进行了大量的工作。培育一个良种,往往要耗费一个农业科学家毕生的精力,有时即使是竭尽全力也很难获得,因为种子的培育,对地面条件要求极高。研究发现,农作物种子经过太空"修炼"后,可以取得奇特的抗病高产的效果,航天技术将给农作物良种的培育带来曙光。

中国已有 10 多年进行太空育种实验的历史,所获得的良种早已在中国四面八方安家落户,尽管如此,能吃到太空椒、太空西红柿的人毕竟是极少数,目前,有关部门正在加紧太空种子的选育、推广步伐,为使更多的人吃到太空青椒、太空番茄、太空黄瓜等太空蔬菜和太空粮食而忙碌着。

3. 太空太阳能发电站紧锣密鼓

在人类发展面临能源和环境问题日益严峻的今天，探索发展可再生能源技术，是实现可持续发展的重大问题，航天技术经过 50 多年的发展，为建设空间太阳能发电站提供了较好的技术基础，于是，世界上一大批科学家把探询的目光投向了广袤的太空。

人类发展呼唤可再生能源。能源与环境问题正在成为全世界面临的挑战。在加快发展的同时，保护生态和环境，提倡和实行低碳生活的意义正在被认识，可再生能源成为未来必然的选择，非化石能源取代化石能源成为各国的共识。

现实生活中，传统可再生能源将无法满足人类对长期稳定能源的需求：比如水能资源分布不均，资源有限，发电不稳定，会造成生态环境影响；风能发电不稳定，大面积风力发电会破坏大气环境的平衡；核能核原料资源有限，核废料难以处理，存在一定的安全风险；生物质能资源较小；地热、潮汐能等技术还不成熟，大规模开发困难。因此，毫无疑问，人类长远发展最可依赖的能源方式为太阳能和核聚变。

据有关资料显示，世界在核聚变技术领域的投入已经超过 200 亿美元，但目前依然没有取得突破性进展；传统的地面太阳能发电不稳定，需要大量的储能设备，不适合作为基本负载电源。而在空间利用太阳能，将提供一种不受季节、昼夜变化影响、能够向地球表面连续提供能量的重要方式；同时，空间太阳能资源储量远大于地面太阳能资源储量；空间太阳能发电站可以连续地提供稳定的大功率电能，不需要巨大的储能设施，适合于作为主供电系统。

综上所述，在人类未来的发展中，传统能源体系正在面临着变革。以矿物能源为主的能源利用体系导致了人类与气候环境互动灾难。欲改变这种情况,就要建造以可再生能源为基础的能源生产和消费方式。国际能源署(IEA)正在拟定新的能源利用计划,即至 2050 年全球能源消费 50%来自可再生能源,25%来自核能,另外 25%来自矿物能源的清洁利用。

第二节　各国建立空间太阳能发电站

随着人口的急剧增长,地球人正面临着能源危机和环境恶化问题,而太阳是取之不尽的能源。电能、煤、汽油和天然气等是现今人类生存的主要能源,而电能是不形成污染的最好能源。但是,火力发电形成污染而且要燃烧许多煤炭。水力发电虽然好,但水资源极其缺乏,许多地方生活用水都成问题,发电就更谈不上了。尽管核能是一种极具潜力的能源,已经在不少国家利用,但是核电站易出问题,会对人类生存环境造成危害,核废料处理也是个大问题。因此,科学家认为,可以利用的最好的能源是太阳能。

太阳是一个取之不尽、用之不竭的洁净能源宝库。由于太阳光被地球大气层反射、折射、散射和吸收后大大减少,太阳所散发的热量中只有极少的能量到达地球,尽管如此,地球每秒钟所获得的能量仍然相当于燃烧 500 万吨优质煤所发出的能量。而且地面上有白天和晚上之分,晚上没有太阳,可利用的时间就减少一半,特别是赶上阴天和雨天,可利用的时间又将减少,因此,在地面上利用太阳光的效率不高。而如果在太空建立太阳能发电站,其应用价值是巨大的。因此,目前一些发达国家正在研究试验建造太空发电站,以开发新的能

建设空间太阳能发电站

源。因此，毫无疑问，利用航天技术，建造空间发电站，是人类应对能源和环境危机的重要手段。

虽然有的专家认为，建设空间太阳能发电站不仅存在着技术上的风险，而且在经济上也不可承受，但是，几十年来，对发展空间太阳能发电站的研究一刻也没有停步。美国、欧洲和日本的科学家都竞相开展相关技术与方案研究，在许多方面取得了积极的进展。

据有关资料显示，在过去的 30 年来，美国航空航天局和能源部耗资 8000 万美元对天基太阳能发电概念进行过大量的研究工作。"9·11"事件之后，反恐战争改变了美国的国家安全战略，天基太阳能发电站技术及其解决方案再次成为关注重点。美国在 20 世纪 70 年代就投入经费进行空间太阳能发电站(SPS)系统和关键技术进行研究，并且提出 5GW 的"1979 SPS 基准系统"方案。1995 年 7 月，NASA 开展了重新评估空间太阳能发电站可行性的研究，并且提出多种创新方案。1999 年，NASA 在 2 年内投资 2200 万美元，开展了"空间太阳能发电站探索性研究和技术计划"，提出空间太阳能发电站发展的技术路线图，计划于 2030 年实现 1GW 商业系统运行。2007 年美国国防部组织专家完成了中期评估报告，引起新一轮空间太阳能发电站研究热潮。2009 年，美国太平洋天然气与电力公司(PG&E)宣布，与

Solaren 公司签署协议,正式向 Solaren 购买电力 20 万千瓦。2010 年 5 月,国际 SPS 学生竞赛发布。2010 年 5 月,美国空间协会主办的 2010 国际空间发展会议(ISDC)的主题定为空间太阳能发电站。

日本从 20 世纪 80 年代就开始进行 SPS 概念和关键技术研究。共有 200 多名科学家参加 15 个技术工作组,从 20 世纪 90 年代起陆续推出了 SPS2000、SPS2001、SPS2002、SPS2003、分布式绳系 SPS 系统等设计概念。2003 年 2 月,日本提出了"促进空间太阳能利用"计划,目标是在 20 至 30 年后实现商业化,并提出了 SPS 发展路线图。第一步是开展几十千瓦的小型系统验证,验证微波和激光的无线能量传输技术。第二步是在国际空间站周围进行 10MW 级的大型可展开结构的机器人组装技术验证。第三步是在 GEO 轨道上建造 SPS 的验证系统,最终在 GEO 轨道上建一个 GW 级的商业空间太阳发电系统。2009 年,日本宣布以三菱公司为主的集团将在 2030 —2040 年间建设世界第一个 GW 级商业 SPS 系统,总投资额将超过 200 亿美元。

欧洲在 1998 年开展了"空间及探索利用的系统概念、结构和技术研究"计划,提出了名为太阳帆塔的概念设计。2002 年 8 月,欧空局先进概念团队组建了欧洲空间太阳能发电站研究网,重点在高效多层太阳能电池、薄膜太阳电池、高效微波转化器、极轻型大型结构等先进技术方面开展研究工作。

目前,世界上已经出台了多个典型的空间太阳能发电站方案。

1979 SPS 基准系统

1979 SPS 基准系统是第一个比较完整的空间太阳能发电站的系统设计方案,由美国在 1979 年完成,以全美国一半的发电量为目标进行设计。其设计方案为在地球静止轨道上布置 60 个发电能力各为 5GW 的发电卫星。

分布式绳系卫星系统

为减小单个模块的复杂性和重量，日本提出了分布式绳系卫星的概念。其基本单元由尺寸为 100 米×95 米的单元板和卫星平台组成，单元板和卫星平台间采用 4 根 2000 米～10000 千米的绳系悬挂在一起。单元板为太阳电池、微波转换装置和发射天线组成的夹层结构板，共包含 3800 个模块。每个单元板的总重约为 42.5 吨，微波能量传输功率为 2.1MW。由 25 块单元板组成子板，25 块子板组成整个系统。该设计方案的模块化设计思想非常清晰，有利于系统的组装、维护。但系统的质量仍显巨大，特别是利用效率较低。

集成对称聚光系统

NASA 在 20 世纪 90 年代末的 SERT 研究计划中提出新一代的集成对称聚光系统的设计方案。采用了位于桅杆两边的大型蚌壳状聚光器将太阳能反射到两个位于中央的光伏阵列。聚光器面向太阳，桅杆、电池阵、发射阵作为一体，旋转对地。聚光器与桅杆间相互旋转维持每天的轨道变化和季节变化。

每个聚光器由 36 面平面镜组成，直径为 455.5 米，表面平面度 0.5 度，镜面反射率为 0.9，镜面为 0.5 毫米 Kapton 材料，依靠一个环形可膨胀环和一个可膨胀背板支撑。安装在聚光器结构板上，形成主镜。桅杆长 6373 米，主镜焦距超过 10 米。主镜尺寸为 3559 米×3642 米。

PV 阵的平均聚光率大约为 4.25，建议采用量子点技术，到 2025 年可能达到的技术指标为 1000W/kg 和 550W/m²，阵列效率可达到 39%。PV 阵采用了肋化设计，可以增强散热 20%。PV 阵背板结构是一个可膨胀环网。每个 1000 米直径电池阵由 40 米×25.6 米的子阵组成。

为了减小由于电池阵到微波转换器的长距离产生的能量损失和质量,从电池阵到发射天线采用的电压为 100kV。由于电池阵电压为 1000V,固态放大器工作电压为 80V,所以需要两方面的电压转换,电压转化装置是影响电源管理与分配部分的主要质量因素。如果采用 6000V 的磁控管,并将电力分配电压降为 6000V,就可以减小或消除电压变换装置。

欧洲太阳帆塔

欧洲在 1998 年"空间及探索利用的系统概念、结构和技术研究"计划中提出了欧洲太阳帆塔的概念。

该方案设计的基础是基于美国提出的太阳塔概念,但是采用了许多新技术。其中最主要的是采用了可展开的轻型结构——太阳帆。可以大大降低系统的总重量、减小系统的装配难度。其中每一块太阳帆电池阵为一个模块,尺寸为 150 米 × 150 米,发射入轨后自动展开,在低地轨道进行系统组装,再通过电推力器转移至地球同步轨道。该方案采用梯度稳定方式实现发射天线对地球定向,所以太阳帆板无法实现持续对日定向。

发展空间太阳能发电站面临巨大挑战。目前建设空间太阳能发电站首先是技术难题。

空间太阳能发电站是一个巨大的工程,对于现有的航天器技术提出了很大的挑战:规模大,质量达到万吨以上,比目前的卫星高出 4 个数量级,需要采用新材料和新型运载技术;面积达到数千米,比目前的卫星高出 6 个数量级,需要采用特殊的结构、空间组装和姿态控制技术;功率大,发电功率为 GW,比目前的卫星高出 6 个数量级,需要特别的电源管理和热控技术;寿命长,至少达到 30 年,比目前的卫星高出一倍以上,需要新材料和在轨维护技术;效率高,需要先进的空间太阳能转化技术和微波转化传输技术。

其次是成本问题。据有关专家估算,建设一个天基太阳能发电站需要耗资 3000 亿至 1 万亿美元。因此,成本问题可能是制约空间太阳能发电站发展的主要因素。

第三是环境影响。虽然空间太阳能发电站功率很大,但由于微波能量传输距离有 36000 千米,根据微波能量传输特性,实际接收天线的能量密度比较低。

第四是运行问题。运行中还有许多问题,其中包括需采取相应的措施对波束进行安全控制问题、对于飞行器的影响、空间碎片可以对空间太阳能发电站造成局部损害、易攻击性、可能成为空间垃圾等。

第五是军事用途。空间太阳能发电站(特别是微波能量传输型)不具有特别的攻击能力,但作为一个大功率空间电源系统,与其他军事技术的结合有可能成为攻击性武器。另一方面,空间太阳能发电站可以用于军事设施的无线供电,间接应用于军事用途。根据一些专家的建议,在发展空间太阳能发电站时,要加强国际监督,确保空间太阳能发电站不成为军事武器。

第六是轨道和频率问题。根据联合国《外层空间条约》规定:卫星频率和轨道资源是全人类共有的国际资源,各国都可以依据国际规则开发利用。依据国际规则,在卫星投入使用前不早于 5 年,但不晚于 2 年,向 ITU 申报并公布拟使用的卫星频率和轨道资源,先申报国家具有优先使用权。轨道和频率资源也将成为空间太阳能发电站发展的重要限制条件之一。

第七是产能、发射能力。一个 5GW 空间太阳能发电站系统的质量大约有数万吨,甚至与人类航天 50 年发射的重量差不多。空间太阳能发电站是一个巨大的工程,为了实现商业化和低成本,应当规模化、产业化。对于现有的航天器制造和发射能力提出非常高的要求,从材料、研制、测试、发射、在轨操作等方面都远远超过了现有能力。

近十多年来,空间太阳能发电站关键技术有了很大的进步。从世界发展趋势预测,至2020年世界上将建造规模不同的试验验证空间发电站,在空间取得经验后,估计2030年空间电力产业将进入商业化阶段,美国、日本等国将处于世界领先地位。而至2050年空间太阳能发电站提供的电力将占全球的20%以上。

目前,国内空间太阳能发电站研究还处于刚刚起步的阶段。主要活动和工作还处于相关单位、研究院所、大学、相关专家自发状态。2009年,国内多位专家上报中央,建议发展空间太阳能发电站;国内相关单位结合其他项目在高效太阳能发电、特殊材料、大型展开结构、在轨维护等关键技术方面开展了初步研究工作。

2010年8月25日,在中国空间技术研究院主办的空间太阳能发电站发展技术全国研讨会上,专家们认为,航天领域经过50多年的飞速发展取得巨大的进步,特别是载人登月和国际空间站的建成是人类最具里程碑的航天成就,为空间太阳能发电站的发展提供了较好的技术基础;我国已成功地发射了100多颗卫星和7艘飞船。未来十年左右将要建设的空间站,将给我国空间太阳能发电站的发展带来很大的机遇;我国新一代运载火箭和未来可能发展的重型运载将大幅提升我国进入空间的能力,为建站提供了条件;我国空间技术和空间工业基础的发展,将为我们进一步利用开发空间资源开辟新的空间,使我国在空间太阳能发电涉及的空间资源分配和国际市场上拥有一席之地。有的专家建议,我国政府必须高度重视,尽快启动空间太阳能发电站计划,把这一使用的工程纳入发展计划之中,尽快实现由民间到官方的转变。

与会的院士和专家第一次提出了我国空间太阳能发电站发展目标的建议:以大规模地面应为最终目标,同时结合空间应用及宇宙探索等方向,开展空间太阳能发电站系统和关键技术研究。利用地面和空间开展多阶段、多层次的技术和系统试验验证,逐渐实现空间太阳能发电站关键技术实用化和空间太阳能发电站系统的商业化,为我国社会的长期可持续发展和经济实力的战略提升提供重要的可再生能源。

在总结我国几十年对空间太阳能发电站跟踪研究成果的基础上,与会专家提出了我国空间太阳能发电站发展的步骤及建议。专家提出的我国空间太阳能发电站发展"路线图"概括起来主要分为四个发展阶段。

第一阶段:2011—2020 年

充分分析空间太阳能发电站的应用需求,开展空间太阳能发电站系统方案详细设计和关键技术研究,进行关键技术验证,突破关键技术为建设空间太阳能发电站做准备。

我们知道,从 20 世纪 60 年代以来,人类迄今为止从技术到实践多个层面上论证了空间太阳能发电站的可行性,从卫星通信的实践证明从太空轨道上向地面发射微波是完全可行的,但是,把从太空中获取的太阳能转变为可以进入输电网络的电能,至今为止,还没有成功实现。尽管近些年来,相关多种技术取得了重大进展,光电效率(即光能转化为电能的转换率)大约 10 年前只有 10%,而现在已经达到40%,但怎样把从太空中获取的太阳能转化为可以使用的电能,必须在地面上进行大功率无线能量传输试验,掌握原理,突破关键技术;比如,太阳能发电站的基础是一个大型空间结构,为了实现尺度巨大的太阳能发电站,需要大型空间结构具有可展开功能,可实现由折叠状态到展开状态的转换,在发射时为折叠状态,到达轨道后再完全展开并保持构形,目前科学家的设想是在近地轨道上先组装完成大型太阳能发电站,再通过安装在太阳能发电站上的火箭发动机把这个大型结构推到地球静止轨道上,整个过程是一个巨大的航天工程,要靠机器人和航天员共同完成。到底怎样在地球轨道上组装空间太阳能发电站,需要先在地面上进行大型结构展开及装配技术试验,完成这一试验获取新的经验后,再到空间站上,依托空间站进行大型结构展开及装配技术试验;再比如,空间到地面,电能的传输不可能架设电线,到底应该用什么技术传输,还处于研究探索中,必须通过不同条件进行试验来获得,目前,空间电能传输方式主要有两种:一种是基于微波传输技术的空间太阳能系统,一种是激光传输技术的空间太阳能系统。这些传输方式都有大量的技术需要探索和试验。我国科学家设想在未来 10 年里,先进行地面对平流层飞艇无线能量传输试验和平流层飞艇对地面无线能量传输试验,而后再提高试验的高度,进行空间站对地面大功率无线能量传输试验,等等,当获得了一些经验后,还要发射关键技术验证专用卫星。

第二阶段:2021—2025 年

利用我国的空间站平台,在航天员的参与下,进行我国第一个空间太阳能发电站系统——低轨 100kW 演示验证系统研制,在 2025 年开展系统验证。重点验证大型结构的空间展开及装配,大型空间聚光系统及其控制,大功率电源管理系统,大型结构的姿态控制技术,无线能量传输技术(激光、微波),空间太阳能发电站的运行维护管理等。

第三阶段:2026—2040 年

在低轨关键技术验证的基础上,进一步研究经济上和技术上更为可行的空间太阳能发电站系统方案和关键技术,突破轨道间大功率电推进技术,研制地球同步轨道 10MW 验证系统,大约在 2030 年左右发射,进行空间—地面、空间—空间无线能量传输,开展系统验证,为商业系统的研制提供重要的运行参数。系统运行寿命为 10 年。

初步考虑该系统在低轨进行自主空间组装,并利用空间站和航天员进行部分组装工作,并解决空间装配中出现的问题,组装测试完毕后,整体运送到地球同步轨道。

第四阶段:2036—2050 年

结合验证系统的运行状况,结合技术发展,研制我国第一个商业化空间太阳能发电站系统,具体规模将根据商业需求而定(100MW 以上),实现空间太阳能发电站商业运行,运行寿命为 30 年以上。

专家们建议:考虑到发展空间太阳能发电站的战略紧迫性、技术难度和较长的研究周期,空间太阳能发电站的发展应当引起特别的重视,从资金、组织和研究人员方面大力支持开展基础研究;设立空间太阳能发电站重大研究专项,联合航天、能源等相关领域专家成立专题研究组织,联合开展空间太阳能发电站研究。以商业化系统建设为目标,制定空间太阳能发电站发展战略和中长期发展规划;作为未来的长远发展的大工程,鼓励私营企业参与空间太阳能发电站的研究发展;加强国际合作。在政府、研究机构和企业层面,与国际空间太阳能发电站发展较快的国家开展广泛、深入的合作。

建造空间太阳能发电站不仅涉及的技术非常复杂,需要的经费也是天文数字,其难度远比载人航天、阿波罗登月、GPS 系统的建立要大得多,可以说是人类前所未有的重大航天工程。尽管前进的道路上注定充满荆棘,但人类必将义无反顾地向着胜利的坦途走去,迎来那激动人心的时刻。让我们仰望太空,翘首以待。

第三节　建立月球家园

为进一步加深月球科学研究工作的深入，许多国家和组织正在实施重返月球计划，把月球探测纳入最重要的空间科学计划，正在酝酿在近 20 年至 30 年内联合建立永久性月球基地，开发和利用月球的资源、能源和特殊环境。

人类 21 世纪的月球探测计划，主要围绕着三个主要内容进行的，即发射若干颗探测器详尽了解月球表面和内部信息，为建立月球观测站做准备；派出宇航员登上月球，进行更为深入的考察活动，为建立月球观测站和月球基地做准备；建立月球观测站，为建立永久性月球基地做准备；建立永久性月球基地，开展大规模月球研究和资源

月球基地构想图

开发,为使月球成为人类前往其他星球的跳板做准备。

由于技术力量不同,目的不同,侧重点不同,世界上各航天国家和国家集团所制定的月球探测计划也是各具特色。

美国对月球深度探测

对月球的深度探测是美国宇航局(NASA)面向 21 世纪的重点项目。

作为美国重返月球计划的第一步,新型绕月卫星"月球勘测轨道器"正在研制,"月球勘测轨道器"的使命是对月球表面和月球环境进行前所未有的探测,所携带的各种探测器的测量结果,将对月球表面和月球环境进行前所未有的描述,为在未来 10 年航天员和机器人选定登月地点和为未来登月飞船的设计和研制提供有用的数据,它的考察成果对于人类重返月球的进度和方案具有重要意义。据了解,"月球勘测轨道器"的研制将在总结前几个月球探测器成功经验的基础上,采用成熟技术,分为 4 个阶段完成。

"月球勘测轨道器"项目和发射由美国宇航局下属的戈达德航天飞行中心负责,它由德尔它 – 2 运载火箭发射,4 天后进入月球轨道,在进入轨道的最初 45 天内,将对其携带的仪器进行测试,然后开始执行探测任务。

"月球勘测轨道器"采用三轴稳定方式,质量在 1000 千克左右,总功率为 400 瓦,推进剂的质量占一半以上,这些推进剂既用于把探测器送入月球轨道,还用于让卫星保持在一定的环月轨道上。

"月球勘测轨道器"的探测目标主要有:1. 确定月球全球辐射环境,2. 绘制高分辨率月球全球地形图。3. 绘制高分辨率氧元素分布图。4. 测量极地阴影区的温度。5. 对永久阴影区表面拍照。6. 确定极地阴影区是否真的存在水冰。7. 初步选定可能的着陆地点。8. 描述月球极地的光照环境。

"月球勘测轨道器"将运行于圆形月球极地轨道上,在一年的考察任务完成后,将进入另一个运行轨道,并将在此后的几年里,作为通信转播卫星继续发挥作用。

"月球勘测轨道器"的有效载荷有 6 种,它们是:月球轨道激光高度计,其分辨率的测量结果将有助于确定月球全球地形,测量被选择的着陆点的地势,搜索月球基地阴影区的水冰;照相探测器,能够拍摄月球表面的细微特征,辨别对未来的月球车可能造成的危险;中子探测器,用来探测月球表面的中子流量,以寻找可能存在的水冰,还将用来探测对人类造成威胁的空间辐射环境;月球辐射计,用于测量月球全球表面的温度,有助于确定低温区域和可能存在的水冰;莱曼—阿尔法测绘分光计,用于提供永久阴影区的图像,搜寻月面冰冻沉积物;宇宙射线望远镜,用于研究银河宇宙射线的生物性影响。

为实现重返月球的梦想,美国国家航空航天局已经着手开始建造新一代月球飞船,新的月球飞船名字叫"猎户座"。这种飞船不但可以为国际空间站运输人员和物资,而且还可以飞到月球轨道,甚至有可能将宇航员送到更为遥远的火星。

"猎户座"飞船由美国宇航局和洛克希德·马丁公司共同开发,已于 2014 年飞到国际空间站,2020 年前用它将宇航员送上月球。

NASA 工程师们确定了新飞船的最后设计方案,2006 年 9 月,洛克希德·马丁公司在其休斯敦的探索开发实验室展出了飞船原型。"猎户座"太空舱直径约 5.5 米,是阿波罗飞船可居住空间的 2.5 倍。目前设计的"猎户座"飞船驾驶员和指令长的座椅旁边各有一个窗口,对接通道在座舱的顶端,与空间站或登月运载器对接口也在这里。"猎户座"驾驶舱有两种方案——往返空间站的 6 座位式和执行月球任务的 4 座位式都在设计中,座位采用可折叠的金属构架形式,以牢固的带子连接,这种设计的主要功能是可以保证在太空舱着陆后侧翻的情况下宇航员的安全。正对着主窗的空间用来放置电子设备、生活用品。

目前，美国宇航局新一代探月飞船"猎户座"已完成了初步设计，初具雏形。据介绍，新型登月飞船借鉴了阿波罗飞船和航天飞机许多成熟的技术，外形上与阿波罗飞船有些相似。这并不是说他们要模仿阿波罗飞船，而是由气动和物理特性决定的。因为虽然30多年过去了，航天技术有了很大进步，但是，飞船在飞行过程中的气动和物理原理是无法改变的。

"猎户座"登月飞船的新技术不仅体现在电子与计算机技术和软件的巨大进步上，还体现在现代材料和制造工艺、更大的舱内空间以及安全性的提升等方面，与阿波罗飞船舱的直径为3.9米相比，"猎户座"飞船的舱体直径为5.5米。

"猎户座"飞船借鉴了航天飞机固体火箭推进器和主发动机技术，在安全性上有很大的改进，与阿波罗飞船只有一套备用系统比，新型飞船具有双重的备用系统，事故概率由1/220降低到1/2000。

在"猎户座"飞船硬件的研制上，美国宇航局有周密的计划。为了制造出更为安全可靠的飞船，负责研发的公司将首先研制出样机，在技术型和安全性上进行不断的改进后，再研制正式的飞船。新飞船的研制费用估计将达到45亿美元，运载火箭的研制费用估计将达到50亿~100亿美元。

新型飞船在2008年进行不载人飞行，经过选择优化和改进后，2011年，进行一系列无人飞行试验，计划在2020年前后，将可以把4名航天员送入月球轨道。

美国航空航天局的官员说，他们有能力让航天员在月球上生活半年后，再把他们送回地球，因此，在新型飞船的设计上，它们将能够在月球轨道上运行6个月时间。

太空村庄构想图

　　"猎户座"飞船所有主要系统都集成在宇航员座位之上的倾斜触摸屏上，屏幕可以摆动，机长的座位位于主屏幕之下。这样，空间就比阿波罗大多了。除了运送宇航员外，"猎户座"飞船还可将科学研究和宇航员生活所必需的货物运到月球表面，既可保证宇航员执行月球探测任务，又为建立永久有人基地做准备。

　　"猎户座"飞船系统更加智能化，内部结构与设备比阿波罗飞船先进许多，具有 21 世纪的时代特征。洛克希德·马丁公司"猎户座"项目负责人克里奥·雷斯菲尔德表示：阿波罗不是计算机时代的产物。在"猎户座"中，我们将采用智能计算机，屏幕之间有键盘，航天员从中可以方便地获得你需要的所有信息，不会再为计算庞大的数字和开关而烦恼。设计者还为航天员设计了最好的操作系统、最好的窗户形状和其他方面。

　　"猎户座"的另一个关键部分是增加了两个太阳能电池板，为控制系统和主引擎提供电力，而原来的阿波罗号和现在的航天飞机的太空舱都是用燃料电池。

美国宇航局还投资 1400 万美元给波音公司,用于研究关键的飞船隔热板,以保护"猎户座"以超高的速度从月球安全返回地球。

不过,后来美国前总统奥巴马又突然宣布,美国不登月球了,而改为登火星,建设火星基地,不管是维持国际空间站的运行,登月球,建设月球基地,还是登火星,建设火星基地,"猎户座"飞船都是一个不错的运载工具。

欧洲步伐稳健

欧洲空间局在 1994 年提出了重返月球、建立月球基地的详细计划后,2004 年 2 月又公布了曙光女神计划(AURORA),计划以月球探测作为技术演练、建立月球基地,在开发月球资源的基础上,以月球基地自然空间作为跳板和平台,实施载人登陆火星。欧空局公布的月球探测计划同样雄心勃勃:2020 年前进行不载人的月球探测,2020—2025 年开始载人登月,2030—2035 年载人从月球登上火星。

欧洲的月球探测计划将进行三个方面或领域的月球研究工作:一是发射月球卫星,研究和获取高分辨率的月面地貌和地质图像;建立月面站和机器人系统,发射可返回的探测器,采样返回,建立月球前哨基地。二是在月球表面进行全方位的天文观测和月球的地质、构造及环境监测研究。三是建立生命科学研究基地,探索月球表面生存环境的形成,开展低重力、无磁场条件下的生理变化等航天医学工程研究。为实现上述目标,第一阶段,欧空局计划发射数颗月球卫星,并把一部登月舱和月球车送上月球,考察月球南极地形、地貌和环境,为未来建立月球基地积累数据资料。第二阶段,发射月球遥控机器人,进行月球化学成分分析和物理探测。第三阶段,就地取材进行月球上的材料生产。欧空局计划在今后几年发射数颗月球探测器,其主要目的是验证推进系统,为将来进行月球基地选址、了解月球水冰的分布等提供保证。

目前，世界航天国家都是用化学燃料作为动力推动航天器进行航天活动的，携带燃料的重量往往就成为决定航天器寿命的基本因素。因此，在一颗航天器中，燃料的重量几乎占了航天器总重量的一半以上。但是，欧洲科学家们想出了一个更新的办法——采用太阳能离子发动机作为主要推进系统，这样既节约能源，又减少了卫星携带燃料的重量；既可以延长探测器的寿命，又可以更多地携带科研设备。目前，该项技术正在投入试验阶段，已经取得了很大的成果。从这一信息可以看出，欧洲开展月球探测活动的侧重点是研究去月球的新方法和新技术，以加快航天新技术的演示验证，促进航天活动的发展。

欧洲月球-2000(Euromoon-2000)是由欧空局(ESA)提出的旨在探测月球资源的计划，该计划的目标是使带有月球车的探测器在月球南极火山口边缘软着陆，对月球土壤中的氧和氦-3含量进行分析。

该探测器包括了一个绕月卫星(MORO)和一个月球着陆器(LE-DA)。进入月球环绕轨道后，进行包括拍摄照片，研究太空环境，并为安全着陆提供数据，经过2个月飞行，然后绕月卫星和着陆器分离，在月球表面软着陆。

欧洲空间局(ESA)是近十年来新崛起的航天国家集团。在大推力运载火箭研制技术、应用卫星研制技术上的迅猛发展，激起了欧空局国家在月球探测上独树一帜的强烈欲望。

分析人士称，欧洲探月行动没有美国、俄罗斯那般咄咄逼人的架势，然而他们素来"韬光养晦"，注重实效。从欧航局成立到探月计划的实施，欧洲从未表现出"赤裸裸的"抢夺月球和未来太空战争战略制高点的意图，而是着重强调"科研价值，资源开发和实践人类梦想"。

欧航局探月计划首席科学家弗英曾在英国科学协会节上表示，

欧洲希望在月球上建立一个"挪亚方舟",将地球物种的基因存储起来,当地球遭遇核战争危机或小行星撞击时,人类的生命可以得到延续。欧洲探月行动与其航空事业的定位息息相关,他们向来注重航天技术发展的民用功能。在 2016 年 5 月出台的欧洲新太空政策中,"欧洲价值观在太空探索中的体现"与"太空探索着重全球环境与安全监测"成为新政策的亮点。

欧航局并不禁止各成员国单独开展太空探索项目。在新一轮探月热潮中,德国、意大利和英国跃跃欲试。

英国曾公布的探月计划是在 2010 年前发射两颗探月器。英国科学家希望,将这项探月计划打造成一次全英式的奔月探险。在这项耗资近 2 亿英镑的计划中,英国准备在 2010 年左右向月球发射两颗探测器,任务是探索生命起源和宇宙进化的历史。

第一颗探测器的名字叫"月球耙子"。据说这取自一部 1979 年上映的 007 电影———即由著名影星罗杰·摩尔主演的《铁金刚勇破太空城》。但"月球耙子"的使命完全和太空城无关。英国太空研究主要资助机构———英国粒子物理与天文学研究理事会的科学家们说,"月球耙子"和另一颗探测器的目的,是通过对地球近邻月球的探访,探索生命起源的奥秘和宇宙进化的历史,并为将来飞向火星和木星做好准备。"月球耙子"探测器将以软着陆的方式降落到月球表面,对月球的尘土和岩石进行分析,寻找水和有机物存在的痕迹。如果着落成功的话,该探测器将成为首个在月球软着陆的欧洲探测器,并进行有史以来最为细致的月球表面数据研究。

第二颗探测器叫"月球莱特"。该探测器在接近月球后将沿月球轨道飞行,然后向月球发射出 4 枚"射钉",深深地射入月球表面。4 枚"射钉"中,至少将有一枚射向月球南极或北极,一枚射向月球赤道,其余的射向月球背面地区。4 枚"射钉"的任务,是通过对月球地震信息和温度信息的收集,分析月球的表面构成和地理活动,其最深测量深度,可达到地下2米。据英国科学家介绍,这4枚"射钉"每枚重约13.5千克,采用军工技术生产,以保护其内部设备在撞击月球时不受损坏。据悉,4枚"射钉"撞击月球时的速度将达到每秒300米。

英国科学家将发射"月球莱特"视为对探索"木卫二"的预演。"木卫二"是木星的卫星之一,由于其构成结构和地球相似,一直被认为是最可能存在生命的星球之一。"月球莱特"如果成功的话,将有助于进一步探索"木卫二"。

这两颗探测器的使命是寻找陨星撞击地球信息。此外,科学家们还希望在月球两极地区找到冰,并通过对冰构成的分析,判断地球上的水是否来自宇宙天体的撞击。伦敦学院大学的安德鲁·科尔茨说:"在月球上找到有机分子物将会是一个巨大的成功,因为生命在那里没有可演变的方式。而且我们知道彗星可能是将水带往地球的重要方式,同样,它也许还把碳化合物带到了地球。在月球上找到有机分子物将为我们揭开地球生命起源提供线索。"

据悉,"月球耙子"和"月球莱特"两项计划将耗资5000万至1亿英镑,由英国政府和民间机构共同承担。

总部位于巴黎的欧洲航天局成立于1974年,现有17个成员国(奥地利、比利时、丹麦、芬兰、法国、德国、希腊、爱尔兰、意大利、卢森堡、荷兰、挪威、葡萄牙、西班牙、瑞典、瑞士、英国)。它是欧洲国家政府间的空间探测和开发组织。欧航局官方宣言称,希望"集17国的人力、物力、财力,完成单个国家不可能完成的任务"。

其他国家紧步后尘

在美国、欧洲紧锣密鼓为进行月球探测和载人登月做准备的时候,其他航天国家也不甘示弱,纷纷制定自己的月球探测计划,并抓紧实施。

在人造地球卫星、载人航天和无人探测器接触月球中争得头功的俄罗斯，随着近几年来经济的好转，正在试图通过对月球和火星的探测，重振昔日航天大国的雄风。俄罗斯的月球计划拟分为三个阶段。第一阶段是2001年前建立月球探测网，为此将发射若干颗月球探测器，全面绘制月球图。第二阶段是2010年前后发射月球车，采集样本并运回地球研究，测定矿物质含量。第三阶段是在2020年后，建立月球基地，研究月球采矿工艺。俄罗斯航空航天局副局长莫伊谢耶夫宣布，俄罗斯将会在2020年至2025年间在月球上建成一个自动化基地。

俄罗斯能源火箭和宇宙有限公司在2006年8月31日宣布，俄计划于2011至2012年展开首次载人环绕月球飞行，并在此后进一步开发月球资源。公司董事长尼古拉·谢瓦斯季亚诺夫当天在莫斯科举行的第5届空间大会上说，该公司月球探险计划分三阶段：一艘联盟号载人飞船将飞往月球；在月球建立永久性基地；对月球表面展开工业性开发，特别是开采氦－3，以满足地球对这些资源日益增长的需求。显然，与美国一样，俄罗斯月球探测的主要目的也是月球资源。

1996年，日本提出了建造永久月球基地的计划，预计投资260多亿美元，在之后的30年之内建成月球基地，包括居住、氧和能源生产厂以及月球天文台等。

2005年1月，日本宇航开发机构重新公布了未来20年的太空开发远景规划草案，主要规划就是建立无人月球基地、通过国际合作开展载人航天活动以及建设作为小行星探测中转站的空港等。日本宇航开发机构在2015年向月球发射机器人进行探测，并开始在月球上建立以太阳能为能源的人类研究基地。

日本近期的主要月球探测计划有：于2015年后，在月球表面建立一个采用太阳能矩阵和红外干涉仪的月球极区定位观测站，对月球开展系统深入的研究。因为阿波罗计划所探测的只不过是月球的一部分，月球的背面等很多区域目前还是未知数。因此，日本发射的探测器将对这些区域进行仔细的勘测，以期得出精确的数据。在日本的月球探测活动中，进行月球表面基地建设的研究是日本整个宇航战略的关键，日本宣称争取 20 年后在月球表面建立无人探测基地，长远目标是建设一个 6 人的月球基地。其近期主要月球探测计划有：1. 发射月球探测器，进行月表成像、月震监测、月表热性质和热流通量的测量、月球内部结构和月核研究。2. 进行月球的全球性地形地貌、矿物岩石成分和内部结构的探测，进一步探讨月球的全球性演化。3. 在月球表面建立一个采用大型太阳能矩阵和红外干涉仪的月球极区定位观测站，对月球开展系统而深入的研究。4. 在 2023 年，研制载人往返系统，依据无人系统阶段的成果，建造有人系统。安装居住舱、食品生产舱和能源工厂。每隔 6 个月运送一批宇航员，每批宇

美国建设月球
基地示意图

航员在月球居住半年。空间资源开发利用领域：在2020年在太空建立一个巨大无比的太阳能发电系统，然后再将电能转换成微波，通过设立在地球上的微波接收站转化成电能，向使用部门输送。目前专门为此计划设立了项目小组。

日本将依靠自己的机器人技术，进行独创的探测活动。日本宇宙航天研究开发机构计划向政府提交一份财政预算草案。据悉，这项预算将比以前增加6倍，达到6万亿日元(约合570亿美元)。上述目标的实现，雄心勃勃的日本将成为名副其实的第三个月球大国。

尽管目前这些计划尚无经费落实，但是日本宇航开发机构的负责人表示，希望能够得到政府支持，以在利用月球方面采取更多重要的步骤。

据了解，2011年至2012年，印度发射"月船2号"探测器，该探测器同样为无人月球探测器。印度已经在2015年前发射载人航天飞船，还希望能在2020年前实现登月。这两项计划预计将投入15亿美元。印度太空研究机构负责人奈尔博士表示："这两项计划将完全由印度自主完成，印度将倾全国之力，调集国内最好的实验室和研发机构参与这些计划。"

《印度时报》近日引述印度空间研究组织(ISRO)主席马达范·奈尔的话称，在印度第11个五年计划(2007年~2012年)中，至少有70项太空发展计划，是前一个五年计划的2~3倍。在这70项计划中，从间谍卫星、大推力火箭到火星探测，可谓应有尽有。

我国制定了月球探测"三步走"的战略，目前，第一步已经取得圆满成功，第二步也已经紧锣密鼓地进行，诸如载人登月的计划也在论证中。

21世纪重返月球的计划，各个航天国家的想法都是不一样的。大多数科学家认为，新一轮月球探测热背后，科学价值和经济利益并存。美国、俄罗斯、日本侧重于月球资源的开发利用,欧洲更侧重于航天新技术的演示验证,中国、印度的侧重点还是关于月球科学的基础研究。

哪里是人类的月球家园?

建立永久性的月球基地,既是航天技术发展的结果,又是开发月球资源、建立月球工业、农业和星际飞行等活动的需要,月球基地作为地球的延伸,具有特别重要的价值。因此,建设"太空村庄",一直是月球探测和研究活动的重要目标。几十年来,包括今天的一系列月球活动,都在为实现这一宏伟的目标而努力。

月球虽然很大,但不是什么地方都可以供人类安家的,就像在地球上要建房子需要选址一样,建设月球基地前也是需要精心地选择好地址的。

科学家认为,月球基地必须满足三个条件:一是基地必须能够与地球进行方便、及时的通信联系;二是月面比较平坦,有利于飞船的着陆和起飞;第三是月面下有丰富的矿产资源,以便开采利用。根据第一要求,基地只能建在月球正面,根据第二和第三要求,基地只能建在月海上。由于月海大都集中在月球北极,南极不多,因此,未来的月球基地建在月球北极的可能性是很大的。

如果将基地建在月球赤道附近面向地球,由于月球上每个月分成14个白天和黑夜,漫长的黑夜没有阳光,必须在白天储存大量的能量,以备在黑夜时使用,这里面就有许多复杂的技术问题。如果将基地建在月球的背面,在那里由于没有地球无线电波的干扰,非常适合于天文观察,但是基地与地球通信又非常不方便。科学家认为,从这些方面考虑,基地建在月球两极是比较合适的,既可以看见地球和太阳,且地势平坦,还有利于月球飞船的起飞和着陆,如果在月球的极区两面建太阳能发电站,可以利用太阳能发电,解决能源问题。因为不管在任何时候,总是有一个电站在工作。

有人主张比较高级的月球基地应该建设在月球溶洞内,不仅保温性能好,而且可以有效地保护航天员不受宇宙辐射和陨石的伤害。

月球家里的"家具"种种

月球基地需要配备哪些装置,才能保证航天员基本的生活和工作条件,许多科学家开展了许多研究工作。

首先,要根据基地发展的不同阶段,建造不同的居住舱,用来为航天员提供一个可以在里面吃饭、睡觉和开展工作的环境。在进行初级月球基地建设的时候,航天员可以直接在飞船的着陆舱里生活和工作,既安全又简单。也可以单独建一个移动式居住舱,移动式居住舱好像一间房子下面安装 6 个或 8 个轮子,启动电动传输装置,这间大房子就可以在月面上自动移动与行走,其最大的优点是航天员可以根据工作的需要,在月面上进行移动考察,解决了交通问题,如果建设固定基地,是非常不方便的。另外移动式基地比固定式基地更为安全,可以根据各种情况随时搬家。移动式居住舱不仅可以在建设初级基地时使用,建设中级基地的时候也可以使用。当发展到建设高级月球基地的时候,航天员就不能像月球基地建设初期那样住在登月舱里凑合,或者像旅游者一样住在"房车"里。高级月球基地一般采用硬结构的固定式的居住舱,其结构既可以是金属结构的,也可以是钢筋混凝土结构的,里边配置的设备也远比当初要奢侈和安全得多。

其次,要有生命保障系统。月球上没有空气,人在上面生活必须有一个适宜人生存的小环境。月球基地生命保障系统的作用就是营造一个像地球上一样的局部环境,在这个小环境里,有与地球上一样的压力,有饮用水,有可供呼吸的空气,还要有适宜的湿度、温度等人生存所需要的基本要素,只有这样才能维持宇航员的生命。

第三,要有月球表面漫游车。航天员坐在移动式居住舱行走,毕竟不方便,在月球上进行科学考察活动,又不能总是靠两条腿走路,航天员在月球上的交通问题,必须借助于月球车,这样,才能提高工作效率,不把大量的时间浪费在路上。

第四,要有出舱活动系统和供电系统等。

我们可以想象,人类未来建设的月球基地,样子肯定与地球上的建筑差不多,千奇百怪的。它也许是方的或者圆的,也许是用膨胀材料建成的,也许是用钢筋混凝土建成的。但是,无论是哪种形式的,都既有优点,也有缺点。比如,用膨胀材料建成的基地,其优点是质量轻,有利于建设基地时的运输,但缺点是由于结构强度差,很容易损坏;另外,这种结构不利于承受月球陨石等撞击,一旦被戳出个大窟窿可就麻烦了。因此,这种材质的基地安全性差一些。钢筋混凝土建成的基地虽然结实,但是在建设基地的时候很不方便,仅建筑材料的运输就是一个大问题。

目前,月球科学家关于月球基地的设想有多种,其中一种设计是一个圆顶的建筑物,基地内与外界完全隔绝,温度可以控制,在里面待着非常舒服,航天员生活和工作,就像是在家中似的。由于月球有些许引力,工作人员们可以在床上休息,在餐桌旁用餐,还可以淋浴。基地内将安装各种各样的试验设备和仪器,为使室内有较大的空间,有些设备将放在基地附近,但又不能太远,以便使用。而有的设备由于地形的因素,或者为使相互之间不受干扰,则要放在几千米以外。长期在那里工作的宇航员最重要的工作之一是操作和维修这些设备。为使基地内有充足的电能,可以使用大型太阳能发电装置和从地球运送的密封或基本密封的核能装置,这些装置将保证航天员在月球上用电就像在地球上一样方便。

月球基地建成后，如果是在月球上停留一两周时间，还可以承受，如果停留较长时间，就面临着一系列问题：如何适应月球低重力的影响问题，如何解决饮用水的问题，如何在月面上生产氧气的问题，如何解决电能的问题，特别是如何防护宇宙辐射的问题等等。因此，科学家认为，将来建设高级月球基地或者移民月球，就要考虑设置人工重力，使生活在那里享受跟地球上一样的重力环境。在月球基地上生活，节约水是非常重要的，如果要建设高级基地或在月球上长期停留，生命保障系统必须是再生的，将生活用水或尿液经过处理后变成生活用水。

月球建家困难多

建造一个永久性的月球基地，不知道比在地球上盖房子要复杂多少倍，更比建造一个空间站要复杂得多，仅所需要的材料的运输就是一件十分艰难的工作。因此，科学家认为，在用宇宙飞船和航天飞机运送材料的同时，随着航天技术的发展，可以尽可能地利用月球上的矿石，就地加工成所需的材料。如用月球机器人将月球表面挖开一个5米深的沟，然后放置一台3米高的加热器，盖上2米厚的沙土，加热到1200摄氏度左右，沙土被融化成玻璃状冷却后就变成几厘米厚的沙壳，或在居室顶上覆盖一定厚度的月土，这样就可以解决辐射防护问题了。

据报道，美国工程师曾经用阿波罗号飞船带回来月壤制成混凝土，其强度很大，完全可以用作月球基地的建筑材料。据估计，190吨月球沙土含有15~16吨含氧铁矿物，可生产一吨氧气，可维持月球上10人一年的需要。

然而，到月球上去居住，必须解决空气、水、食物、重力和辐射防护等几个基本问题。科学家计划研制一种装置，能在月球两极和永久遮阴的陨石坑中提取氮、氢和水。有了水和空气,可种植植物和饲养动物,解决食物问题。食物、水和氧气问题解决后,至于人类能否适应月球这种较小的重力,要通过实验来验证。

可以预测,在建造月球基地的工程中,地球和月球之间的交通将变得繁忙起来。科学家认为,用一种航天器直飞是不合算的,因为航天器加速和减速要消耗大量能源,大部分时间在真空中飞行的航天器,通过地球大气层时的那些复杂设备完全用不着。因此,月球运输可以采用分段接力的办法进行,即客运和货运飞船从地球上出发,飞抵近地轨道上的航天港,然后再由转运飞船接替,飞向月球轨道航天港,最后由登月器接替飞往月球基地。返回程序则相反。

尽管建设月球基地,实现月球定居困难重重,但是我们完全有理由相信,随着时间的推移和空间科学技术的进步,这些困难都是可以解决的,人类必将以新的姿态重新踏上月球,到那片神秘的土地上居住和工作。

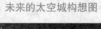

未来的太空城构想图

第四节　建立火星基地

人类登上火星,建立火星基地,是航天技术发展的下一个引人注目的目标。

由于地球距火星最近约为 5500 万千米，最远约为 4 亿千米,是地球至月球距离的 14 ~ 103 倍。如此遥远的距离,人类登火星,建设火星基地,远比建立月球基地还要困难得多。目前的航天器飞到火星去需要半年多的时间,遥远的飞行距离,如此长的飞行时间,给航天员带来心理、身体等一系列问题。

火星举目一片荒凉,毫无生机,当航天员整天面对着几个从地球来的同伴,孤独和恐惧是不难想象的。即使是向地球上的家人说几句话,10 分钟后才能到达,想听听亲人怎么说,还要等 20 分钟,仅就这一点来说,就是一件使他们纠结的事了。

还有,由于没有办法发射那么巨大的飞船,将航天员生活所需都带上,中途又没有地方可以补充食品、饮用水等生活用品,因此,航天员生活必需品必须就地解决，而火星上航天员的生活必需品到底怎样解决,目前尚不得而知。

火星家园

还有,如此长时间在失重的环境中飞行,将给航天员的身体带来一定影响。在一年多的时间里,长期处于失重环境和低重力环境中,对人的身体会造成什么影响,如何避免对人身体的不利影响,需要进一步研究与试验。

在飞往火星的过程中,航天器直接处于宇宙辐射环境中,在火星表面,由于没有像地球磁场那样的磁场和稠密大气层,太阳辐射、宇宙辐射剂量比地球表面强很多,航天员如何防护这些辐射,也是一个难题。

…………

即使是这些问题都解决了,航天员到了火星表面,穿着什么衣服,怎样建设火星基地,也同样是极其困难的事,因为目前人们连怎么去都还不知道。

毫无疑问,航天员在火星上活动,同样必须穿航天服。与现在进行太空飞行所穿的航天服不同的是,由于火星表面有稀薄空气,温度低,特别容易遭受地球上巨大台风的 3 倍强度火星尘暴的袭击。火星上受到的宇宙辐射强度是月球受到的 6 倍,如何长期有效地进行辐射防护,也是火星舱外航天服的一大难题。科学家认为,火星舱外航天服有可能采用硬的金属外壳,对满足航天服良好的活动性能要求提出了新的挑战。尽管飞往火星、登陆火星和建设火星基地等等一个个困难摆在人们面前,但是,人类并没有停止向火星进军的步伐。

火星地表大气压只有地球表面的 1%,最高温度是 27 摄氏度,最低温度达到零下 133 摄氏度,平均温度是零下 55 摄氏度,比地球表面平均温度低 70 摄氏度。航天员不能直接在这种环境中生存,也必须像在月球上那样建立能够提供生存环境的密封设施,其内为一个大气压的氧、氮混合气体,并且保持适宜的温度和湿度。

科学家们对建设火星基地做出了大胆设想,这个设想是在航天员登火星之前,先将一个自动化小型化学工厂送上火星表面,这个小型工厂能生产水、氧气和作为燃料的甲烷。它将液态氢与火星上的二氧化碳产生化学反应,生产出甲烷气体和纯水。甲烷气体液化后,作为燃料储存起来,水分解后产生氧气。利用小型工厂生产的氧气和水作为生存保障,利用生产的甲烷作为返回地球的推进剂。至于食品可以用化学物理方法合成氨基酸,还可以用其他方法来提供。

科学家们认为,金星是地球的过去,火星是地球的未来。不管这个预言是否能够变成现实,人类对火星的关注,从来就没有停止过。到火星上寻找生命,成为 20 世纪世界航天的愿望,以至于在经历了一次次的失败后,仍义无反顾。

在人类走进新千年的时候,火星不仅将成为人类继月球之后登陆外星的第二站,而且建立火星基地,甚至建立火星工业、农业,实现火星移民将成为不泯的梦想。

火星距地球最近距离只有 4300 万千米,是地球的近邻,是环绕太阳的第 4 颗行星,而地球则排行第 3。在太阳系 8 大行星中,火星比地球略小,赤道直径是地球的 53%,体积和质量分别是地球的 15% 和 10.8%,密度为水的 3.9 倍,自转周期为 24 小时 37 分 22.6 秒,公转周期为 687 天,有稀薄的大气,大气成分中 95.3% 是二氧化碳,2.7% 是氮,1.6% 氩,少量的氧和水分,有四季交替的气候,表面温度在赤道上白天最高,为 28 摄氏度,夜间降至 −132 摄氏度,表面大气压为 750 Pa,相当于地球 30 千米 ~ 40 千米高空的大气压。火星土壤中二氧化硅占 44%,氧化铁 19%。由于火星与地球有着许多相似之处,因此,是太阳系各大行星中,人类最为关心、研究得最多的一颗行星。即便如此,人类对火星仍然一知半解。

有的科学家曾设想,人类的火星探测将分 6 个阶段,也就是说要分 6 步走。

火星探测器

　　火星探测的第一步是派出探测器掠过火星。火星探测的第二步是使探测器被火星的引力俘获，成为火星的卫星，以便环绕火星轨道长期考察。火星探测的第三步是派遣飞船在火星上着陆。火星探测的第四步是发射几个火星机器人，这些机器人像伞兵一样降落在火星表面，让有轮子的火星车在地球人的控制下，在火星上行驶，从而实现火星大范围的无人考察。火星探测的第五步是派遣一个自动取样飞船前往火星，把火星上的多种样品送回地球供科学家研究。火星考察最终也是最困难的是它的第六步，即载人火星飞行。

　　目前，人类仅仅完成了火星探测的第四步，即探测器登陆火星。美国的"火星探路者"号和"勇气"号都历经 7 个月的艰苦跋涉之后，踏上了火星这片红色的土地，火星车在火星山谷中开进，传回了大量数据。

　　登陆火星，是人类航天的又一次攀登。如果把走出地球看作人类航天的第一次攀登,踏上月球是第二次攀登的话,航天员登陆火星则是人类航天的第三次攀登。完成了这一壮举,人类才跨出了地月系,进入了太阳系。

40多年来,人类发射了几十个探测器前往火星,但是完成任务的却寥寥无几,这说明了登上火星远比登上月球要困难和危险得多。

首先,火星登陆需要庞大的资金支持。1997年,当科学家宣布发现了火星上生命存在的迹象后,美国宇航局曾经列出了一系列火星计划,曾经提出在2005年把探测器收集到的火星土壤和岩石样品运回地球,供科学家们进行研究。但是这个计划启动时间一推再推,主要原因是这项计划的经费,已经远远超出预算范围。据科学家们设想,火星登陆的整个计划将由9次载人飞行来实现,其中前三次是技术飞行,其使命是搜集信息,验证技术,为长距离载人飞行做方案及技术上的准备。据估计和预测,航天员在火星上着陆的成功率仅为1/2或1/3。而9艘载人火星飞船的研制和发射,所需要的资金是一个天文数字,显然,在没有明显的经济效益的情况下,仅靠一个或几个国家很难拿出一笔庞大的资金来资助这样一个大胆的科学研究计划。

其次是技术上的问题。完成火星载人飞行,是人类航天的一大壮举,是人类前所未有的巨大系统工程,需要解决许多关键技术,例如,高性能的推进技术,空气制动技术和环境控制技术和如何制造星际航行的飞船等。根据计算,星际飞船的重量将达600吨,比国际空间站还重100吨,如此庞然大物,目前,还没有这样的运载火箭将其发射到太空。因此,有的科学家提出可以使用低成本、可多次使用的运载火箭,将飞船的组件运到太空中,在近地轨道上组装火星飞船。

还有一个重要的问题就是,从什么地方获取飞船飞行所需要的燃料。解决的办法有两个,一个是使用化学燃料发动机,只为飞船准备前往火星的燃料,而返回的燃料则利用火星上的氧就地生产,另一个是使用核动力发动机和核电喷气推进。分析表明,使用化学燃料发动机能使飞船飞到火星,但是,携带如此多的化学燃料,将使飞船的重量增加到 1200 吨。核动力发动机和核电喷气推进技术,目前还正在研究试验之中。

　　在推进系统方面,化学推进系统较为成熟,但是,性能不理想,尤其是把几百吨重的推进剂和系统结构在地球低轨道上装配难度较大。因此,加快非化学推进系统的研制和使用,是火星登陆必须解决的问题。

　　当载人火星飞船进入火星和地球大气层时,为了减慢速度,必须使用空气制动技术,飞船上要装配两套空气制动装置,一套在飞船进入火星大气时使用,另一套在进入地球大气时使用,这必然给飞船的设计带来不小的麻烦。

　　与其他载人航天器不同,火星飞船上的生命保障系统和环境控

火星太空城建设构想

制系统要求更高，它不仅要提供从地球飞往火星和从火星飞往地球的生命保障，而且还要提供航天员降落在火星表面上工作及为将来建立火星基地做准备所需的生命保障。

载人火星飞行需要一年半至三年时间。据估计，一个人在太空一年所需要的全部生活消费品重量约 5 吨，如果火星飞船上有 6 名航天员，则飞船上携带的生活用品约为 45～90 吨。由于推力所限，火星飞船要带如此大的重量是不可能的，必须用再生或生命保障系统，即仅携带少量生活用品，其他的则在飞船里再生。比如，对人体代谢物进行处理，再生出氧气、水和食物，在飞船里生产粮食、蔬菜等，这些都有待于解决。

第三，如何解决航天员的防护问题。生物学家长期以来一直认为，人类登上火星的最大的障碍是在前往火星的旅途中，如何使航天员免遭高强度的宇宙射线的辐射。因为航天员在做星际航行和登陆火星的过程中，要遭受到太阳耀斑和宇宙射线里包含的大量的电离辐射。"奥德塞"火星探测器研究小组的研究结果表明，探测器在前往火星的途中所遭受的辐射，是国际空间站的两倍，而遭受的重离子的辐射，是工业标准的三倍。

航天员在做星际航行时遇到的另一个危险就是失重。火星引力仅是地球的三分之一，航天员在经过了漫长的失重环境飞行在火星上着陆后，立即在这种重力环境中工作，将是一件十分困难的事。

对航天员身体有很大影响的还有星际空间的弱磁场，科学家至今还不了解其特点。此外，在漫长的旅途中，航天员可能遇到突发性健康问题以及仪器失灵等问题。

人类何时踏上火星粉红色的土地？由于火星与地球是那样的相似，因此，它也是人类最想得到的另一个能取代地球的栖身之地。尽管人类对火星的了解仍然十分肤浅，长时间的火星载人飞行仍然有许多难题要解决,但是,人们还是对火星探测的前景充满信心,有人曾大胆地预测,到 2020 年前后,人类将踏上火星这片粉红色的土地,然后在火星上建立初步的驻人基地,到 2035 年前后渴望建立永久性基地。

由于载人火星登陆是人类开发太空的过程中一项非常重要的举措,受资金、技术等诸多因素的影响,因此,实现多国联合是国际火星计划的鲜明特点。

美国、俄罗斯、欧盟已经成立了国际火星载人考察委员会,其中包括 8 名俄罗斯代表、8 名美国代表、5 名欧盟代表。这个委员会的使命是以实现火星载人飞行为目标,协调各国航天计划的发展。据报道,美国与俄罗斯将实施"火星合作计划",这是两国在这一领域所进行的深层次合作。

早先很多研究显示,火星上曾经存在大量的水,然而,现在的火星表面却干燥多尘,大气十分稀薄,在火星表面上发现水的可能性很小。那么,火星表面的水跑到哪里去了?这一新的发现,为火星水的"失踪"之谜提供了答案。

为了研究如何在火星的自然环境里生活,几年前,一个主要由美国宇航局科学家和航天员组成的研究小组,计划建造一个模拟火星环境的火星基地,这个基地位于加拿大境内的北极圈内。他们的研究方向很明确,那就是在火星上自给自主的生活。这个被称为"火星社会"的研究小组始终坚定不移地相信,人类终于有一天将登上火星,并最终达到在那里成功地生活的目标。

登陆火星遐想。火星有两个非常小的卫星或者说月亮,分别叫作火卫－1 和火卫－2,火卫－1 上有许多陨石坑,就像月亮一样,它有土壤,看起来像贮藏着大量的水,这使科学家们非常感兴趣,这里将是前往火星的停留中转站。

在 21 世纪的一天，两艘非常巨大的飞船徐徐起飞，开始了前往火星的旅程，人类登陆火星的预演开始了。

其中一艘飞船装载着货物、食物和试验探测仪器，这艘飞船要先期起飞，到达火星后，另一艘载着 6 名航天员的飞船起飞，载人飞船到达火星后，与已经到达的货运飞船对接在一起。此时，只见载人飞船的舱门打开，从中走出 3 名航天员，乘一艘小型飞船降落在火卫－1 上，而另外 3 人则在大型飞船里工作。

当火星上的 3 名航天员在不停地忙活的时候，飞船里 3 名航天员正在对火星进行远距离探测，在他们的遥控下，两辆火星漫游车在火星上登陆，由于飞船在距火星仅有几百千米的高度上飞行，航天员可以直接遥控漫游车，漫游车获得的各种信息，将及时地以数据和照片的形式传回轨道中的飞船内。

当航天员们完成了在火卫－1 上的工作后，将乘上升火箭返回火星轨道内的飞船里，把货运飞船中的燃料转移到载人飞船里，经过短暂的准备后，宇宙飞船脱离火星轨道，开始了返回地球的征程，当他们进入地球轨道空间站短暂的休息和进行人员与设备的检疫后，将转乘早已等候在那里的一架航天飞机返回地球。

在研究火卫－1 之行带回的所有信息后，人们将派出研究小组飞往火星。由于耗资巨大，因此，这一计划将由多个国家共同合作来完成。

研究小组飞往火星的方法与探测火卫－1 一样，先发射一艘货运飞船，载

在太空培育出的南瓜 400 斤

着物资和仪器设备,还有一辆登陆火箭,登陆火箭内设有生活住所、勘探用的设备和上升火箭。

当货物飞船经过 8 个月的火星之行进入火星轨道后,载着 8 名航天员的飞船起飞,与等候在那里的货运飞船对接。

此时,先派出 4 名航天员乘登陆火箭在火星表面着陆,另外 4 人则在飞船里进行火星探测和监测,并协助在火星上的 4 名伙伴工作。

火星上的航天员将利用 1～2 个月的时间,马不停蹄地了解火星的各种信息,晚上,他们将住在经过特别设计的活动建筑里,这个建筑事先都在地球上制作好了,只需到火星上安装,很快就可以搭好这个建筑物。

探测完周围的环境后,他们将乘火星车在火星表面行驶,到较远的地方探测;同时,利用他们携带的通信设备,及时地将照片和火星地理学、气象学、生物学、资源等各种数据传回停靠在火星轨道上的飞船里。

在火星的工作完成后,4 名航天员将乘坐上升火箭,返回到在轨道上等候的飞船里,与另外 4 名伙伴回合,他们的设备则留在火星上,以供下一批航天员使用。

尔后,航天员启动飞船,脱离火星轨道,开始返回地球的飞行,他们把飞船停靠在空间站上或转换设备中,在那里,他们将卸下所有的装备,进行必备的检疫后,乘航天飞机返回地球。

当火星研究小组踏上火星的土地后,也许火星上到底有没有生命,就真相大白了。

为了探索人类怎样在未来的"太空城"里生活,1991 年,美国曾实施了"生物圈二号"计划。这个计划是在地面营造一个准太空环境,选派 8 名男女研究人员,调集大约 3800 种动植物,一起被封闭在由玻璃、钢材搭建的建筑物内,形成一个密闭式的生态系统,模拟人在太空长期自给自足的生活。但遗憾的是,实验的结果没有想象的那样完美,由于建筑物内的二氧化碳没有办法处理,最后,试验以失败而告终。现在美国有关部门又对试验重新做了调整。继美国之后,雄心勃勃的日本正在执行"生物圈 J"计划,对太空的自给自足的生活进行探索。

为了适应火星环境,为人类到火星上探测和建设火星基地,2009年 3 月至 7 月,俄罗斯和欧洲共同进行了历时 105 天的登火星模拟试验,参与试验的 6 名志愿者在模拟"火星飞船"的模拟器中全封闭地进行飞行模拟试验,演练飞往火星、在火星着陆和返回地球的过程。

2010 年,由 6 名志愿者组成一个实验小组,在一个内部容积为300 立方米的航天器模拟器中,进行了 500 多天全封闭模拟火星飞行试验,全面模拟飞往火星和在火星表面着陆对人体的影响,探索解决的措施。中国的志愿者参与了其中的试验。

到火星去的飞船是非常大的,研究这种飞船所需要的新能源也是一个关键的技术问题。目前,科学家正在研究利用太阳能就宇宙场能来解决这个问题。

可以相信,随着人类进入太空的步伐加快及科学技术的发展,在不久的将来,这些问题会逐渐得到满意的解决,人类飞往火星等其他行星的愿望会顺利实现。

其实,火星上有没有生命已经不再重要,重要的是经过人类的改造,它是否能适应生命,尤其是地球生命的生存。这些,或许需要几个火星小组前往火星工作,并对带回来的火星数据进行研究才能找到答案。不过,现在,有的科学家认为,通过引进外来资源,可以将火星上的环境改造得与地球相似。尽管这个想法有些大胆和超前,现在还是一个未知数,但是,大胆的预言家们已经断言,在 2050 年或者稍后的时间里,人类将实现在火星上居住的梦想,一个新的火星工业和农业经济的时代将来临。

到那时,由于火星驻人基地和火星工业、农业的建立,地球与火星之间的交通将变得频繁起来,用一种航天器在地球和火星之间直飞是非常不经济的,科学家们设想用分段接力的方法进行地球和火星之间的运输。即在绕地球和火星的轨道上,设航天港,建造巡天飞机,在航天港之间循环往复飞行,地球和火星到航天港之间的交通任务,则由专门的航天器来承担。

第五节 "太空城"的"无国籍公民"

地球人口的急剧增长,导致了城市的快速扩张,耕地减少,城市污染严重,而随着航天技术的发展,人们把目光投向了太空。航天科学技术的发展,你也许会有幸成为"太空城"里的"无国籍公民",在那里生活和工作。建造可供人们长期生活工作的"太空城",既是人类的梦想,又是空间技术发展的必然,特别是对于进行太空移民和深空探索,有着特别重要的意义。

也许你会问,太空城不就是空间站吗?其实,科学家们设想的太空城与空间站是不一样的,它们的主要区别在于,太空城作为宇宙移民点,它应该是自给自足的,而首先是食物的自给自足。而目前空间站上的生活品都是从地面上运去的。

美国由于没有空间站,这些试验只能在航天飞机上进行,而航天飞机每次的飞行时间不长,大大影响了试验项目的开展和效果,因此美国酝酿建造太空植物园和太空农场，植物园直径约 4.2 米，长 3.7 米，自动控制系统能提供植物所需的水、肥料、阳光和保证温度等条件。管理、收获、加工、废物处理，均由机器人负责。如果发生故障，机器人就向空间站及时报告，空间站上的航天员即进入植物园进行修理。

提起城市，人们一定会想到鳞次栉比的高楼大厦，然而，未来的太空城可不是这样的。究竟把太空城设计成什么样，是近年来国际航天界的一个热门话题，这个问题让科学家很是费了一番脑筋，且出台了许多太空城的方案，可以说是五花八门，各式各样。

伞架子式的太空城。美国普林斯顿大学物理学教授奥尼尔博士对建造太空城已经研究很长时间了。1977 年，他出版了《宇宙移民岛》一书，提出了三种宇宙岛设计方案，其中的"奥尼尔三号岛"是一种伞形结构的太空城。它像张开的伞，伞把是两个巨大的圆筒，这个伞特别大，光伞把就有 6500 米粗，长 3200 米。在这个大圆筒里，可以居住 100 多万人。两个伞把用传动带连到一起，每分钟以一转的速度旋转，从而产生人造动力。伞把的四周是玻璃窗，窗外用挡板遮挡着，盖板内镶着大玻璃，和上盖板里边就是黑夜，打开盖板，镜子将外边的阳光折射到里边，里边就是白天了。

圆筒里边是真正的城市。有山丘、树木、花草、河流，有体育场、电影院、大酒店，还有机场、车站和码头。太空城里的居民外出办事，可以像在地球一样，或乘船，或乘公共汽车，或乘飞机，或者干脆把手一挥，打的走，非常方便。尤其让人称奇的是，这座太空城还可以进行人工降雨区，有晴天、阴天、雨天和冷暖的变化。科学家把伞架子边缘设计成农业舱室，在农业舱室里，通过温度控制，可以在不同的舱室分别制造出春、夏、秋、冬一年四季的季节来呢。因此，农业舱室粮食作物郁郁葱葱，瓜果蔬菜一应俱全，由于温度、湿度适宜，在那里，奶牛

中国志愿者在模拟火星之旅密封舱生活乐观

成群,猪羊满圈,小鸟欢唱,有益的昆虫飞翔,整个一个天上人间。生活在太空城里的公民一年四季都可以吃上新鲜的蔬菜、瓜果和粮食。

由于太空城里的环境十分优越,因此呼吸的也都是新鲜空气,再也不必担心在地球城市中的空气污染了。优越的环境加上采取先进的栽培方法,在那里吃的也都是绿色食品。在这样的城市里生活和工作,不知比地面要好多少倍呢。

圆环型的太空城。这样的太空城就像一个大轮胎,轮胎的直径为1800米,仅大圆环的直径就有130米,里边可供1万人长久居住。圆环以每分钟1转的速度自转,产生重力环境。

为了使圆环里能享受到充足的阳光,在圆环的上方安装了一面巨大的镜子,将太阳光折射到圆环中央的镜子上,然后由它折射到圆环的百叶窗上,百叶张开,阳光进入,里面为白天;百叶闭合,里面为黑夜。在圆环的中轴上,靠近圆环的一端是供飞船往返地球的太空港,设计了许多对接装置,到太空城里接送来往人员、运输货物、向地球运输太空垃圾和产品的宇宙飞船在这里停靠。这个太空港可同时接待好多艘飞船来访。另一端就是太空工厂和太阳能发电站了。中轴有 6 根管通道与居民区相连，人们可乘 100 多米的电梯，通过这些管道进入中轴，再沿着中轴去工厂里上班。

这个大圆环里边，按着不同用途分成若干个舱段，每个舱段就是一个区域。有居民区、学校、医院、饭店、旅店、农场、肉类加工厂、太空工厂等等。尽管在太空城里生活的人们都很文明，但是，必要的管理工作还是需要的。因此，还是要设立如居委会、警察局等与地球有些类似的机构。

走进工厂，你会看到偌大的工厂里几乎看不见工人，全部是计算机控制，也没有噪声和污染。走进农场，你会看到一台台不冒黑烟的现代化机械在不停地工作，身穿白大褂的农场工人坐在电脑前，用电脑控制着这些机械工作。在明媚的春光下，青椒、茄子、豆角、西红柿张着笑脸，小麦、玉米等粮食作物在阳光下欢快地生长。这些无忧无虑的小生命们，已经忘记了地球。

"向日葵"城。1975 年，美国有一位科学家曾经提出了一个叫"向日葵"城的太空城方案，顾名思义，这座太空城的样式有点像向日葵，主体是一个直径达 450 米的圆筒，以每分钟 2 转的速度自转，这样可以产生像地面一样的重力，人在上面生活工作像在地面上一样。周围配备圆锥形反射镜反射阳光，最外边是农业区，最上面是聚光镜，靠这面镜子聚集的阳光发电为城内提供电能。"向日葵"城可居住 1 万人。

太空花园。美国太空总署为配合星际探险计划的开展，与波音公司合作研制了一种名为"愉快花园"的适应性太空舱。这个太空舱实际上是一个保持受控状态的生命维持系统。在这个系统中，将种植各种花卉、果树和粮食作物，既为太空人提供良好的环境，又为他们提供食品和水果。整个花园里产生的二氧化碳将由小球藻系统来排除和制造氧气,保持新鲜空气。太空花园还专门设立了"运动区",供到这里旅游参观的客人进行太空运动,运动区的引力相对较弱。

太空集体农庄。为了实现太空移民和长期载人航天做准备,目前,美、日和西欧在21世纪的太空计划中,将植物在密闭的太空舱内进行长期生长试验作为重点研究项目。为此,设计太空集体农庄的工作已经开始进行。

目前,科学家的设想是把太空集体农庄建成球冠状。利用其外面可以转动的反射镜调节室内温度,通过人工努力,为植物营造一个像地球上一样的生长环境。科学家们通过对从月球上取回的土样成分进行化验分析认为,月球土壤本身不能种庄稼,但只要稍加改造,就可以成为在太空农场里种植庄稼等植物的土壤,更为重要的是,这种土壤还可以提取氧气和合成水分,这样就可以解决农场工作人员的生活用水问题了。

太空农场种植的庄稼、水果,不用洒农药,因此,这些都是地道的绿色食品。未来的太空农场将全部实现机械化,工人在室内按电钮就可以对农场进行管理了。

太空城的方案还有许多。随着时间的推移,当太空城建造正式开始的时候,还会有更多、更好、更为科学的方案问世,届时,一座座太空城将呈现在人们面前,期待着人们的光临。

怎样建造太空城?我们地球上的城市的高楼大厦是用一砖一石建造起来的,一座座大楼组成了一个城市,而"太空城"却不是这样的。

人类熟悉的国际空间站是在地面设计好舱段,用飞船或航天飞机运输到太空中去组装的,随着人类对太空资源利用研究的加深和太空资源利用开发工作的开展,未来的太空城的建造却不必费那么多的劲。

为了减少太空城的城市建设费,在未来建设太空城的时候,可以就地取材。科学家们计划就近从月球或其他小行星上开采矿藏,就地加工成建造太空城所需要的材料,用来建造太空城。至于人们在太空城里生产和生活所需要的工业原料、粮食、蔬菜和水等物品,也可以就地生产,而地面只是给予少量的补充。

随着地球人口的不断增加,以及未来环境变化及宇航的需要,开发海、陆、空中的生存空间,营造"太空城"或"太空村",首先太空移民的梦想是一个合乎逻辑的选择。尽管实现这一宏伟的计划是鼓舞人心的,但也是极其艰难的,然而,随着科学技术的发展,建设"空中村落"的梦想将不再是天方夜谭。太空中的无国籍公民将为延续人类,而不休地工作着。

据英国《星期日泰晤士日报》报道,美国国家航空航天局已经公布了移民行星的计划,他们计划在未来的 10 年内,依靠月球的材料,建造月球基地。气凝胶是一种几乎完全用空气制成的新型玻璃,而且几乎没有重量,美国的研究人员已经在试验中展示怎样利用月球土壤中的硅制造这种轻型材料,以便供建造月球基地使用。

第六节　我国载人航天空间站工程目标

我国正在紧锣密鼓地实施建设"太空村庄"的宏伟计划。

按照"三步走"的发展战略,我国将在 2020 年前后建成规模较大、长期有人参与的空间站。

按照中央批准的载人空间站实施方案，我国载人空间站工程以空间实验室为起步和衔接，按空间实验室和空间站两个阶段实施。2016 年前，研制并发射两个空间实验室，突破和掌握航天员中期驻留等空间站关键技术，开展一定规模的空间应用；2020 年前后，研制并发射核心舱和实验舱，在轨组装成 60 吨级的载人空间站，突破和掌握近地空间站组合体的建造和运营技术、近地空间长期载人飞行技术并开展较大规模的空间应用。载人空间站工程具有系统规模大、技术难度高，研制任务重、进度安排紧、任务关联强、组织实施难，应用需求广、效益需求高等突出特点。

我国载人空间站工程目标包括：全面突破和掌握近地空间长期载人飞行和服务技术；突破和掌握近地空间组合体的建造和运营技术；开展较大规模和较高水平的空间科学应用；为开展载人登月等未来发展奠定基础等。

我国载人空间站工程建设将充分继承载人航天工程前期成果，继续使用已有的神舟飞船、长征二号 F 运载火箭、发射场和着陆场。

未来的太空城构想图

载人空间站建成后,将全面实现我国载人航天"三步走"发展战略,可进一步推动我国载人航天技术向更高水平发展,将为推动国家科技进步和创新发展、提升综合国力、提高民族威望做出重要贡献。

此外,我国制定了月球探测"绕、落、回""三步走"的发展战略,大概在 2017 年实现"三步走"的目标,在完成了月球探测一期过程计划,即绕月探测之后,目前正在为实施二期工程和三期工程的目标奋斗的同时,我国有关部门正在进行实施载人登月可行性的研究工作。与此同时,我国科学家正在实施火星探测的论证。可以相信,随着我国航天技术的发展和相关研究工作的深入,我国将在外层空间上演更加波澜壮阔的活剧。